DES

FORMES IMAGINAIRES

EN ALGÈBRE

PARIS.—IMPRIMÉ CHEZ JULES BONAVENTURE.
55, QUAI DES GRANDS-AUGUSTINS.

DES
FORMES IMAGINAIRES
EN ALGÈBRE;

LEUR INTERPRÉTATION
EN ABSTRAIT ET EN CONCRET,

PAR

M. F. VALLÈS

INSPECTEUR GÉNÉRAL HONORAIRE DES PONTS ET CHAUSSÉES,
MEMBRE DES ACADÉMIES DE LAON ET DE CHERBOURG.

PARIS
GAUTHIER-VILLARS, IMPRIMEUR-LIBRAIRE
DU BUREAU DES LONGITUDES, DE L'ÉCOLE IMPÉRIALE POLYTECHNIQUE,
SUCCESSEUR DE MALLET-BACHELIER
55, quai des Grands-Augustins, 55

—

1869
(L'auteur de cet ouvrage se réserve le droit de traduction.)

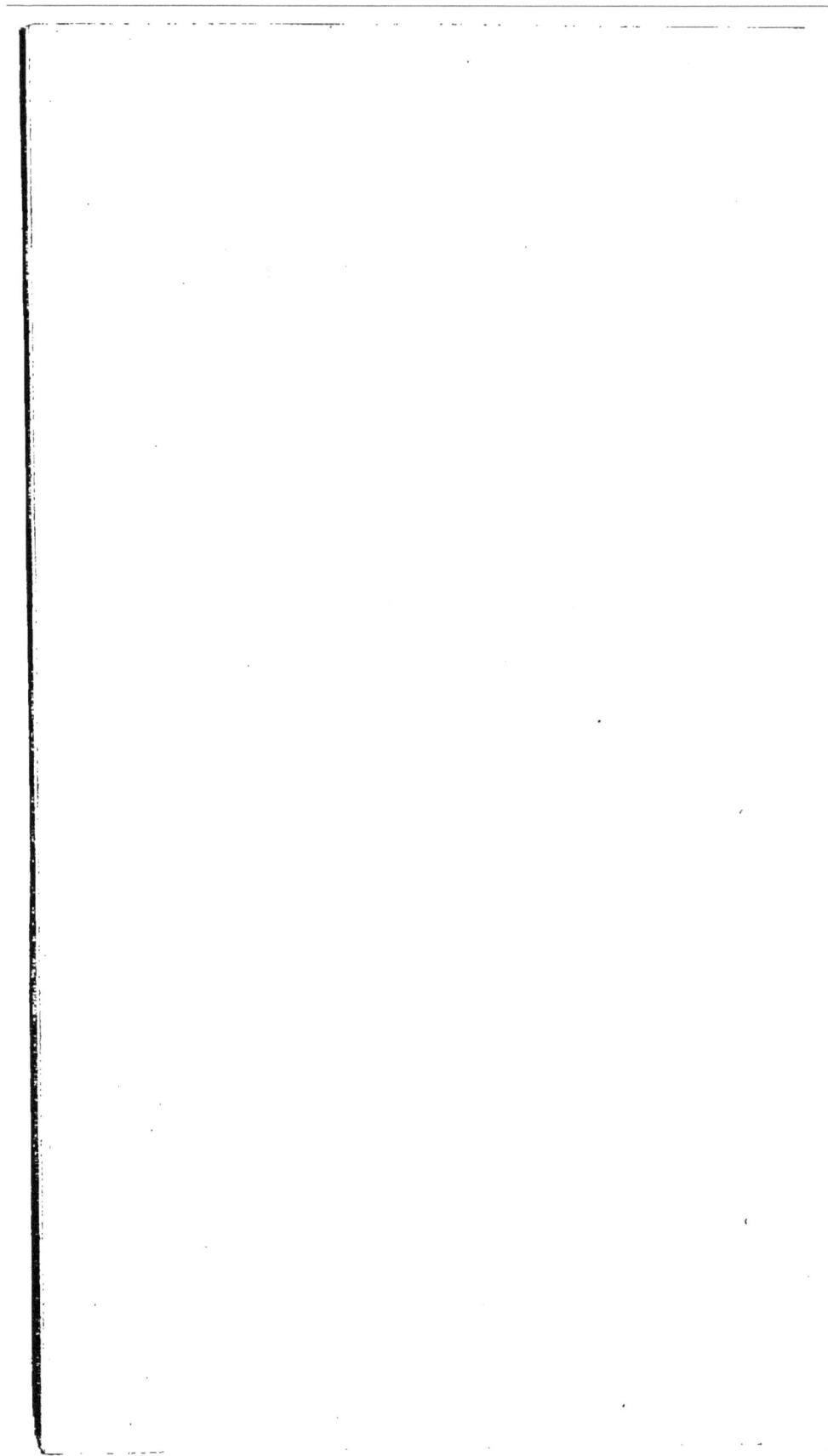

AVANT-PROPOS

Nous ne ferons que répéter une vérité admise par tout le monde, en disant que c'est principalement sur les expressions de forme imaginaire que sont concentrées aujourd'hui, en algèbre, les obscurités et les hésitations qui tiennent les esprits en suspens.

Ce n'est pas que tout soit bien clair sur les expressions négatives, sur les expressions fractionnaires et sur certaines extractions de racines. Mais ces sortes de difficultés n'ont pas à coup sûr l'importance de celles qui concernent l'imaginaire; on a fait de ce dernier un monde à part. Un abîme, on peut le dire, sépare l'imaginaire de tout le reste; car ce reste est considéré comme réel, et le contraste des mots suffirait à lui seul pour faire comprendre l'opposition qu'on voit généralement dans la nature des choses.

On ne sera donc pas surpris que, sans négliger l'examen des difficultés du second ordre, nous nous occupions plus spécialement de celles qui se rattachent à l'imaginaire, et que nous essayons de porter la lumière sur les points les plus obscurs de la route.

L'imaginaire a été jusqu'à ce jour fort peu considéré au point de vue abstrait; tout ce qu'on en sait à cet égard peut se borner à dire qu'on ne le comprend pas.

Il n'en a pas été de même en concret, et il n'est pas inutile de dire quelques mots sur les tentatives faites pour l'interpréter dans ce cas, et sur les résultats obtenus.

A la fin du dernier siècle et au commencement de celui-ci, l'attention de quelques savants s'est portée sur les expressions imaginaires et sur les rapports qu'elles peuvent avoir avec les formes géométriques. Ces savants ont pensé que ces expressions étaient propres à représenter les directions en géométrie ; que, par exemple : $\sqrt{-1}$ est l'équivalent de la perpendicularité ; que $\cos \alpha + \sqrt{-1} \sin \alpha$ est l'équivalent de la direction d'une droite qui fait un angle α avec une autre droite, prise comme point de départ pour compter les directions ; que l'expression générale $a + b\sqrt{-1}$, qu'on peut mettre sous la forme $r(\cos \alpha + \sqrt{-1} \sin \alpha)$, représente, dans son ensemble, une longueur r dirigée suivant l'angle α.

L'homme est ainsi fait, que très-généralement il prend vis-à-vis des choses nouvelles ou un engouement irréfléchi, ou une attitude répulsive, et, tout au moins, pleine de réserve. Dans le cas actuel, c'est avec la répulsion, avec l'indifférence, si l'on veut, qu'en France il a fallu compter.

Peut-être cette situation des esprits a-t-elle tenu à ce que les démonstrations de ces diverses propriétés n'étaient pas présentées avec toute la rigueur mathématique désirable. Telle a été mon impression lorsque, dans les Annales de mathématiques de Gergonne, j'ai lu les articles d'Argant et de Français sur ce sujet, ainsi que les réflexions de Gergonne et de Servois qui leur font suite.

Vers les années 1838 et 1839, j'ai repris cette question, et je crois être parvenu à donner dès cette époque toute la rectitude désirable aux considérations que j'ai produites pour établir la vérité des propositions de mes devanciers.

Je ne connaissais alors sur cette question que les travaux des auteurs que je viens de citer : j'ignorais l'existence de ceux de

Mourey et de quelques autres. Quant à ceux de Cauchy, ils sont postérieurs d'une dixaine d'années.

Sans entrer ici dans le détail des tentatives que je fis à cette époque, pour que l'Académie des sciences se prononçât soit dans un sens, soit dans un autre, je me bornerai à dire que je ne pus rien obtenir, et qu'après avoir vainement attendu un rapport pendant dix-huit mois, je me décidai à publier mes Études philosophiques sur la science du calcul (*), dans lesquelles je présente de nombreux rapprochements entre la forme imaginaire et les formes géométriques.

A en croire ce qui m'a été écrit, ce travail n'a pas été sans influence sur quelques esprits ; toutefois le nombre n'en a pas été grand, et, en France, l'inertie a continué de dominer.

Il n'en a pas été de même à l'étranger. Il y a longtemps qu'en Italie, en Angleterre, en Allemagne, les nouvelles idées ont été acceptées, étudiées, utilisées. Il semblerait cependant que nous éprouvons aujourd'hui en France le contre-coup des tendances étrangères ; on a d'abord dit et écrit quelques mots sur ces idées, avec timidité sans doute, mais sans manifester de répulsion. Plus tard des dispositions approbatives se sont produites, et il est incontestable qu'aujourd'hui elles ont gagné du terrain, trop de terrain peut-être dans quelques esprits ; car si l'immobilisme a des inconvénients, la précipitation a aussi les siens. A en juger par quelques publications récentes, je crains fort que l'ardeur d'avancer dans une voie nouvelle, la manie de vouloir tout imaginariser n'aient poussé quelques auteurs à émettre des propositions non justifiées, peut-être même injustifiables.

Si c'est un tort de prononcer l'exclusivisme absolu de certaines formes, c'en est un aussi de tenter en faveur de ces formes des

---

(*) Dunod, éditeur, quai des Augustins, nº 49.

envahissements trop étendus. Dans la science, il faut qu'il y ait place pour tout, sans empiétements, et dans les conditions mêmes qu'elle indique.

Il m'a semblé que le moment était propice pour revenir sur ces intéressantes questions ; qu'en présence des progrès constatés dans le mouvement intellectuel chez les autres nations, nous ne pouvions pas rester en arrière, et qu'il était utile qu'il se fît quelque chose en France.

C'est ce que je viens essayer aujourd'hui.

Mais ce qui je crois est une cause de grande hésitation chez beaucoup d'esprits, c'est qu'en admettant qu'il est bien établi que la forme imaginaire correspond en géométrie aux longueurs dirigées, et qu'on peut ainsi se faire une idée nette de son interprétation dans ce cas particulier, on ne comprend pas aussi bien sa présence continuelle dans les recherches d'algèbre pure, et le rôle qu'elle peut y jouer ; car ces recherches ne s'appliquent pas plus à la longueur qu'à des nombres, des poids, des temps, et à toute autre espèce de quantités pour lesquelles jusqu'à présent, du moins, la forme $\sqrt{-1}$ reste quelque chose d'irréalisable.

Il est certain, par exemple, qu'on a quelque peine, au premier abord, à se rendre compte de l'intervention de l'imaginaire dans une question purement arithmétique. Si, par la force des choses, on est contraint d'accepter une telle réponse, il n'y a pas moins dans ce fait un sujet d'hésitation, de révolte même, à la suite duquel l'esprit est incessamment et malgré lui poussé à demander le pourquoi d'une chose dont on n'a pas encore donné le parce que.

Il faut bien qu'il y ait pourtant une cause à tout ceci, et je suis convaincu que si cette cause était connue, si l'on pouvait s'expliquer que, même lorsqu'on ne traite pas une question de géométrie, lorsqu'on s'occupe uniquement de nombres arithmétiques, si, dis-je, on pouvait se rendre compte des nécessités qui font que, même alors, l'intervention de l'imaginaire peut se justifier, on aurait puissamment contribué à dissiper les incertitudes qui tiennent en suspens un si grand nombre de géomètres.

Ce qu'il y a d'incontestable, c'est que c'est là un désir qui existe chez beaucoup d'esprits, si même il n'est pas général ; dans un article sur le principe et la règle des signes (*), M. Transon exprime fort judicieusement ces aspirations dans les termes suivants :

« La plupart des géomètres, dit-il, persistent à considérer
« l'attribution des signes plus et moins, à des quantités isolées,
« comme étant absolument impossible et absurde, *au moins*
« *lorsqu'il s'agit des calculs de l'algèbre proprement dite.*

« Or, il semble naturel de croire que l'usage du principe
« des signes, universellement accepté dans la géométrie ana-
« lytique, devra tôt ou tard réagir sur la manière de concevoir
« la théorie des quantités positives ou négatives dans l'algèbre
« elle-même, car il serait au moins étrange qu'un principe
« reconnu essentiel et indispensable à l'une des applications
« les plus étendues de la science du calcul, lui fût étrangère
« et contradictoire, lorsqu'on la considère, cette même science,
« dans toute sa généralité. »

Je pense que le présent travail aura pour résultat de combler cette lacune. L'on verra qu'en effet les conséquences définitives des explications qui vont être présentées sur les principales obscurités de la science, conduisent à la constitution d'une algèbre qui n'a plus pour objet une espèce en particulier, abstraction faite de toutes les autres, mais dont le rôle plus général, tout à fait universel, consiste à rechercher et à déterminer les rapports de pluralité de mesure et d'ordre qui

---

(*) *Nouvelles Annales de Mathématiques*, 2e série, tome VI, 1867.

peuvent convenir ou ne pas convenir à une espèce quelle
qu'elle soit, suivant les propriétés plus ou moins étendues,
plus ou moins restrictives dont la nature l'a douée, et qui
constituent les conditions même de son existence.

C'est là ce que je cherche à établir dans la première Partie
de cet ouvrage. Je ne m'y occupe que très-incidemment des
considérations concrètes qui sont relativement dans un état
assez avancé de progrès, puisque c'est presque exclusivement
sur elles qu'on voudrait baser l'algèbre des expressions imaginaires. Mais j'envisage principalement ces expressions dans
le domaine abstrait; j'essaye de faire comprendre, même dans
ce cas, les causes premières et l'utilité de leur intervention;
j'indique comment on peut, en abstrait, en établir la théorie;
enfin, je mets en relief les indications diverses qu'en toute
circonstance elles viennent mettre à notre disposition.

Chemin faisant, je m'explique sur le fractionnaire, l'irrationnel, le négatif.

Dans la seconde partie, je développe les idées suivant lesquelles doit se faire aux quantités, autres que le nombre, l'application des faits et des lois constatés dans le domaine abstrait;
j'explique comment les formules qui figurent dans ce domaine
peuvent être, suivant les cas, l'expression algébrique et équivalente des attributs de ces quantités, c'est-à-dire des lois
naturelles qui régissent leur existence, et par suite comment
ces atttributs deviennent à leur tour l'image physique des
divers rapports dont la réalisation est impossible avec la seule
idée de nombre.

Je m'étends avec quelques détails sur toutes ces choses,
parce que ce sont là des explications qui manquent à la science
et dont cependant elle ne peut se passer. Presque tous ceux qui
admettent comme une vérité aujourd'hui bien établie, que le pro-
duit de r par $\cos \alpha + \sqrt{-1} \sin \alpha$ est l'expression algébrique d'une
longueur r dirigée suivant l'angle α, et qui se sont familiarisés

par quelques études avec l'emploi de cette forme, frappés des grandes simplifications qu'elle introduit dans les calculs et dans les conceptions, s'étonnent beaucoup que les idées qui se rattachent à cet ordre de considérations n'aient que très-lentement progressé. Mais ils ne réfléchissent pas que tout cela n'est pas méthodiquement exposé dans les ouvrages d'enseignement, que les moyens d'initiation manquent, et que ce ne sont pas les trop rapides explications qu'on peut rencontrer çà et là dans quelques mémoires isolés, qui sont de nature à donner aux esprits la complète intelligence d'une théorie qui se distingue des autres par sa nouveauté d'abord, et en second lieu par une nature particulière d'aperçus, qui se vulgarisera par la suite, mais avec laquelle on n'est pas encore suffisamment familiarisé.

Nous dirons même toute notre pensée en exprimant l'opinion que ces indications isolées, portant tantôt sur un point de doctrine, tantôt sur un autre, suivant la nature des considérations auxquelles on veut les appliquer, que ces demi-confidences, toujours un peu mystérieuses pour le lecteur dont l'initiation n'est pas entière, que ces explications nécessairement écourtées, parce qu'elles ne sont qu'un accessoire dans le sujet principal, ont plutôt l'air d'oracles prononcés par des augures que d'éclaircissements suivis, comme le sont ceux que, dans ses leçons, le maître donne à l'élève. Cette manière de faire a donc, à mon avis, plus d'inconvénients que d'utilité. En général, nous ne lisons pas avec intérêt et avec fruit un travail qui repose sur des bases théoriques, dont la conception complète nous manque, et dont les relations principales avec ce que nous savons déjà de la science restent en grande partie à l'état latent. Il peut résulter de là un sentiment de répulsion ou tout au moins d'indifférence qui doit nuire à la propagation des idées nouvelles, et imposer à leur avénement de fâcheux retards.

Il nous a donc semblé qu'un travail d'exposition générale et aussi complète que possible, tant sur la forme imaginaire en elle-même, au point de vue abstrait, que sur les assimilations qu'on en peut faire avec les propriétés naturelles dont jouissent certaines quantités, serait une œuvre utile.

Ce travail nous paraît d'autant plus nécessaire aujourd'hui, que nous sommes à cet égard dans une époque de transition, et que, faute de s'entendre, on pourrait s'engager dans des discussions aussi longues qu'oiseuses. Sans doute la vérité finirait par percer et l'opinion se fixerait après ces débats, mais ce moyen ne serait ni le plus direct ni le plus simple. Le mieux est donc de présenter un exposé méthodique de la théorie, de faire connaître ses principes, ses procédés, ses conséquences les plus essentielles. Nous croyons que c'est là le moyen le plus sûr de la faire accepter et d'assurer une marche rapide à sa propagation.

Nous ne saurions avoir la prétention de développer ici tout ce qui peut se dire sur ces matières, et le lecteur ne saurait avoir celle d'exiger de nous l'accomplissement d'une pareille tâche ; d'une part, nous nous hâtons de le déclarer, et nous le répéterons souvent dans cet écrit, notre but n'est pas de produire un ouvrage d'enseignement scolastique, nous voulons seulement signaler la nécessité de procéder à des réformes devenues indispensables, et exposer d'après quel ordre d'idées elles devront être faites ; réformes qu'il faut se hâter d'introduire librement chez nous, si nous voulons éviter à notre amour-propre national la nécessité de les accepter de l'étranger. D'autre part, il ne nous en coûte nullement d'avouer que nos connaissances sont loin d'être universelles, que beaucoup de dépendances de la nouvelle doctrine nous sont encore inconnues ; que même, en dehors de ce qui concerne l'imaginaire, notre intelligence n'est pas assez bien douée, et le fonds de nos connaissances acquises n'est pas assez riche pour que nous ayons pu avec un égal succès nous tenir au courant de tous les faits théoriques constatés dans les parties les plus reculées et les moins accessibles de la science du réel.

L'exposition à laquelle nous allons procéder sera beaucoup plus modeste. Nous ne sortirons guère des routes les plus ordinairement suivies. Mais, même dans ces limites qui, malgré ce qu'elles ont d'étroit, comprennent en résumé ce qu'il y a de plus utile pour la majorité des intelligences, on verra que la matière ne manque pas à de nombreuses et importantes observations. Quant aux voies nouvelles que l'interprétation de la forme imaginaire nous invite à suivre, nous ne faisons que les ouvrir ; d'autres après nous y pénétreront à de plus grandes distances et y récolteront des moissons plus abondantes. Notre rôle se borne à indiquer suivant quelle direction il faudra s'avancer ; comment les futurs pionniers de la science devront faire usage des nouveaux moyens d'investigation sur lesquels doit se porter désormais l'attention des géomètres, pour faire fructifier la semence que nous venons mettre entre leurs mains ; par quels procédés la pratique des calculs, légitimée par les conceptions de la théorie, nous mettra en possession des perfectionnements qu'il nous est permis d'entrevoir, des progrès que nous sommes en droit d'espérer.

Cet ouvrage n'est pas à beaucoup près le dernier mot de ce que nous avons à dire sur les formes imaginaires, mais il est le préambule nécessaire de ce que nous aurons à développer par la suite sur le même sujet. Il forme une introduction dans laquelle nous avons exposé les principes de la théorie nouvelle, et qui sera le guide élémentaire au moyen duquel l'esprit pourra s'élever à l'intelligence de questions plus compliquées que celles que nous avons traitées ici.

Les applications les plus intéressantes de la théorie des imaginaires à la construction géométrique des racines des équations, que ces racines soient réelles ou imaginaires, à la recherche des propriétés des nombres entiers, à la détermination des rapports qui lient de la manière la plus générale l'algèbre à la géométrie, à celle des formes imaginaires propres à la représentation algébrique des directions dans l'espace, tels sont les sujets principaux qui feront suite à ceux que nous avons traités dans ce premier travail, et que nous sommes en mesure de soumettre très-prochainement à l'appréciation du lecteur.

DES

FORMES IMAGINAIRES

EN ALGÈBRE

PREMIÈRE PARTIE

DOMAINE ABSTRAIT

—❦❧—

CHAPITRE PREMIER

LES FORMES IMAGINAIRES NE SONT NI LE NÉANT, NI UN NON-SENS, NI UNE CONVENTION.

————

Sommaire.— I. L'expression $\sqrt{-1}$, par ses origines et par ses effets, est certainement un être algébrique. — II. Fâcheuse influence du mot *imaginaire*.— III. $\sqrt{-1}$ est une opération impossible qui nous apprend que les données d'une question sont contradictoires avec les propriétés du nombre abstrait. — IV. Ces deux impossibilités sont nécessairement équivalentes, de sorte que la forme algébrique de l'une nous révèle le comment et le pourquoi de nos contradictions.— V. Considérations générales sur la possibilité de réaliser en concret et, dans certains cas, ce qui n'est pas réalisable en abstrait.

I

Que nous le voulions ou que nous ne le voulions pas, la forme imaginaire se présente incessamment dans les recherches algébriques ; à notre insu elle intervient dans presque tous nos calculs ; bon gré mal gré nous sommes obligés de la subir et de compter avec elle.

Singulière situation, disons mieux, situation humiliante pour toutes les intelligences, mais principalement pour celles qui, refusant à cette forme toute conception, et la considérant

1

comme un je ne sais quoi qu'il faudrait reléguer dans le monde
des chimères, sont cependant obligées de lui faire bon accueil
dans leurs élucubrations, qui vont même jusqu'à chercher
dans ces formes, incomprises pour elles, le point d'appui sur
lequel elles essayent de se poser pour aller à la découverte de
vérités mathématiques.

Tâchons cependant de raisonner un peu sur ces choses et
examinons si tout en elles est aussi imaginatif que le prétendent certains esprits. A-t-on vu, par exemple, beaucoup de
chimères, si chimère il y a, qui, comme $\sqrt{-1}$, jouissent de la
propriété de cesser de l'être lorsqu'on les élève à la quatrième
puissance ? Nous disons la quatrième puissance, au lieu du
carré, pour ménager les susceptibilités de quelques raffinés en
réalisme auxquels la juxtaposition à un nombre d'un signe
quelconque d'opération inspire toujours certaines délicatesses.
A-t-on vu des chimères qui, ajoutées l'une à l'autre, multipliées
l'une par l'autre, passent dans certains cas du monde idéal
dans le monde réel ? Certes, il faut le reconnaître, ce sont là
des chimères d'une espèce toute particulière ; elles obéissent,
on le voit, à certaines règles, et, tout incompréhensibles qu'on
voudrait nous les faire, elles posséderaient le très-remarquable privilége de subir, par l'application de ces règles, une
transmutation complète, la plus surprenante peut-être des
transmutations, celle de changer d'essence par le simple jeu
d'opérations spéculatives.

Ce serait là, il faut en convenir, un problème autrement remarquable que celui que les alchimistes se sont efforcés de
résoudre dans les siècles passés : car enfin ceux-ci voulaient
d'une chose faire une autre chose, ils n'avaient pas la prétention d'obtenir de la matière autrement qu'avec la matière ;
tandis que nous, avec ce qui n'existerait pas, nous créerions !
nous serions possesseurs d'opérations au moyen desquelles
d'un symbole imaginatif nous ferions un être réel ! en un mot,
nous développerions le principe de vie, en fécondant un germe
qui n'a d'autre vitalité que celle qui peut résulter d'une existence chimérique !

Telle serait l'inextricable situation dans laquelle nous serions placés. Or, comme tout effet doit avoir une cause, comme
je ne parviendrai pas, quelle que soit la série d'opérations que

je voudrai mettre en œuvre, à faire quelque chose de rien, un être réel d'une chimère ; et cependant, comme en partant de l'imaginaire l'algèbre possède des opérations aptes à me conduire à des résultats dont j'ai l'intelligence, à des réalités, n'est-il pas naturel, nécessaire, inévitable de conclure que non-seulement l'imaginaire n'est ni le néant, ni une chimère, mais qu'il est certainement un être algébrique ?

Si, des considérations relatives aux effets, nous passons à celles qui concernent les origines, nous y trouverons de nouveaux motifs de persister dans ces conclusions.

Comment, en effet, l'imaginaire fait-il son apparition ? Quand se révèle-t-il ? Est-ce à la suite de quelque caprice qui entraîne notre pensée dans les sphères idéales où nous pouvons à volonté tout créer et tout anéantir ? Profite-t-il du désordre ou du sommeil de notre intelligence pour nous envoyer ses énigmes, ce qui, j'en conviens, autoriserait les esprits réfléchis dans leur refus de reconnaître qu'il puisse être quoi que ce soit ? Non, certes, ce n'est pas ainsi que les choses se passent : c'est, au contraire, à la suite d'études sérieuses, de combinaisons réfléchies, de calculs autorisés par une saine logique, par la plus rigoureuse peut-être de toutes les logiques, qu'il vient faire prise de possession dans nos recherches et qu'il s'y maintient comme une dépendance des raisonnements les mieux établis, comme la conséquence la plus rationnelle et la plus irréfutable de ces principes de calcul, codifiés par l'élite des intelligences humaines, et qui sont la science même, car, sans eux, nous n'aurions pas plus celle qui fixe les rapports du réel que celle qui conduit à la manifestation de la forme imaginaire.

En résumé, puisque, d'une part, l'imaginaire se montre à nous comme conséquence d'opérations algébriques pratiquées sur des expressions réelles, opérations conformes d'ailleurs à toutes les règles que la science autorise ; puisque, d'autre part, en lui appliquant quelques-unes de ces opérations, l'imaginaire conduit, par voie de réciprocité, à des expressions réelles, reconnaissons qu'il possède à la fois, et par ses origines et par ses effets, le véritable caractère des êtres algébriques.

Etre dont la mission est restée incomprise jusqu'à ce jour, je le veux bien ; opération impossible par elle-même, je le veux encore ; mais dont l'essence et la manifestation, ne dépendant ni du caprice, ni de la fantaisie, ni de quoi que ce soit d'imaginatif, prennent leur base dans la science algébrique même; être qui, à tout prendre, doit bien compter pour quelque chose dans cette science, puisqu'il est merveilleusement apte — l'expérience le prouve — à y remplir d'utiles fonctions.

On s'étonnera peut-être, et ce sera à fort bon droit, nous le reconnaissons, que nous mettions tant d'insistance à établir une vérité dont la forme seule de l'imaginaire emporte par elle-même la démonstration. Comment se refuser, dira-t-on, à reconnaître que $\sqrt{-1}$ est un être algébrique, alors que tout est algébrique dans sa manifestation ? Que voyons-nous ici en effet ? l'opération radicale combinée avec l'opération soustractive. Or, à moins de supprimer ces deux opérations dans la science, il n'est pas possible de dire qu'une telle combinaison soit imaginative, et on le peut d'autant moins que ce n'est pas l'imagination mais l'algèbre même qui l'a créée.

II

Certes, cela devrait suffire. Malheureusement, ceux qui les premiers se sont trouvés en présence d'un tel résultat, ne l'ayant pas compris, ont eu la malencontreuse inspiration de lui donner le nom d'*imaginaire;* or comme ce mot n'est pas seulement appellatif, mais encore et surtout qualificatif, cette dernière considération s'emparant de quelques esprits a gagné peu à peu du terrain, on s'est laissé aller à donner à la chose les qualités mêmes de l'adjectif par lequel on l'a désignée, et, une fois entré dans cette voie, on a été d'autant plus entraîné à y persister, que le fait même de l'impossibilité où on se trouvait d'assigner une signification actuelle aux opérations figurées par $\sqrt{-1}$ semblait rejeter l'intelligence en dehors de tous les raisonnements possibles.

On s'est trouvé placé dans la situation d'un homme qui, voulant atteindre un but déterminé, s'avance dans une certaine direction et se trouve subitement en présence d'un obstacle qui lui interdit la poursuite de cette direction. Cet homme perd alors la tête ; au lieu de se recueillir et de faire appel à la réflexion, il se laisse aller à je ne sais quelles hallucinations qui, le trompant sur la nature toute matérielle de l'obstacle, lui font croire que des fantômes, des êtres fantastiques, imaginaires viennent s'opposer à sa marche, et il se sent d'autant plus frappé d'impuissance qu'il est plus disposé à attribuer son empêchement d'avancer à des causes extra-naturelles.

Mais, quand on s'est engagé dans une impasse, il y a toujours moyen d'en sortir en revenant sur ses pas et se reportant au point de départ. J'ajoute que si ce retour est fait avec réflexion; si, conservant toute sa présence d'esprit, on observe, on étudie avec soin tous les détails, toutes les circonstances locales du terrain sur lequel on doit se mouvoir, il est possible qu'on parvienne à comprendre pourquoi on a fait fausse route, pourquoi on s'est trouvé arrêté, comment il faut s'y prendre, dans quelle nouvelle direction on doit s'avancer pour échapper aux difficultés qui se sont présentées.

III

Ce travail de retour, ces études rétrospectives sur les causes en vertu desquelles la forme imaginaire se présente et s'impose dans nos calculs nous ont conduit à cette conséquence, qu'il ne faut pas essayer de voir dans l'imaginaire, en tant du moins qu'on ne sort pas du domaine abstrait, une quantité, un nombre, une convention, une qualité, mais simplement un indice d'opérations, opérations impossibles sans doute, mais dérivées de l'algèbre, algébriquement formulées et par conséquent subordonnées, dans leur manifestation première comme dans leurs effets consécutifs, à des règles qui ne peuvent être que des dépendances de la science même.

D'un autre côté, l'algèbre, qui raisonne toujours fort bien, ne peut pas faire naître une impossibilité, là où nous n'en avons pas mise une nous-même. Il n'est pas admissible que l'algèbre dénoue par l'impossible ce qui est praticable. Le simple bon sens nous conduit donc à reconnaître que la manifestation de l'imaginaire ne saurait être autre chose que la conséquence d'une contradiction explicite ou implicite introduite soit dans les données d'une question, soit dans le cours de nos raisonnements. Ne faut-il pas en effet que cette science, pour être à la fois utile et logique, possède la double propriété et de nous donner ce que nous cherchons quand cela se peut, et de nous avertir que c'est impossible quand cela ne se peut pas? Il serait, en vérité, fort difficile de concevoir, si elle était déshéritée de ce second privilége, comment elle pourrait faire un usage légitime du premier ; car si elle ne pouvait jamais dire non, comment donc s'exprimerait-elle quand il lui serait interdit de dire oui? Or, si nous lions ensemble des données par des conditions contradictoires à ce que permet la science des rapports, n'est-il pas naturel, n'est-il pas nécessaire que cette science réponde par l'impossible à une telle contradiction?

IV

Allant plus loin, nous dirons qu'il répugnerait au bon sens d'admettre que cette impossibilité d'une part, cette contradiction d'autre part, ne fussent pas exactement équivalentes : car, si l'algèbre exécute des opérations, ce n'est pas elle qui en prescrit la nature et en fixe le choix ; à cet égard elle est sans initiative comme sans responsabilité ; elle ne peut donc pas faire autre chose, dans les calculs que nous lui demandons d'exécuter, que de transporter à la fin ce qu'elle a pris au commencement, sous les diverses formes sans doute que ses moyens autorisent ; mais elle ne serait pas l'algèbre, et elle nous induirait incessamment en erreur, si elle changeait d'elle-même les rapports essentiels par lesquels il nous a plu de lier les choses qui lui sont confiées.

Allant plus loin encore, cette idée d'équivalence nous conduira à déduire de la forme même de l'impossibilité finale celle de la contradiction préexistante ; et alors nous trouverons dans l'imaginaire non-seulement l'avis que la question est impossible dans les termes où on l'a proposée, ou avec les moyens employés pour la résoudre, mais encore, par la forme même de cette imaginaire, l'indication précise de l'espèce de contradiction que nous aurons introduite, soit au début, soit dans le cours de nos recherches. Ne sont-ce pas là de belles et d'utiles révélations?

En résumé, de même que l'algèbre nous apprend, dans l'ordre des choses possibles, ce qu'il faut faire sur les données pour obtenir un résultat désiré, de même par l'imaginaire elle nous avertit que nous nous sommes placés dans l'ordre des choses impossibles, et, de plus, par la forme même de cette imaginaire, elle nous dévoile le comment et le pourquoi de nos contradictions.

La première partie de ce programme nous est assez bien connue, mais jusqu'à présent, ou nous ne nous sommes pas occupés de la seconde, ou nous ne l'avons entrevue qu'à travers d'épais nuages.

Envisagée à ce point de vue, l'étude de la forme imaginaire ne peut que présenter le plus grand intérêt ; elle sort du vague dans lequel elle est restée jusqu'à ce jour. L'idée se rationalise par des définitions vraiment mathématiques, et en se rationalisant dans son principe elle vient mettre entre nos mains l'élément de calcul indicateur et régulateur des méprises algébriques dans lesquelles nous serons tombés toutes les fois que nous aurons demandé à la science des rapports la justification de rapports impossibles avec la seule idée du nombre.

V

En dehors de ces considérations, dont l'essence est purement algébrique et abstraite, et qui ne s'appuient nullement sur les qualités diverses des êtres concrets dont nous pouvons nous proposer de faire l'étude algébrique, il y aura à examiner plus tard si, dans certains cas et pour quelques quantités, telle opération, impossible en abstrait, ne peut pas, à cause de la nature même de ces quantités mieux douées que ne l'est le nombre, être conçue et pratiquée pour elles, ce qui donnerait alors à l'imaginaire une forme saisissable, une représentation et une existence physiques qui contribueraient puissamment à dissiper toutes les incertitudes.

Cette considération, tout extraordinaire qu'elle peut paraître au premier abord, n'a rien cependant que de rationnel, et nous allons en faire comprendre la portée par un exemple fort simple.

Au point de vue arithmétique, l'équation $2\,q^2 = p^2$, dans laquelle p et q sont des nombres entiers, est irréalisable, par le motif que les carrés sont nécessairement des multiples de 2 d'un degré pair. Il n'est donc pas possible à l'arithmétique de réaliser $\sqrt{2}$ sous la forme finie $\frac{p}{q}$, et de nous conduire autrement que par approximation à cette valeur. Or, ce que l'arithmétique ne peut pas faire, les longueurs le pratiquent, parce qu'elles jouissent du principe de la continuité dont l'arithmétique est privée, et, à l'aide d'une opération fort simple, avec la longueur adoptée pour l'unité, nous arrivons sur le point même où doit se terminer la longueur qui, par rapport à cette unité, est le représentant de $\sqrt{2}$. Voilà donc un exemple d'une opération impraticable en abstrait sous forme finie, et que des propriétés inhérentes à certaines quantités permettent de réaliser physiquement sous cette forme.

D'après cela, ne sommes-nous pas en droit de nous demander si, pour d'autres opérations irréalisables dans le domaine de l'abstraction, pour $\sqrt{-1}$ par exemple, il n'y aurait pas tels êtres concrets jouissant de la propriété de reproduire, par certaines opérations que leur nature autorise, l'équivalent de celles qui sont figurées par $\sqrt{-1}$.

Or, cette étude nous l'avons faite il y a bientôt trente ans [1], et nous sommes parvenu à ce résultat qu'en géométrie l'opération qui consiste à faire un angle droit est l'équivalent de l'impossibilité que $\sqrt{-1}$ représente. Lagrange, de son côté, n'a-t-il pas prouvé que les empêchements imaginaires qui constituent en abstrait l'impossibilité d'obtenir les valeurs numériques des racines de l'équation du troisième degré, dans le cas appelé *irréductible*, revêtent une forme possible par les considérations concrètes, et se dénouent en réel en prenant le cosinus du tiers d'un certain angle dont la valeur est déterminée par les données de la question ?

Mais, dira-t-on, comment et pourquoi tout cela peut-il se faire ? Tout simplement, répondrons-nous, parce que la ligne droite, ou, si l'on veut, la géométrie, possède deux propriétés qui n'appartiennent pas au nombre : la *continuité* et la *direction* ; en vertu de la première elle peut pratiquer l'incommensurable, en vertu de la seconde elle pratique et réalise l'opé-

---

[1] *Etudes philosophiques sur la science du calcul.* Paris, 1841.

ration appelée *imaginaire*. Ceci nous paraît d'ailleurs constituer un principe très-acceptable. Pourrait-il nous répugner, en effet, d'admettre que là où la nature a placé plus de ressources et de facultés, il doit naturellement y avoir aussi plus de possibilités et de réalisations?

Nous ne nous étendrons pas davantage sur les considérations générales qui concernent le concret; elles seront reprises en détail dans la seconde partie. Notre but actuel est d'étudier la forme imaginaire au point de vue purement abstrait, celui peut-être qu'on a le moins saisi jusqu'à ce jour. Présentons donc maintenant le développement de nos idées sur ce sujet.

CHAPITRE II

DU SENS ALGÉBRIQUE DES EXPRESSIONS $\sqrt{-1}$, $A\sqrt{-1}$, $A+B\sqrt{-1}$,
AU POINT DE VUE ABSTRAIT.

SOMMAIRE. — I. A quel point de vue nous entendons nous placer dans cette discussion. — II. Le sens du mot *imaginaire* ne doit pas être étendu au delà de l'impuissance où est l'algèbre d'exécuter une opération. — III. Mais parce que cette opération est mathématiquement définie, son impossibilité de réalisation actuelle ne s'oppose pas à la continuation des calculs. — IV. Si l'imaginaire est un obstacle en lui-même, il ne l'est pas toujours dans les usages qu'on en doit faire. — V. Généralisation des idées à cet égard. — VI. Possibilité de concevoir et d'exécuter des opérations de calcul sur les formes $A\sqrt{-1}$. — VII. Les propositions démontrées pour le réel ne doivent être appliquées à l'imaginaire que sous la réserve d'une discussion préalable. — VIII. Comment les opérations de calcul doivent être pratiquées sur les formes $A\sqrt{-1}$. — IX. Explications sur le sens qu'il faut attribuer aux binômes $A + B\sqrt{-1}$. — X. Propriétés principales de ces binômes.

I

Il est nécessaire, dès le début de ces recherches, de bien préciser la situation dans laquelle nous entendons nous placer. Cette situation, qui pourra se modifier plus tard, est, quant à présent, la suivante :

Il y a en algèbre une collection de règles généralement admises en principe et pratiquées en fait par ceux-là même qui se refusent à les considérer comme rigoureusement établies. C'est comme conséquence de l'application de ces règles que l'expression $\sqrt{-1}$ se manifeste. Or cette expression prenant naissance dans un tel milieu, c'est dans ce milieu aussi que nous entendons la considérer, et étudier soit les causes de sa présence et de sa disparition, soit les conditions en vertu desquelles elle sera appelée à fonctionner.

Acceptant donc pour nous les faits accomplis, les principes

accrédités, comme ils sont acceptés par tous ceux qui font de l'algèbre, nous voulons rechercher quel peut être le rôle de l'imaginaire dans la science telle qu'elle est comprise et pratiquée, et non dans une science, mieux constituée peut-être, mais qui ne serait pas celle que tout le monde admet aujourd'hui.

En conséquence, que les principes algébriques soient des vérités établies, qu'ils soient des axiomes, qu'ils méritent même les reproches adressés à certains raisonnements, nous ne discuterons pas actuellement sur ces points. Nous nous en tiendrons seulement aux conséquences qui font autorité, et qu'on ne pourrait méconnaître sans se mettre en dehors de l'algèbre même.

C'est dans ces conditions que nous allons rechercher s'il est possible d'avoir sur les expressions imaginaires des notions plus précises que celles que nous possédons aujourd'hui; après quoi nous dirons quelle doit être l'influence de ces recherches sur l'état de nos conceptions scientifiques.

II

Quelle idée doit-on se faire de l'expression $\sqrt{-1}$? De quelle nature sont les propriétés que cette expression peut faire acquérir aux nombres réels avec lesquels elle est associée? C'est ce que nous nous proposons de rechercher.

D'après les définitions usuelles et admises dans la science, $\sqrt{-1}$ est une expression qui, élevée au carré, doit donner pour résultat -1. Or, comme en ce qui concerne la grandeur il n'y a que le nombre 1 qui, élevé à une puissance quelconque, puisse produire l'unité, nous voyons que ce n'est pas en dehors de l'unité que nous devons chercher la solution du problème. D'ailleurs, au point de vue le plus général de la science des nombres *réels*, l'unité, en tant qu'elle doit rester elle-même comme grandeur, ne peut recevoir d'autre modification d'état que celle résultant de l'intervention des signes $+$ et $-$; mais l'un et l'autre élevé au carré donnent $+1$, nous sommes dès lors obligé de conclure qu'il n'existe rien, dans le domaine du réel abstrait, dont l'élévation au carré puisse produire l'unité négative.

Nous devons en conséquence reconnaître que $\sqrt{-1}$ est inexécutable, qu'il n'y a aucune expression en algèbre qui soit susceptible de représenter le résultat de l'opération qui consiste à extraire la racine carrée de —1. C'est pour cela qu'à cette expression, qui ne saurait avoir de représentation dans la science du réel, on a donné le nom d'*imaginaire;* et, ne pouvant ainsi lui attribuer aucune traduction, aucun équivalent algébrique, on l'a laissé subsister dans la forme même suivant laquelle se révèle son existence; de sorte que, lorsque volontairement ou involontairement il doit être question d'elle dans le calcul, on lui donne pour représentant l'indice même de l'impossibilité de sa réalisation, on écrit $\sqrt{-1}$.

Mais on peut et on doit remarquer que tout n'est pas également impossible ou imaginaire dans cette expression.

En effet, j'y vois d'abord l'unité; or nous avons tous une parfaite intelligence de l'unité, soit qu'on la considère comme nombre, soit qu'on la considère comme étalon de la mesure des grandeurs. J'y vois ensuite le signe de la soustraction accompagnant cette unité : mais les géomètres, sauf un très-petit nombre d'opposants, savent que ce n'est pas là, tant s'en faut, un signe absolu et radical d'impossibilité. Ce n'est que lorsqu'à cette combinaison très-intelligible du nombre ou de la grandeur avec l'opération soustractive je veux appliquer l'opération radicale, que l'incertitude vient assiéger l'esprit, que l'impossibilité se manifeste, que l'imaginaire paraît. Il n'y a donc ici d'imaginaire qu'une opération et non une grandeur; celle-ci continue de subsister dans sa réalité, elle ne cesse pas d'être comprise, même avec son attribut négatif; mais ce qu'on ne comprend pas, ce qui vient arrêter les ressorts de l'intelligence, c'est l'extraction de la racine carrée appliquée à la combinaison de la grandeur avec le signe de la soustraction. Aussi serait-il beaucoup plus rationnel, pour représenter l'imaginaire, de se borner à l'expression de l'opération impossible, d'écrire $\sqrt{}$ au lieu de $\sqrt{-1}$; de même que pour représenter l'état négatif on n'écrit pas —1 × A, mais simplement — A.

On verrait clairement par ce moyen que l'idée de grandeur n'a rien à faire ici, et que la seule chose qui soit imaginaire, c'est une opération.

Il n'y a donc pas de grandeurs imaginaires; il ne saurait dépendre de l'algèbre que ce qui existe réellement doive être relégué dans le monde des fictions. Mais il peut arriver quelque-

fois que, pour résoudre certaines questions, la nature des
opérations qu'il faudrait exécuter sur des quantités très-réelles
soit telle que l'algèbre n'a aucun moyen de nous indiquer le
résultat de ces opérations, et qu'elle doit se borner à nous en
faire connaître les indices. Ce n'est pas au delà de cette impuissance qu'il faut chercher à étendre le sens du mot *imaginaire*.

Telle est la seule conclusion raisonnable que puisse autoriser l'analyse que nous venons de faire de ce qu'il faut réellement voir dans le signe habituellement employé pour représenter
l'imaginarité. Mais l'usage l'emporte en toutes choses, et si
nous avons nous-même recours à l'expression de grandeur ou
de quantité imaginaire, il devra toujours être entendu que
ces quantités restent réelles, qu'elles sont ce que leur nature
leur permet d'être, mais qu'alors elles se trouvent soumises à
des opérations dont l'algèbre fait connaître la nature, mais
dont elle ne saurait, dans son langage, énoncer des conséquences.

III

Si les choses ne devaient pas être comprises suivant l'ordre
d'idées que nous venons de développer, n'est-il pas évident que,
dès l'instant que l'imaginarité se manifeste, il faudrait cesser
tout calcul? On ne comprendrait pas en effet ce que pourraient
produire les procédés du mécanisme algébrique appliqués,
quel que fût leur nombre et leur variété, à des choses auxquelles l'esprit refuse toute raison d'exister.

Mais s'il n'y a pas de grandeurs imaginaires, si l'idée de grandeur doit toujours être subsistante dans l'esprit, s'il y a seulement des opérations impossibles, mais d'ailleurs définies dans
leur mode d'impossibilité, on peut espérer que, dans le cours
ultérieur des calculs, il se présentera d'autres opérations inverses des premières, anéantissant celle-ci et nous débarras-
sant désormais de la nécessité de les prendre en considération.
Les recherches pourront donc continuer sur les grandeurs qui
n'auront pas disparu, quoique frappées d'un signe d'opération
impossible, et conduire à des résultats après lesquels il aurait
été certainement déraisonnable de courir si ces grandeurs
étaient devenues de fantastiques idéalités.

Qu'on nous permette quelques comparaisons. Parce qu'un

14   DES FORMES IMAGINAIRES.

nœud fait à une corde empêche celle-ci de nous rendre certains services, on ne sera certainement pas autorisé à prétendre
que cette corde est devenue imaginaire ; parce qu'un engour-
dissement viendra suspendre l'usage d'un de nos membres, ce
membre ne sera pas pour cela réputé imaginaire. Or de même
qu'en pratiquant sur le nœud certaines opérations, je pourrai
parvenir à le faire disparaître, et qu'en agissant sur l'engour-
dissement, il me sera possible de rendre au membre malade,
sinon la totalité, du moins une partie de ses fonctions, de même
il y a telles opérations en algèbre susceptibles de débarrasser
les quantités réelles de l'obstacle imaginaire qui momentanément les paralyse, et de nous donner, après cette élimination,
la connaissance d'utiles rapports qui lient entre elles ces quantités.

En se plaçant à ce point de vue, on conçoit sans peine qu'il
n'y a rien d'illogique à ne pas s'arrêter dans les calculs dès
que l'imaginarité se manifeste ; et, non-seulement les études
théoriques sur les expressions compliquées d'imaginaires se
justifient, mais on est conduit à penser que les géomètres qui
s'en sont occupés auraient pu les étendre et les compléter avec
plus de fruit, s'ils n'avaient pas été arrêtés quelquefois par la
pensée que l'utilité de leurs travaux, sans être complétement
déniée, pouvait à bon droit être suspectée par les autres : et qui
sait si, dans certains moments, elle ne l'a pas été par eux-
mêmes ?

IV

Complétant nos idées à cet égard, nous ferons remarquer
que quand on a obtenu le nombre, ou, pour mieux dire, l'expression algébrique qui satisfait à une question, tout n'est pas
fini. Il faut encore mettre ce résultat en œuvre ; or il peut fort
bien arriver, ainsi que nous l'avons déjà dit, qu'il soit nécessaire pour cela d'exécuter certaines opérations, qui, étant précisément inverses de celles que nous ne pouvons exécuter, font
disparaître celles-ci et nous ramènent par conséquent dans
l'ordre des choses possibles où nous pourrons trouver quelque
utile indication.

Ce que nous disons ici n'est pas une vaine supposition. Ad-
mettons, par exemple, qu'on se soit proposé de chercher quel

doit être le côté d'un carré soumis à la condition que sa surface ajoutée à une surface donnée produise une somme égale à une autre surface donnée.

On procède aux opérations nécessaires pour résoudre la question, et l'on trouve que le côté du carré cherché est représenté par $a\sqrt{-1}$, c'est-à-dire par la quantité très-réelle a, mais sur laquelle il faudrait au préalable pratiquer l'opération indiquée par $\sqrt{-1}$; nous arrivons ainsi à une impossibilité manifeste.

Mais, parce que dans cette circonstance, ce qui importe, c'est moins le côté du carré que sa contenance, parce que cette contenance s'obtiendra en multipliant $a\sqrt{-1}$ par lui-même; parce que cette multiplication entraînera celle de $\sqrt{-1}$ par $\sqrt{-1}$, parce que celle-ci est précisément l'inverse de l'opération radicale; que par conséquent elle la fera disparaître, et qu'après cela le seul signe d'opération accompagnant a^2 sera le signe —, c'est-à-dire celui de la soustraction; parce qu'enfin cela indique que la surface a^2 au lieu d'être ajoutée devra être retranchée, on comprend que, dans ce cas, la présence d'une solution de la forme $a\sqrt{-1}$ peut fort bien ne pas être un indice d'impossibilité absolue, au point de vue de l'espèce de question qu'on se propose de résoudre, mais simplement celui d'un redressement très-compréhensible dans les termes de l'énoncé; on voit enfin très-clairement dans cet exemple que la grandeur continue de rester ce qu'elle est, et que les entraves s'introduisent et disparaissent par le simple jeu des opérations, parce qu'elles sont elles-mêmes des opérations.

V

Pour ne pas interrompre le cours des idées, nous avons pris ici une expression imaginaire toute faite et nous avons examiné son influence sur l'énoncé de la question; nous nous expliquerons plus tard sur la considération inverse de celle-ci, c'est-à-dire sur le point de départ et sur les causes de la présence de l'imaginaire dans les solutions des problèmes algébriques.

Quant à présent, nous ferons remarquer que tout ce que nous venons de constater ici pour un exemple particulier est susceptible d'être généralisé. Toutes les fois en effet que, pour satisfaire à une question, il faudra que le résultat obtenu soit élevé au carré, une solution de la forme $a\sqrt{-1}$ sera acceptable et compréhensible, à l'instar des solutions négatives ordinaires ; cette circonstance sera l'indice que le carré dont on doit faire usage, au lieu d'être ajouté, devra être retranché, ou, pour mieux dire, devra être pris dans un sens inverse de celui qui est indiqué dans l'énoncé : ce qu'on peut énoncer brièvement en disant que l'imaginaire $\sqrt{-1}$ est le négatif des carrés transporté sur leurs racines ; et l'on trouve encore ici une nouvelle confirmation de l'idée que l'imaginaire ne saurait être autre chose qu'une opération.

Or ce principe peut recevoir une foule d'applications dans l'étude des sciences. Pour convaincre le lecteur à cet égard, il suffira de faire remarquer qu'une de ses conséquences les plus immédiates est que, dans la mécanique rationnelle, on devra dire qu'une vitesse imaginaire correspond à une force vive négative et par conséquent bien réelle ; dès lors un grand nombre de solutions qu'on pourrait être tenté de considérer comme imaginaires, en optique, en acoustique, dans la théorie de la chaleur, de l'électricité, etc., seront tout aussi acceptables, tout aussi compréhensibles que peuvent l'être les solutions négatives ordinaires.

Voilà donc un premier pas fait sinon vers la compréhension de l'imaginaire en lui-même, du moins sur certaines circonstances propres à justifier sa présence dans les calculs, sur la nature des interprétations auxquelles il peut nous conduire quant à ses effets ultérieurs. Ce n'est pas tout sans doute, mais n'est-ce pas quelque chose, n'est-ce pas beaucoup ?

Nous nous bornons en ce moment à ces simples explications. Plus tard, nous en développerons la suite avec tous les détails nécessaires.

VI

Il résulte de tout ce qui précède que les études algébriques qu'on peut entreprendre sur les expressions imaginaires n'ont rien d'illogique et d'inutile, non-seulement parce qu'en vertu de sa forme, qui est en même temps une définition, $\sqrt{-1}$ est tributaire de l'algèbre, mais encore parce que, par l'effet de calculs ultérieurs, l'entrave imaginaire peut disparaître.

On est ainsi naturellement conduit à se demander quelle peut être la nature des calculs qu'il sera permis d'entreprendre et d'exécuter sur les expressions imaginaires, quels seront les rapports qui lieront ces expressions soit entre elles soit avec le réel.

Sans chercher à faire ici une réponse complète à cette question, nous présenterons sur ce sujet quelques réflexions qui non-seulement nous paraissent propres à éclairer la marche qu'il faudra suivre et à faire éviter certains écueils, mais qui contribueront à mieux préciser encore l'idée que nous devons nous faire de la nature de l'imaginaire et du véritable rôle qui lui appartient en algèbre.

Bien que dans l'expression $A\sqrt{-1}$ la quantité réelle A soit accompagnée d'un signe d'opération que l'algèbre est impuissante à effectuer, il ne doit pas pour cela répugner à l'esprit qu'on puisse pratiquer certains calculs sur cette expression. Les observations que nous venons de présenter conduisent à cette conclusion, essayons d'en donner une plus complète justification.

On conçoit que les calculs que l'algèbre exécute sur la généralité des objets qu'elle soumet à ses investigations, que ces objets soient définis ou indéterminés, que leur désignation soit explicite ou implicite, qu'ils appartiennent à l'ordre physique ou à l'ordre intellectuel, qu'ils soient, par exemple, une longueur, un poids, une intensité calorifique, lumineuse, ou bien un nombre, un rang, le degré d'une puissance, une probabilité; on conçoit, disons-nous, que ces calculs pourront être à titre égal appliqués à l'objet représenté par $\sqrt{-1}$, et que, bien que cet objet soit irréalisable dans sa forme actuelle, il n'en reste pas moins susceptible, comme tous les autres, de tomber sous le coup des spéculations de nombre et de rapport qui constituent le domaine de l'algèbre. Il le peut d'autant plus que, quoique intraduisible, quant au résultat, en langage algébrique, il n'en a pas moins dans cette langue une définition nette et précise qui nous servira de fil directeur dans nos recherches.

Ces spéculations, en effet, et c'est là un de leur caractère distinctif, restent étrangères à l'essence des objets auxquels

2

elles s'appliquent ; elles ne se préoccupent pas de la nature particulière de ces objets ; leur mission consiste seulement à faire connaître le plus ou le moins qu'il en faut prendre, à rendre manifeste la série des opérations de calcul qui doit réaliser ce plus ou ce moins pour qu'en cet état l'objet en question devienne susceptible de satisfaire à certaines conditions préalablement indiquées.

Je n'ai pas besoin, par exemple, de savoir ce qu'est une chose pour être convaincu, alors même que cette chose serait impossible à obtenir, qu'elle se contiendra elle-même une fois ; qu'ajoutée à elle-même elle produira deux fois cette chose, que retranchée d'elle-même elle donnera zéro pour reste, qu'ajoutée à des choses égales elle ne détruira pas l'égalité préexistante à cette addition, et ainsi de suite. Ce sont là des relations générales, universelles, dont la vérité n'est nullement dépendante de la définition des choses auxquelles elles s'appliquent.

Seulement, il arrivera le plus souvent, si l'objet soumis au calcul est irréalisable, que la plus ou la moins grande partie de cet objet qui constitue la solution soit tout aussi irréalisable que l'objet même ; mais la relation algébrique qui sera l'expression de ce plus ou de ce moins continuera de subsister dans toute sa force, parce qu'il faudra bien qu'elle soit toujours prête à produire ses effets, si les empêchements qui frappent l'objet venaient à disparaître.

Il ne sera pas d'ailleurs toujours nécessaire que cette sorte d'impossibilité existe au début pour que le résultat ne puisse pas être réalisé ; cela dépendra, d'une part de la nature de l'objet, d'autre part de celle des opérations ultérieures auxquelles il devra être soumis. Si, par exemple, on demandait de faire équilibre à un poids de 200 kilogrammes avec des hommes pesant chacun 75 kilogrammes : bien que l'idée d'un homme de ce poids soit parfaitement concevable, il ne serait pas possible d'appliquer à l'objet *homme* l'opération qui consiste à en prendre $2 + \frac{2}{3}$, parce que cet objet par lui-même est essentiellement indivisible.

Et, à l'inverse, bien que l'idée d'un tiers d'homme soit une impossibilité pour notre intelligence, il ne s'ensuit pas que toute

question dans les données de laquelle figurera cette impossibilité conduise par cela même à un résultat irréalisable ; cela
dépendra de la nature des opérations à exécuter qui, soit dans
le cours des recherches, soit à la fin, pourront quelquefois détruire l'impossibilité initiale. Si par exemple on demandait
combien il faut de tiers d'homme, chaque tiers pesant 25 kilogrammes, pour obtenir un poids de 75 kilogrammes, on trouverait qu'il en faut trois, réponse qui reconstituerait l'homme
unité, et rendrait réalisable ce qui, d'après l'énoncé, ne parais-
sait pas pouvoir l'être.

Que conclure de ces observations et de ces exemples si simples ? Qu'en ce qui concerne les supputations de l'algèbre sur
le nombre et le rapport des choses, il serait hasardeux, ou tout
au moins prématuré, d'affirmer qu'il y a des impossibilités
absolues, persistantes ; que souvent ces impossibilités ne seront
que relatives, parce que, dans toute question, les moyens de
solution sont représentés par des opérations qui, tantôt
mettent à jour des impossibilités non prévues, tantôt dénouent
des impossibilités existantes.

En conséquence de ce que $\sqrt{-1}$ est une opération irréalisable, ce ne sera pas une raison pour nous de nous abstenir de
la recherche des rapports algébriques qui peuvent lier les expressions de la forme $A\sqrt{-1}$, $A + B\sqrt{-1}$, soit entre elles, soit
avec les expressions réelles, et nous pouvons même prévoir,
d'après ce que nous venons de dire, que plusieurs des rapports
déjà connus et constatés dans la science leur seront applicables. Seulement, comme la nature de l'impossibilité $\sqrt{-1}$ est
algébrique, comme l'opération qui la représente se combinera,
soit avec celles que nous mettrons en œuvre pour résoudre la
question, soit avec celles qui représenteront la solution, nous
aurons à examiner soigneusement ce qui doit advenir, pour le
résultat, du concours des unes et des autres et de leur combinaison avec celle qui se trouve déjà dans les données sous la
forme $\sqrt{-1}$.

VII

Nous devrons, d'un autre côté, nous prémunir contre une
tendance à la généralisation par trop familière à certains es-

prits, écueil d'autant plus dangereux qu'il est plus séduisant.

Nous venons de dire que plusieurs des relations admises dans la science seront applicables aux expressions imaginaires ; nous en avons indiqué quelques-unes, par exemple :

$$\frac{a}{a} = 1, \quad a + a = 2\,a, \quad a - a = 0,$$

et on pourrait en citer d'autres. Ces rapports doivent exister, en effet, quelle que puisse être la quantité a connue ou inconnue, réalisable ou irréalisable. Mais lorsque les raisonnements qui auront confirmé la vérité d'une relation algébrique reposeront sur la considération que les nombres auxquels ils s'appliquent sont *essentiellement réels,* il pourrait être fort imprudent de vouloir étendre l'influence de ces relations aux nombres imaginaires, d'appliquer immédiatement à ceux-ci les mêmes attributions et les mêmes défenses; une discussion préalable sera dans ce cas indispensable.

Il ressort, par exemple, de la définition du nombre premier qu'il est impossible qu'un tel nombre soit égal au produit de deux facteurs entiers. Or l'on se tromperait si l'on voulait appliquer la même interdiction à des facteurs binomes imaginaires entiers, car il existe beaucoup de nombres premiers qui sont égaux au produit de deux pareils facteurs.

D'un autre côté, on sait que si L désigne un certain angle, la valeur du cosinus de cet angle en fonction de l'arc est donnée par la formule :

$$\cos L = 1 - \frac{L^2}{2} + \frac{L^4}{2.3.4} - \ldots$$

Or serait-on bien venu à dire, sans examen et sans autre considération que celle de l'analogie, que lorsque L devient imaginaire de la forme $L\sqrt{-1}$, on doit avoir

$$\cos L\sqrt{-1} = 1 + \frac{L^2}{2} + \frac{L^4}{2.3.4} + \ldots ?$$

Outre qu'on ne sait pas ce que peut être un arc imaginaire, cette dernière formule n'est-elle pas de nature à détruire toutes les idées que nous avons sur la nature des cosinus? Les propriétés essentielles de ces sortes de quantités ne sont-elles pas que les cosinus sont toujours plus petits que l'unité? que leur grandeur diminue à mesure que celle de l'arc augmente depuis zéro jusqu'à $\frac{\pi}{2}$? qu'entre $\frac{\pi}{2}$ et π ils deviennent négatifs?

Or ne faudrait-il pas ici d'autres définitions et expliquer au préalable ce que peut être un cosinus qui est toujours plus grand que l'unité, qui n'est jamais négatif, et qui augmente indéfiniment avec la grandeur de l'arc? C'est là à coup sûr tout autre chose que ce que nous appelons cosinus. Ainsi, outre que la formule n'est pas justifiée, les conséquences auxquelles elle conduit sont tellement contradictoires avec les propriétés ordinaires des cosinus, que ce serait bien le moins, si elle pouvait être vraie, qu'on établît cette vérité autrement que par une simple déduction analogique.

Concluons donc que, pour toutes les relations algébriques dont la démonstration repose sur la considération essentielle que les nombres sont réels, il est nécessaire, il est indispensable, avant de statuer, de procéder à la recherche la plus attentive, la plus scrupuleuse des modifications que la présence de l'imaginaire est susceptible de leur faire subir.

C'est là un travail spécial qu'il n'est pas possible de sous-entendre, ainsi qu'on l'a fait trop souvent; un travail sans lequel on ne parviendra pas à dissiper les incertitudes qui règnent dans les esprits, et qui, par lui-même, est très-propre à rendre plus familière, mieux justifiée et par conséquent plus accessible aux intelligences l'intervention de la forme imaginaire.

VIII

Nous ne saurions ici donner à ce sujet tous les développements qu'il comporte, mais nous pensons qu'il ne sera pas inutile de présenter quelques indications sommaires sur la manière dont on peut concevoir que les opérations les plus élémentaires de la science du calcul peuvent être appliquées aux expressions imaginaires, tout en se conformant aux règles ordinaires que l'algèbre autorise et prescrit.

En faisant abstraction dans $A \sqrt{-1}$, ainsi qu'on le pratique en algèbre, de l'espèce particulière de quantité que A pourrait représenter, s'il se trouvait momentanément dépouillé de l'entrave imaginaire, on concevra que A se réduit alors à une certaine collection d'unités purement numériques, et que A $\sqrt{-1}$ pourra par conséquent être considéré comme indiquant que l'opération impossible $\sqrt{-1}$ doit être répétée quatre fois. Je pourrai donc rester toujours dans l'ignorance de la signification qu'il faudra attribuer à $\sqrt{-1}$, mais je n'en comprendrai pas moins que l'on peut se proposer de répéter une fois, deux fois, trois fois cette opération, ou, si l'on aime mieux, que cette opération doit être appliquée à l'ensemble des unités au nombre de A ,qui sont la représentation de la quantité dont on s'occupe actuellement. C'est ainsi que dans une question dont la solution n'est pas connue on effectue sur la racine, symbole encore mystérieux de cette solution, les diverses opérations que l'énoncé rend obligatoires.

Cela posé, si je dois ajouter A$'$ $\sqrt{-1}$ avec A $\sqrt{-1}$, je remarquerai que, malgré tout ce qu'il y a d'irréalisable dans $\sqrt{-1}$, cette impossibilité frappe chaque unité dont se compose A, exactement de la même manière qu'elle frappe chacune des unités dont se compose A$'$; je comprendrai par conséquent que la somme de toutes ces impossibilités devra se composer de celle des unités cumulées de A et de A$'$: le résultat final sera donc l'impossibilité $\sqrt{-1}$ reproduite A + A$'$ fois, c'est-à-dire (A+A$'$) $\sqrt{-1}$.

Un raisonnement tout à fait semblable s'appliquerait à la soustraction.

En résumé, les deux premières opérations de l'arithmétique s'effectueront sur les expressions de la forme A $\sqrt{-1}$ comme elles se pratiquent sur toutes les quantités, en faisant la somme ou en prenant la différence des nombres d'unités qui, dans la science du calcul, sont les représentants nécessaires de ces quantités, et en appliquant au résultat l'entrave imaginaire.

Quant aux deux opérations suivantes, la multiplication et la division, lorsque le multiplicateur et le diviseur sont des nombres réels entiers ou fractionnaires, elles sont la conséquence naturelle des principes fondamentaux de l'algèbre, et nous ne pensons pas qu'il soit nécessaire d'insister sur ce point.

Si le multiplicateur et le diviseur sont eux-mêmes imaginaires, s'il s'agit par exemple de diviser A $\sqrt{-1}$ par A$'$ $\sqrt{-1}$, je remarquerai que généralement le rapport entre deux quantités, quelles qu'elles soient, ne peut être autre chose que le rapport même des collections d'unités qui en représentent la grandeur ou le nombre, que ce rapport ne saurait être influencé par l'espèce de quantité dont on s'occupe ; de sorte que, quelle que soit la chose qui sera prise A fois d'une part, A' fois de l'autre, que cette chose soit une longueur, un poids, un temps, une opération, le résultat cherché ne pourra être que $\frac{A}{A'}$.

S'il s'agit maintenant de multiplier $A\sqrt{-1}$ par $A'\sqrt{-1}$, nous ne devrons pas perdre de vue que le caractère distinctif des procédés algébriques en matière de multiplication est que le multiplicande doit être successivement multiplié par tous les facteurs du multiplicateur, non-seulement au point de vue de leur quotité numérique, mais encore à celui des opérations de toute sorte : additives, soustractives, radicales, etc., qui peuvent affecter ces facteurs. Telle est la règle ; vouloir faire autrement que ce qu'elle indique, ne serait plus chercher ce que les principes admis de l'algèbre peuvent permettre lorsqu'on les applique à telle ou telle autre expression : ce serait admettre d'autres principes, faire autre chose que ce que veut cette science, et c'est au contraire de ce qu'elle autorise que nous nous occupons ici exclusivement [1].

Cela posé, si A' se trouvait seul au multiplicateur, le produit de $A\sqrt{-1}$ par A' serait égal, d'après ce qui précède, à $AA'\sqrt{-1}$; si maintenant nous introduisons le facteur $\sqrt{-1}$, il viendra : $AA'\left(\sqrt{-1}\right)^2$, et nous aurons à rechercher ce que peut être le

---

[1] Le lecteur ne perdra pas de vue qu'en nous exprimant ainsi nous ne faisons que nous conformer aux idées reçues, et nous avons prévenu en commençant que telle était la situation dans laquelle nous entendions nous placer ; mais au fond nous sommes loin d'admettre, rationnellement parlant, l'idée que la multiplication puisse s'appliquer à des signes d'opérations. Que cette idée soit introduite après coup comme une règle pratique commode, parce qu'en fait elle se trouve en concordance avec l'ensemble des conclusions déduites de raisonnements théoriques, à la bonne heure ! mais en principe, on multiplie des nombres par des nombres, on ne multiplie pas des signes par des signes. Dans le sixième chapitre, nous reviendrons sur ce sujet, et nous expliquerons comment, à notre point de vue, la *règle* dite *des signes* doit être rationnellement établie.

quarré de $\sqrt{-1}$. Or, comme d'une part $\sqrt{-1}$ exprime qu'il faut extraire la racine carrée de -1, comme d'autre part il est de principe général en algèbre que le carré est ce dont on extrait la racine, il s'ensuit que pour rester fidèle à la fois et à la définition de $\sqrt{-1}$ et aux règles usuelles algébriques, nous ne pouvons admettre d'autre conclusion que celle qui consiste à dire que le carré de $\sqrt{-1}$ est égal à -1 et qu'on a par conséquent

$$A\sqrt{-1} \times A' \sqrt{-1} = -AA'.$$

Ce point de départ établi, et continuant d'appliquer à $\sqrt{-1}$ les règles ordinaires du calcul algébrique, nous reconnaîtrons que la troisième puissance de $\sqrt{-1}$ sera $-\sqrt{-1}$, que la quatrième sera l'unité positive; après quoi, et sans qu'il soit nécessaire de plus amples explications, on voit qu'on repassera successivement par $\sqrt{-1}, -1, -\sqrt{-1}, +1$, et ainsi de suite, en continuant indéfiniment cette période quaternaire.

Il résulte de ces premières recherches qu'en faisant aux expressions imaginaires l'application des règles admises en algèbre, on est conduit dans plusieurs circonstances à constater la disparition de ce signe d'opération impossible qui les caractérise. Ainsi se trouve de plus en plus confirmée l'opinion qu'au point de vue abstrait, il n'est pas possible de voir dans l'imaginaire autre chose qu'une opération, puisque c'est par le jeu régulier des opérations que tour à tour il disparaît et se montre dans nos calculs.

Connaissant, à l'aide de ce qui précède, les moyens d'effectuer les quatre premières opérations de calcul sur les expressions de la forme $A\sqrt{-1}$, il sera facile d'en déduire ceux qui doivent être mis en œuvre pour pratiquer les mêmes opérations sur les expressions complexes $A + B\sqrt{-1}$; mais il est nécessaire, au préalable, de présenter quelques observations sur ces binômes.

IX

On sait, pourra-t-on dire,—et cette objection nous a été souvent adressée,—qu'il est de l'essence de l'algèbre de n'ajouter ensemble que des choses de même espèce , des longueurs avec des longueurs, des monnaies avec des monnaies, des vitesses avec des vitesses, et ainsi de suite; et il y aurait pour elle antipathie et par conséquent refus de coopération à rechercher quel peut être le résultat de l'addition de choses hétérogènes. Nous devons donc admettre que les quantités A et B $\sqrt{-1}$ sont de même espèce; mais alors une difficulté se présente. Comment comprendre, dira-t-on, que le réel soit de même espèce que l'imaginaire? que ce qui est actuel, tangible, susceptible d'une représentation, soit de même espèce que ce qui est irréalisable? Cette objection est plus spécieuse que fondée. Remarquons d'abord que nous ne songeons pas à nous l'adresser, lorsque nous mettons un problème en équation ; et cependant que savons-nous alors de l'inconnue que nous supposons devoir résoudre ce problème? Sera-t-elle possible, sera-t-elle impossible, sera-t-elle finalement représentée par A ou par $A + B\sqrt{-1}$? Qui pourrait au préalable l'affirmer? Or cela ne nous empêche pas de la soumettre à toute la série d'opérations qui résulte de l'énoncé, et de la considérer, quelles que soient ces opérations, comme une quantité d'une certaine nature déterminée par les termes de cet énoncé; et si nous agissons ainsi, c'est parce que nous savons que c'est le propre de l'algèbre que les opérations de cette science ne sauraient en aucune façon modifier l'essence des quantités sur lesquelles elles sont pratiquées : elles n'ont d'autre mission à remplir, d'autre rôle à jouer que ceux de constituer ces quantités dans tel ou tel rapport rendu obligatoire par l'énoncé de la question.

Or, ici qu'y a-t-il d'impossible? Ce n'est certainement pas B ; en lui-même B se comprend aussi bien et au même titre que A, et rien ne s'oppose à ce qu'il soit de même nature que lui ; ce qui ne se comprend pas, c'est l'opération $\sqrt{-1}$, à laquelle B doit être soumis. C'est un moyen d'agir sur B qui met celui-ci dans un rapport irréalisable, à la vérité, mais dont l'impossibilité purement algébrique ne saurait rien changer à la nature particulière de l'objet sur lequel il devrait s'exercer. En un mot, ce qu'il y a ici de différent, ce sont les états de A et de B, ce ne sont pas les espèces. Rien ne s'oppose donc à ce que, conformément aux procédés et aux fonctions ordinaires de l'algèbre, les deux nombres A et B soient toujours considérés comme s'appliquant à une même espèce de quantité ; seulement, tandis que l'un sera la représentation possible et même exécutée de cette quantité, l'autre en sera la représentation irréalisable tant qu'il sera retenu dans les entraves d'une opération préalable qu'il ne nous est pas permis de pratiquer; mais celui-ci sera toujours de même espèce que le premier, il jouira des mêmes priviléges que lui, et sera prêt à remplir les mêmes fonctions dès que l'opération impossible viendra à disparaître.

Qu'on ne perde donc pas de vue qu'une serrure à laquelle on a mis une entrave n'en est pas moins une serrure; elle n'est pas devenue pour cela incompréhensible, imaginaire, elle est seulement empêchée. Or, que l'entrave vienne à disparaître, et cet appareil ne nous rendra pas moins de services que ceux dont le fonctionnement est resté libre.

Mais après avoir suivi l'objection sur son propre terrain, ne manquons pas de faire remarquer que nous avions parfaitement le droit d'en sortir et de contester que le principe sur lequel elle s'appuie soit applicable dans le cas actuel.

Sans doute, lorsqu'on s'occupe de résoudre une question et qu'on a transformé l'énoncé en équation, il est nécessaire que tous les termes de cette équation soient homogènes, soient de même espèce; on conçoit en effet que s'il n'en était pas ainsi, si l'on avait seulement deux espèces, on pourrait grouper ensemble les termes qui s'appliquent à chacune, et alors de l'équation résulterait une *équivalence* entre des espèces *différentes,* ce qui est contradictoire. Et encore pourrait-on échapper à cette difficulté en soumettant chaque groupe à la condition d'être séparément nul.

Mais ici la réunion des deux termes A et B $\sqrt{-1}$ n'est soumise à aucune condition d'égalité ou d'inégalité avec autre chose; elle conserve une complète indépendance, et ne saurait par conséquent tomber sous le coup des obligations précédentes.

Or il n'y a rien de contraire à l'idée de pluralité, car c'est toujours à ce point de départ qu'il faut revenir, à ce que les choses ajoutées soient différentes; l'éducation de l'enfant en cette matière pourrait être fort longue à se produire, s'il ne lui était permis d'acquérir l'intuition du nombre qu'à la condition que les choses qui la font naître sont de même espèce, et s'il en était ainsi nous aurions grand tort de cumuler tant et tant de variétés dans sa boîte à joujoux.

Gardons-nous donc d'imposer à l'idée de pluralité des restrictions qui ne sont pas dans sa nature, et dont la pensée ne nous vient qu'à la suite de circonstances dans lesquelles l'expres-

sion d'une addition, au lieu de conserver sa complète indépendance, est assujettie à satisfaire à certaines conditions. Reconnaissons au contraire qu'il n'y a rien d'irrationnel à réunir, par
voie d'addition, les choses les plus hétérogènes.

C'est d'ailleurs là une opération que nous faisons tous les
jours lorsque nous procédons à la formation d'un inventaire,
et certainement nous n'exprimons pas une énormité lorsque
nous disons que l'avoir d'un individu se compose de l'addition
de son argent avec son mobilier, ses propriétés de ville et de
campagne, son fonds de commerce, sa bibliothèque, etc.

Que tout cela puisse après coup, et à certains points de vue,
être ramené à une commune mesure et à une seule espèce qui
sera l'argent, c'est possible, et c'est ce qu'on fera lorsqu'on
voudra savoir non pas seulement de quoi se compose la fortune
d'un individu, mais encore quelle est sa valeur. Mais il n'en
sera pas ainsi dans toutes les circonstances, et si par exemple
on voulait connaître cet avoir au point de vue des jouissances
morales que donne la possession des choses, il serait fort difficile de rapporter l'appréciation à une commune mesure, parce
que les jouissances diverses dont il est ici question ne sont pas
de même espèce, les unes dépendant de la vanité, les autres du
besoin de bien-être, quelques-unes d'instincts plus ou moins
avaricieux, d'autres du sentiment de la famille, de celui de
l'étude, etc. Cela n'empêchera pas l'inventaire ci-dessus d'être
une véritable addition parfaitement compréhensible.

Revenant maintenant au binôme $A + B\sqrt{-1}$, l'addition
qu'il représente, si l'on n'envisageait les choses qu'au simple
point de vue de la pluralité et sans tenir aucun compte de ce
qui peut distinguer A de B, se réduirait à la réunion des unités
de l'état A avec les unités de l'état B ; mais si à certains égards
il est nécessaire de faire la distinction de la pluralité relative
à un groupe avec celle relative à un autre groupe, et d'en
conserver la trace dans les spéculations dont cette addition peut être susceptible, il faudra marquer d'un signe
particulier chacune des collections A et B. Or, c'est ce qui
existe naturellement dans le cas actuel par le fait même du
signe d'opération $\sqrt{-1}$ qui affecte B et le distingue de A.

Il n'y a donc rien que de très-concevable, rien d'antipathique
à l'idée de pluralité dans l'addition de A avec $B\sqrt{-1}$, rien qui

s'oppose à soumettre une telle collection aux spéculations ordinaires de la science algébrique. Seulement, puisque nous avons intérêt à distinguer les unités de A de celles de B, il faudra toujours conserver à celles-ci le signe particulier qui leur est affecté, sauf à prendre en considération que ce signe n'étant pas conventionnel mais algébrique, nous aurons à nous enquérir des influences successivement exercées par les opérations ultérieures sur celle que $\sqrt{-1}$ représente, et c'est précisément en cela que consiste la recherche des règles de calcul applicables à ces sortes d'expressions.

X

Terminons ce que nous avons à dire sur ces binômes par l'exposé de quelques propriétés générales qu'il faut toujours avoir présentes à la pensée lorsqu'on procède à la recherche des règles de calcul qui leur sont applicables.

Un binôme de la forme $A \pm B\sqrt{-1}$ ne saurait être égal à une quantité réelle, car si l'on avait

$$A \pm B\sqrt{-1} = C,$$

on en déduirait

$$C - A = \pm B\sqrt{-1},$$

c'est-à-dire que le possible serait égal à l'impossible, ce que le bon sens ne saurait admettre. Le même binôme ne peut pas davantage être égal à un monôme imaginaire, par exemple à $C\sqrt{-1}$, car alors A aurait pour valeur $(C \mp B)\sqrt{-1}$, résultat tout aussi inadmissible que le précédent.

Il convient de remarquer encore que si l'on prétendait que l'on a entre deux binômes l'égalité suivante :

$$A + B\sqrt{-1} = A' + B'\sqrt{-1},$$

il en résulterait

$$A - A' = (B' - B)\sqrt{-1},$$

condition encore impossible. Il n'y aurait d'exception que pour le cas où l'on aurait à la fois

$$A = A', \quad B = B',$$

auquel cas le second binôme serait identiquement le même que le premier.

Nous sommes donc autorisé à dire que lorsqu'il y aura égalité entre deux binômes imaginaires, il faudra que séparément le réel soit égal au réel, et l'imaginaire égal à l'imaginaire.

Nous remarquerons enfin que si l'on prétendait qu'il y a dans $A + B \sqrt{-1}$ un facteur réel T, il serait nécessaire que ce facteur fût contenu et dans A et dans B. En effet, pour que T, employé comme facteur, pût donner $A + B \sqrt{-1}$ pour produit, il faudrait qu'il fût multiplié par un autre facteur qui ne pourrait être ni réel ni monôme imaginaire, ainsi que nous venons de le démontrer. Ce second facteur sera donc nécessairement un binôme de la forme $A' + B' \sqrt{-1}$, et l'on devrait avoir

$$A + B \sqrt{-1} = T \left(A' + B' \sqrt{-1} \right);$$

de là on déduirait, d'après la remarque précédente,

$$A = TA', \quad B = TB',$$

et notre proposition se trouve ainsi justifiée.

Il suit de là que si A et B sont premiers entre eux, il ne sera pas possible qu'il existe dans $A + B \sqrt{-1}$ un facteur réel.

Nous ne pousserons pas plus loin l'exposé de ces explications préliminaires, nous croyons en avoir assez dit pour indiquer la marche qu'il faudra suivre lorsque, bien pénétrés du rôle important que l'imaginaire est appelé à jouer en algèbre, nous comprendrons la nécessité d'en introduire la théorie dans nos livres élémentaires, et de procéder à l'exposition raisonnée des règles de calcul qu'on peut être autorisé à lui appliquer.

Maintenant que nous sommes bien fixés sur le sens qu'il faut attacher en algèbre aux formes imaginaires, occupons-nous des importantes questions que soulève la mise des problèmes en équation.

CHAPITRE III

DE LA MISE DES PROBLÈMES EN ÉQUATION, ET DE LA GÉNÉRALITÉ DE L'ALGÈBRE.

SOMMAIRE. — I. Nécessité de faire une étude approfondie des principes. — II Application à la mise des problèmes en équation ; introduction inévitable de l'imaginaire par l'exécution même des opérations indiquées dans l'énoncé. — III. Cette circonstance tient à l'existence des racines de l'unité. — IV. La généralité de l'algèbre nous impose la nécessité de ne pas exclure les formes imaginaires ou autres qui ne peuvent être réalisées pour le nombre. — V. La résolution de l'équation d'un problème peut être une nouvelle cause de l'introduction de l'imaginaire. — VI. La manifestation de l'imaginaire s'explique tout aussi bien au point de vue des apparences qu'à celui des principes. — VII. Dans l'équation d'un problème, aussi bien que dans les transformations qu'on lui fait subir, et dans le résultat final qui donne la racine, il faut toujours voir un ensemble de nombres et d'opérations. — VIII. A l'aide de cette considération, il sera toujours possible d'obtenir l'explication de toutes les difficultés.

Lorsque, dans l'étude d'une science, des difficultés se présentent et viennent jeter le trouble dans notre esprit, il est bien rare qu'en portant notre réflexion sur les principes de cette science, et en particulier sur ceux qui se rattachent plus directement au sujet qui a provoqué nos hésitations, nous ne parvenions pas à dissiper toutes les incertitudes.

On comprend en effet que si, à la suite d'un examen sérieux et approfondi des principes, on parvient à être bien fixé sur leur nature et sur leurs fonctions, si on a une connaissance parfaite de ce qu'ils autorisent et de ce qu'ils excluent, s'ils ne gardent plus aucun secret pour nous ; on comprend, disons-nous, que nous serons en possession d'un foyer à l'aide duquel nous pourrons projeter la lumière dans toutes les directions.

Si de ces considérations générales nous passons à celles qui en particulier concernent les problèmes que nous nous proposons de résoudre par la voie de l'algèbre, nous ne tarderons pas à reconnaître que lorsque, dans ces sortes de recherches, nous nous trouverons arrêtés par quelques difficultés, ce que nous aurons à faire avant tout consistera :

1º A nous rendre un compte exact des moyens que nous employons pour traduire l'énoncé de la question du langage ordinaire en langage algébrique;

2º A nous bien pénétrer de tout ce qu'il faudra voir dans le résultat écrit de cette traduction;

3º A nous fixer sur le choix des procédés de calcul dont nous aurons à faire usage pour atteindre le but que nous nous sommes proposé;

4º A apprécier enfin les influences successives que la mise en œuvre de ces procédés exercera sur les diverses expressions qui passeront sous nos yeux, depuis le point de départ des calculs jusqu'à leur conclusion.

On voit, d'après ces détails, que l'objet que nous avons en vue ici n'est pas aussi simple qu'on pourrait le croire au premier abord; on peut juger, d'après la nomenclature que nous venons de dresser, que les diverses considérations auxquelles il faut avoir égard lorsqu'on veut résoudre un problème par la voie algébrique ne manquent pas d'importance; nous ajouterons que cette importance n'est pas seulement celle du nombre, mais encore celle de la nature quelquefois très-compliquée des appréciations auxquelles il faudra se livrer.

A-t-on bien réfléchi à tout ce qu'il y a de délicat dans ceci? à tout ce qu'il faut de sagacité pour se maintenir dans la bonne voie? à la nécessité de savoir à chaque instant à quel point précis on se trouve et dans quelles circonstances on y est parvenu? Nous sommes disposé à croire qu'on ne l'a fait qu'en partie; nous estimons que ce sujet n'a pas été suffisamment approfondi, qu'on ne lui a pas attribué toute l'importance qu'il mérite. Or, s'il en est ainsi, il n'y aura pas lieu de s'étonner que les lacunes qu'on aura laissé subsister dans les investigations à faire dès le début soient devenues la cause trop efficace des obscurités qui, après s'être montrées dans les conclusions, s'y sont maintenues.

Mais si déjà la tâche paraît compliquée dans ce que nous venons d'énumérer, et qui n'est qu'apparente, combien plus ne le sera-t-elle pas dans ce qui est caché, dans ce qui, à notre insu, et par le fait inévitable de certaines propriétés algébriques, vient s'introduire dans les questions même les plus simples. Ici les appréciations se compliquent, les difficultés augmentent, et l'on n'est plus étonné, après qu'on s'en est rendu compte, des nombreux insuccès qui ont paralysé les efforts des géomètres dans les recherches qu'ils ont faites pour parvenir à la résolution générale des équations.

Mais n'anticipons pas : les incidents auxquels nous venons de faire allusion trouveront leur place naturelle dans les études de détail auxquelles nous allons procéder.

II

Dans le but de simplifier les idées, nous supposerons, dans ce qui va suivre, que le problème à traiter ne comporte qu'une inconnue.

Lorsqu'on cherche à résoudre une question par la voie algébrique, on se propose, à l'aide de quantités connues, d'en déterminer une autre qui ne l'est pas. Il faut évidemment pour cela qu'il existe entre les données et l'inconnue une relation. Cette relation est indiquée par l'énoncé.

On commence alors par exécuter, autant que possible, et par indiquer au besoin, soit sur les données, soit sur l'inconnue représentée par un symbole spécial, les diverses opérations par lesquelles doit être traitée chacune de ces quantités. Ce travail préparatoire terminé, on écrit que la relation exigée est satisfaite, et l'on forme ainsi l'équation algébrique à l'aide de laquelle on cherchera à obtenir la valeur de l'inconnue.

Tant que les opérations préparatoires auxquelles l'énoncé soumet les données et l'inconnue ne sont autre chose que les quatre premières règles de l'arithmétique, on ne modifie en rien ces quantités, elles conservent les rapports dans lesquels on les a primitivement placées. Il n'en est pas de même lorsqu'au nombre de ces opérations préparatoires se trouvent des élévations aux puissances. Alors, par le fait de ces élévations, les résultats obtenus jouissent de la propriété de satisfaire non-seulement aux quantités qui figurent dans la question, mais aux produits de ces quantités par les diverses racines que possède l'unité pour la même puissance.

De ce fait que nous ne discutons pas en ce moment, mais aux conséquences duquel il nous est impossible de nous soustraire, parce que c'est un fait acquis à la science, il résulte que nous aurons introduit dans l'équation du problème, implicitement sans doute, mais inévitablement, beaucoup de choses tout autres que celles qui se trouvaient dans les données de la question ; et remarquons de suite que, sur ces choses, il y en aura plusieurs imaginaires, puisque, à l'exception de deux au plus, c'est bien la forme imaginaire que revêtent les racines de l'unité de tous les degrés.

N'avions-nous pas raison de dire, en débutant, combien il est important de se bien pénétrer des principes, de bien reconnaître tout ce qu'ils admettent comme tout ce qu'ils interdisent ? Ne voilà-t-il pas en effet que, dès les premières tentatives que nous faisons dans cette voie, un sommaire examen de ces principes nous avertit que, passé le premier degré, quelque simple que paraisse l'énoncé de la question, quelque réelles que soient toutes les circonstances qui s'y rattachent, nous aurons à compter avec la racine de l'unité, c'est-à-dire avec la forme imaginaire. Or si, dès le début, cette forme s'introduit dans la question, qu'y aura-t-il donc d'extraordinaire à ce qu'elle se montre à la fin ?

Comme nous touchons ici à un point très-important, très-délicat des doctrines algébriques, nous demandons la permission de rendre manifeste, par un exemple des plus simples, de quelle nature sont les conséquences auxquelles conduit cet ordre de considérations.

Si l'on demande, par exemple, quelle doit être la valeur d'un nombre qui, élevé au cube, donne c pour résultat, en appelant x ce nombre, j'écrirai que la troisième puissance de x est égale à c, et j'aurai l'équation $x^3 = c$.

Mais il est évident que si l'on désigne par $\pounds$ la racine cubique de l'unité, on serait également parvenu à la même équation, si à x on avait substitué soit $\pounds x$, soit $\pounds^2 x$. L'équation du problème

3

convient donc à trois expressions, et il ne dépend pas de nous qu'il n'en soit pas ainsi. C'est là une conséquence inévitable de la formation de la troisième puissance réclamée par l'énoncé. Il faudra donc que nous retrouvions à la fin tout ce qui se trouve, implicitement il est vrai, mais nécessairement dans l'équation du problème; et en effet lorsque, pour obtenir x, j'extrairai la racine cubique, j'aurai $x = \sqrt[3]{c}$, et comme toute racine cubique est triple, je serai obligé de reconnaître que x a les trois valeurs $\sqrt[3]{c}$, $\mathcal{L}\sqrt[3]{c}$, $\mathcal{L}^2\sqrt[3]{c}$. Seulement, parce que les deux dernières de ces valeurs contiennent dans leur expression l'obligation d'extraire la racine carrée de -1, opération que l'algèbre ne peut pas exécuter, j'en conclurai qu'au point de vue arithmétique, qui est le seul que j'envisage actuellement, il ne me sera pas possible de réaliser ces valeurs et que la première seule sera susceptible de résoudre la question.

III

Mais, dira-t-on, au point de vue de la conception des choses, la difficulté ne sera pas résolue, elle ne sera que reculée; car si je comprends maintenant la nécessité que l'imaginaire paraisse à la fin, je ne m'explique nullement celle en vertu de laquelle elle s'est introduite au commencement.

Nous ferons d'abord observer que c'est déjà quelque chose que de reconnaître qu'il y a concordance entre les prémisses et la conclusion. N'aurions-nous pas le droit d'être bien plus surpris si l'imaginaire venait se présenter là où nous n'aurions aucun motif de croire qu'il n'a pas été antérieurement introduit, et la constatation de cette introduction faite par l'algèbre elle-même n'est-elle pas déjà pour notre esprit une première satisfaction logique? Il me semble qu'à ce point de vue nous avons déjà gagné du terrain.

Y a-t-il d'ailleurs de quoi s'étonner beaucoup de ce qui se passe ici, lorsque nous trouvons dans la nature tant d'exemples de faits analogues? Si dans les données d'une manipulation chimique vous introduisez de l'eau, vous ne serez pas surpris que, par l'effet de certaines actions décomposantes, vous obteniez non-seulement de l'eau, mais encore de l'oxygène et de l'hydrogène, ces deux principes constitutifs de ce corps; et, à l'inverse, l'association de ces deux principes faite sous certaines conditions ne reproduira-t-elle pas le corps liquide, sans aucune apparence de gaz, de même que les éléments £ et £² associés par voie de multiplication reproduisent l'unité sans aucune apparence d'imaginaire? Or, quand on y réfléchit, il n'y a pas plus de difficulté pour l'intelligence à accepter le premier de ces faits que le second, leur compréhension rentre dans le même ordre d'idées; c'est que ni l'eau, ni l'unité ne sont des corps simples; celle-ci en algèbre est un composé, de même que l'eau l'est en chimie; et il ne peut dépendre ni des personnes ni des choses qu'il en soit autrement, parce que la nature l'a ainsi voulu.

Rentrons maintenant dans le domaine algébrique, et poursuivons le cours de nos investigations.

Quelque impossible que soit l'opération $\sqrt{-1}$, elle n'est pas cependant quoi que ce soit. Elle est nécessairement ce que la font les indices algébriques qui la constituent; elle aurait d'autres indices qu'elle serait autre chose. C'est donc un mode d'impossibilité spécial qui dérive de l'algèbre d'une manière plutôt que d'une autre, et qui, par conséquent, en vertu même de son mode de dérivation, sera soumis à des règles particulières, jouira de certaines propriétés nécessairement conformes à sa constitution. Or, parmi ces propriétés, les calculs algébriques nous révèlent la suivante : c'est qu'en fait, il existe des binômes de la forme $a + b\sqrt{-1}$, qui, suivant les valeurs particulières attribuées à a et à b, sont tels, qu'élevés à certaines puissances dont les degrés sont en rapport avec ces valeurs, ils donnent pour résultat l'unité. L'expérience nous apprend encore qu'il n'est pas de puissance pour laquelle de pareils binômes n'existent pas ; elle nous apprend enfin que, pour chaque puissance, il y a autant de ces binômes que l'indique le degré de cette puissance.

Voilà donc des expressions algébriques qui, tout impossibles qu'elles sont dans leur état actuel, n'en possèdent pas moins la propriété de conduire, à la suite d'opérations algébriques définies, à des résultats réels. Or, l'existence de ces binômes une fois constatée, il ne saurait nous être permis de les supprimer; il ne nous appartient pas de ne tenir aucun compte d'expressions qui revêtent la forme algébrique, que l'algèbre a créées, qui font bien partie de son domaine, et auxquelles nous pouvons appliquer toutes les opérations de cette science. Nous aurions d'autant moins le droit de le faire, que pour certaines de ces opérations elles deviennent réelles, et sont ainsi très-propres à nous conduire, dans les usages que nous en pourrons faire, à des résultats fort admissibles dans l'ordre des choses possibles et concevables. Vouloir les élaguer, ce serait dépouiller l'algèbre de la généralité qui lui appartient et qui constitue un de ses plus remarquables et de ses plus féconds attributs. C'est ce que nous expliquerons plus en détail tout à l'heure.

IV

On pourra dire à la vérité que, tout en acceptant le fait, on ne comprend guère la raison d'être d'expressions qui sont impossibles et irréalisables, et qu'à ce point de vue, cette généralité ne serait qu'une inutilité, si elle n'était une embarrassante superfétation. Nous répondrons d'abord que si l'algèbre n'était qu'une arithmétique générale, si elle ne devait s'appliquer qu'à l'étude des nombres abstraits, des nombres à unité indivisible, il se pourrait qu'on eût quelque raison de penser ainsi ; toutefois, il ne faudrait pas prononcer sur ce point dans un sens trop absolu. Car enfin, comme nous ne sommes pas infaillibles, il n'y a rien que de naturel à admettre que, sans nous en douter, nous avons pu demander à l'algèbre de résoudre une question impossible. Ne faut-il pas dès lors que cette science ait les moyens de nous apprendre qu'elle ne peut pas nous satisfaire ? Si, par exemple, c'est à tort que nous lui demandons un nombre entier, elle nous donnera pour solution une fraction ; si elle ne peut pas même nous donner une fraction, elle nous répondra par une expression irrationnelle. Or qui pourrait prétendre qu'il n'y aura pas telle autre nature de demande impossible, ayant pour réponse obligée la forme imaginaire ? S'il en est ainsi, la nécessité de cette forme ne sera-t-elle pas justifiée afin que l'algèbre puisse avoir réponse à tout ?

Ainsi l'imaginaire ne viendrait-il pas s'imposer au début comme conséquence algébrique des opérations prescrites par l'énoncé, qu'il pourrait, si notre proposition était justifiée, y être introduit par nous-mêmes, en vertu de certaines impossibilités que nous proposerions à l'algèbre de résoudre, impossibilités d'une nature telle, qu'elles se trouveraient en rapport d'équivalence avec celle qui est représentée par $\sqrt{-1}$; à ce point de vue donc la forme imaginaire, même dans le domaine abstrait, ne serait ni une inutilité ni une embarrassante superfétation.

Or, on verra dans la suite que c'est exactement ainsi que les choses se passent ; nous mettrons sous les yeux du lecteur de nombreux exemples de ces équivalences entre l'imaginaire et certaines impossibilités, et on acquerra ainsi la conviction que très-souvent, comme [M. Jourdain, nous nous sommes rendu coupables d'imaginaire sans le savoir ; mais dès lors, comme nous aurons semé, nous serons bien obligés de récolter.

D'ailleurs l'algèbre n'est pas seulement la science des nombres abstraits, des nombres arithmétiques dont les conditions de possibilité sont fort limitées.

Cette science englobe dans ses formules toutes les opérations possibles. Que les résultats de ces opérations soient applicables ou inapplicables, ce n'est pas à elle à le présupposer et à le dire, car elle n'a ni qualité ni moyens pour cela ; c'est à nous à le juger d'après les attributs divers que la nature aura dévolus aux quantités dont nous faisons une étude actuelle. L'algèbre acceptant ainsi toutes les formes d'opérations, sans être chargée d'examiner ce qu'elles sont susceptibles de représenter physiquement, et en partant de cet unique fait, que par cette forme seule elles relèvent d'elle ; l'algèbre, disons-nous, les combine entre elles ; elle étudie les règles en vertu desquelles ces combinaisons peuvent être faites, elle enregistre les résultats obtenus, sans autre préoccupation dans sa marche que celle d'obéir aux prescriptions de la science du calcul. Elle additionne ou soustrait, multiplie ou divise, élève aux puissances ou extrait des racines ; en un mot, elle soumet tout à son creuset et étudie les relations diverses qui peuvent être les conséquences de ces opérations.

N'en est-il pas de même en chimie ? Dans un grand nombre des recherches auxquelles il se livre, le chimiste associe les corps, les combine, dresse un formulaire de ces combinaisons, des moyens employés, des résultats obtenus, sans se préoccuper le plus souvent des effets mécaniques, industriels, thérapeutiques ou autres de ces résultats. Il parvient ainsi à connaître entre les corps des conditions d'association ignorées jusqu'à lui, qui resteront peut-être un certain temps sans application, mais qui un jour pourront rendre à l'homme d'utiles services.

Telle est la généralité de l'algèbre. Elle ne s'arrête pas à la considération qu'une division pourra être quelquefois impossible ; ce sera à nous, suivant les cas, à décider la question ; elle accepte sans difficulté la forme irrationnelle, parce qu'elle n'a pas les moyens de savoir si, dans certaines circonstances, cette forme ne cessera pas d'être un empêchement ; elle ne répudie pas l'imaginaire, parce qu'elle n'a pas la prescience de l'avenir qui est réservé à cette forme ; elle sait seulement qu'il y a des calculs possibles à faire sur elle, et elle les fait, sauf à nous à reconnaître et à dire plus tard ce qu'ils pourront signifier. Ajoutons que, par cela même que ces diverses formes sont quelquefois inadmissibles comme solution, elles sont, par cela même, indispensables à l'algèbre pour nous signaler l'existence et la nature de certaines impossibilités.

Ainsi, que dans une question il s'agisse de déterminer des nombres qui doivent être nécessairement entiers, alors, non-seulement l'imaginaire, mais l'irrationnel, mais encore le fractionnaire, doivent être considérés comme tout autant d'impossibilités, parce que le nombre entier ne possède d'autre attribut que celui d'une répétition faite à l'aide d'une unité essentiellement indivisible. Or, faudrait-il, parce que dans ce cas particulier l'irrationnel et le fractionnaire sont des solutions impossibles, vouloir à tout jamais exclure ces formes de l'algèbre? Mais nous ne songeons pas même à nous adresser cette demande, tant sont nombreux les exemples de solutions fractionnaires ou irrationnelles susceptibles de réalisation. Nous ne doutons pas qu'un jour il en sera de même de l'imaginaire, lorsque la pratique de cette forme nous sera devenue familière.

Que si, au lieu de nombres entiers, il s'agit de longueurs, nous accepterons parfaitement la solution fractionnaire $\frac{p}{q}$, parce qu'en vertu du principe de continuité qui forme un des attributs de la longueur, si nous ne pouvons pas effectuer la division du nombre p par q, nous pourrons l'exécuter sur l'unité qui aura été primitivement choisie, cette unité jouissant de la propriété d'être divisible sous forme finie par un nombre quelconque.

Cette même propriété dont jouit la longueur d'être continue, et par conséquent indéfiniment divisible, me permettra aussi de concevoir que je pourrai, par voie d'approximation, obtenir les valeurs irrationnelles ; je reconnaîtrai même plus tard, en vertu de certaines propriétés géométriques, que, dans quelques circonstances, il me sera possible de réaliser sous forme finie des longueurs dont l'expression est irrationnelle.

Enfin, si à la continuité j'ajoute la propriété dont jouit la ligne droite de pouvoir être conçue, non pas dans une position fixe sur un plan, mais sur l'une quelconque des directions que l'esprit peut concevoir comme émanant d'un point pris sur ce plan, j'arrive alors à reconnaître d'abord que certaines formes imaginaires sont les représentants algébriques naturels de ces directions ; en second lieu, que le binôme $a + b\sqrt{-1}$, considéré dans toute sa généralité, est l'expression complexe des deux attributs de la ligne droite, savoir : la longueur et la direction ; de sorte que, pour cette espèce de quantité, les expressions algébriques quelles qu'elles soient seront toujours réalisables.

Généralisant ensuite, pour d'autres espèces déjà connues ou non encore étudiées, les considérations auxquelles nous venons d'être conduits pour la ligne droite, nous dirons que lorsque nous nous serons assurés qu'une quantité jouit de propriétés analogues en tout point à celles de la ligne droite, la forme algébrique $a + b\sqrt{-1}$ lui sera tout aussi bien applicable qu'à celle-ci ; si les espèces ne possèdent pas tous les privilèges de la ligne droite, si par exemple elles n'ont que celui des directions, il ne faudra accepter pour elles dans la forme imaginaire que la partie de cette forme qui est spécialement applicable aux directions ; c'est ce qui arrive, par exemple, dans la théorie des nombres, où le principe de la continuité fait défaut et où celui de l'ordre ou de la direction existe seul.

Enfin, pour les quantités qui ne jouiront que du principe de la continuité, la forme imaginaire devra être considérée comme un véritable symbole d'impossibilité.

Qu'on veuille bien nous pardonner cette légère digression sur le domaine concret ; nous nous sommes d'ailleurs borné à la simple énonciation des principes qui s'y rattachent, sans entrer dans aucun détail démonstratif, parce que ce n'est pas là

notre objet actuel. Mais si l'on admet un instant que ces principes sont vrais, et c'est ce que nous établirons dans la deuxième
partie de cet ouvrage, on comprendra, nous l'espérons, que,
dans leur ensemble, les considérations que nous venons de développer sont une très-satisfaisante justification de la présence
dans les calculs d'expressions algébriques de toutes formes et
de la nécessité de cette présence, soit pour nous avertir de certains cas d'impossibilité lorsque ces formes ne sauraient convenir à la nature de la quantité étudiée, soit pour nous apprendre ce que nous aurons à faire lorsque ces formes pourront
être considérées comme les représentants algébriques de certains attributs appartenant à ces quantités.

                                V

    Revenons maintenant à l'examen que nous avons commencé
de la mise des problèmes en équation.
    Nous aurons peu de choses à dire sur le choix à faire des
moyens propres à résoudre l'équation du problème, une fois
que celle-ci a été posée. Il s'agit ici d'un ordre de considérations qui dépend moins de règles générales que de la sagacité
individuelle du calculateur. Chacun, suivant la tournure de
son esprit, suivant l'expérience que le travail lui aura fait acquérir en ces sortes de matières, suivant ses connaissances
plus ou moins approfondies sur les principes, la constitution
et le fonctionnement de la science algébrique, sera plus ou
moins heureux dans le choix de ces moyens. Nous nous bornerons à faire remarquer que les plus simples seront toujours
les meilleurs, non-seulement parce qu'ils conduiront plus
brièvement au but, mais encore parce que toute complication
à ce sujet est susceptible d'introduire dans la question autre
chose que ce dont nous poursuivons la réalisation. Il faut remarquer, en effet, que si déjà, dès le début, les élévations aux
puissances commandées par l'énoncé sont une cause implicite, mais inévitable, d'introduction des formes imaginaires, il
en sera encore de même des nouvelles élévations aux puissances auxquelles nous serons obligés de recourir d'après la nature particulière des moyens dont nous aurons fait choix pour
résoudre le problème. Il ne pourra donc être que très-utile, si

l'on veut éviter tout excès d'encombrement, de s'appliquer à simplifier autant que possible le mécanisme des procédés à mettre en œuvre.

Nous voilà donc bien avertis qu'infailliblement, que nous le voulions ou que nous ne le voulions pas, la simple mise d'un problème en équation, passé le premier degré, nous conduit à l'imaginaire, et cela de par l'algèbre même, en vertu de propriétés algébriques que nous n'avons pas qualité de supprimer et que nous sommes obligés de subir. Nous voyons en outre que, l'équation une fois posée, si, pour la résoudre, nous sommes conduits à recourir encore à d'autres opérations de la même espèce, nous donnerons ouverture, et par les mêmes motifs, à une nouvelle introduction d'imaginaires. Enfin nous avons fait remarquer qu'indépendamment de ces deux causes, il y en a une troisième susceptible de nous conduire à une impossibilité, et nous avons dit que cette cause tient à ce que, sans nous en douter, nous avons pu demander à l'algèbre la justification de rapports impossibles.

Voilà bien des motifs, on en conviendra, de ne pas tant s'étonner qu'au bout de ses réponses l'algèbre nous donne si souvent de l'imaginaire, et, quant à nous, nous serions plutôt surpris qu'elle ne nous en donnât pas presque toujours.

VI

Mais il ne suffit pas de justifier l'intervention de l'imaginaire dans ce qu'elle a de rationnel en principe, il faut encore tâcher de faire comprendre ce qu'elle paraît avoir d'inexplicable ou d'obscur, si l'on veut, dans les apparences.

Il est incontestable qu'à moins de prendre ostensiblement l'imaginaire même comme point de départ dans une question, nous n'en trouvons jamais aucune apparence dans l'équation du problème; il en est de même dans les équations que nous sommes conduits à substituer successivement à la première lorsque nous procédons à la recherche de la solution, et c'est peut-être là l'unique cause de beaucoup de surprises et d'hésitations; ce n'est qu'à la fin des calculs que cette forme se manifeste et vient nous jeter dans des conditions d'exécution irréalisables.

Il y a dans tout ceci une difficulté plus spécieuse que réelle, on va en juger. Ne perdons pas de vue les principes, ayons-les toujours présents à la pensée, reportons-nous incessamment aux définitions, c'est là que nous trouverons réponse à tout.

A cet effet, remarquons encore une fois que l'imaginaire n'est pas quoi que ce soit, c'est une opération algébrique parfaitement définie, qui n'obéit à aucun caprice, mais aux règles mêmes de sa définition. Or, nous l'avons déjà dit, en vertu de ces règles, il faut nécessairement reconnaître, entre autres choses, que toutes les puissances paires de $\sqrt{-1}$ sont réelles et égales successivement à l'unité négative et à l'unité positive ; si donc une équation ne contient que des puissances paires de l'inconnue, l'imaginaire $\sqrt{-1}$, qui pourrait affecter cette inconnue comme facteur, disparaîtra sous le couvert de ces puissances ; nous ne la verrons pas au début ; mais lorsque, à la fin des calculs, le voile de ces puissances aura disparu, l'apparition de l'imaginaire deviendra inévitable.

Si au lieu de la forme simple $\sqrt{-1}$, nous prenons celle de la racine cubique de l'unité, comme toutes les puissances triples de cette forme sont égales à l'unité, il en résulte que si, dans une équation, l'inconnue ne figure que par ses puissances triples, l'imaginaire, quoique non apparent au début, se manifestera à la fin.

Nous en dirions autant des racines de l'unité d'un degré quelconque.

Allons maintenant plus loin. Au lieu de formes particulières, supposons qu'il s'agisse de la forme générale $a + b\sqrt{-1}$, il est facile de prouver que de la définition de $\sqrt{-1}$, il résulte nécessairement que si cette forme est multipliée par cette autre $a - b\sqrt{-1}$, le produit sera réel et égal à $a^2 + b^2$; on voit en même temps que la somme des deux mêmes quantités est réelle ; or, comme on sait que dans l'équation du second degré le coefficient du terme en x est égal à la somme des racines prise en signe contraire, et que le terme tout connu est égal à leur produit, on voit par là que les deux formes ci-dessus, tout imaginaires qu'elles sont, pourront être la conclusion d'une équation du second degré dans la composition de laquelle toutes les apparences seront réelles.

Mais comme en vertu de cette même définition de $\sqrt{-1}$ tout autre binôme $a' + b'\sqrt{-1}$, différent de $a - b\sqrt{-1}$, ne donnerait ni pour sa somme ni pour son produit avec $a + b\sqrt{-1}$ un résultat réel, auquel cas l'imaginaire paraîtrait nécessairement dans l'équation, nous voyons qu'une équation du second degré à coefficients réels ne peut conduire à des résultats imaginaires qu'à la condition que ces résultats formeront un couple de la forme $a \pm b\sqrt{-1}$.

Nous n'insisterons pas davantage sur ces sortes de considérations qui sont certainement dans l'esprit de tous les géomètres; il suffit de les avoir rappelées pour faire immédiatement comprendre que si déjà, au point de vue du fond, il n'y a pas à s'étonner que l'imaginaire introduit à profusion dès le début, par l'ordonnance même des procédés de solution, est parfaitement en droit de se manifester à la fin, il n'y a pas plus lieu de s'étonner davantage, quant aux apparences, que la forme réelle puisse faire aboutir à la forme imaginaire. Cela tient, on vient de le voir, à ce fait bien constaté que, de son côté, et en vertu de sa définition même, cette dernière forme est susceptible, à la suite de certaines opérations, de conduire à la première. Ainsi, à tous les points de vue, et sous l'empire de certaines conditions définies, la concordance possible entre les deux formes dans un même calcul se trouve justifiée.

Parvenu à ce point, ayant reconnu, d'une part, qu'en ce qui concerne les apparences, la forme d'une équation à coefficients réels n'est nullement en opposition avec des conclusions de forme imaginaire; que, d'autre part, au fond, la manifestation de cette dernière forme dans le résultat s'explique par le triple motif : 1° que la mise du problème en équation l'introduit implicitement dans la traduction algébrique que nous faisons de l'énoncé; 2° que les procédés mis en œuvre pour arriver à la solution sont une nouvelle cause de son introduction; 3° qu'enfin nous pouvons nous-même, à notre insu, provoquer, par suite d'une impossibilité dans la demande, la production d'un résultat impossible; parvenu à ce point, disons-nous, il semblerait que nous n'avons plus rien à ajouter et que toutes les incertitudes doivent avoir disparu.

VII

Toutefois nous n'abandonnerons pas ce sujet sans présenter quelques observations sur la manière dont nous devons envisager et comprendre l'équation même qui est la traduction de l'énoncé, sur ce qu'il faut voir dans cette représentation algé‑brique d'une question, sur l'ensemble des choses qui concourent à sa composition, sur les mutations successives que nous faisons subir à cet ensemble. Nous croyons que cet examen a une importance réelle; car nous avons de sérieux motifs de penser que c'est parce qu'il n'a pas été suffisamment approfondi, que nous avons été souvent détournés d'attribuer aux résultats obtenus leur véritable interprétation, et que nous avons été conduits à donner à ces résultats, trop exclusivement considérés comme des nombres, des qualifications qui sont toujours la source de très-grandes obscurités si on veut les appliquer à l'idée de nombre, et qui deviennent, pour ainsi dire, l'évidence même, si on veut les considérer comme applicables seulement à l'idée d'opération.

Donnons à cette pensée l'appui de développements justificatifs.

Il est évident que des nombres seuls ne sauraient former une question, nous n'avons pas besoin d'insister sur ce premier point. Il faut en outre, et nécessairement, qu'il y ait un lien entre les nombres connus et le nombre à trouver; il est indispensable, pour que notre esprit puisse des premiers arriver à la détermination du second, que nous possédions la connaissance des rapports qui doivent exister des uns aux autres. Dans la science du calcul, ces rapports sont représentés à l'aide d'opérations algé‑briques. Gardons-nous donc de ne voir dans les questions que des nombres, comme on ne le fait que trop souvent; voyons-y tout ce qui s'y trouve, c'est-à-dire des nombres et des opérations. Quelle idée devrons-nous attacher d'après cela à l'équation du problème? L'idée que cette équation représente, à l'aide d'opérations définies par l'énoncé, une relation entre les nombres tout connus et celui qui, ne l'étant pas encore, doit être propre à satisfaire à cette relation. Cette équation est donc en résumé un ensemble de nombres et d'opérations.

Or toutes les modifications autorisées que je ferai subir à cette équation seront et ne pourront être que ce qu'elle est elle-même, c'est-à-dire encore un ensemble de nombres et d'opérations, et il en sera toujours ainsi depuis le début jusqu'à la fin. Ces ensembles seront d'ailleurs tous équivalents, ou, tout au moins, ils contiendront tous une équivalence avec le premier, car s'ils ne jouissaient pas de cette propriété, s'ils ne possédaient pas constamment, sous les diverses formes qu'ils revêtent successivement, la relation même qui forme le point de départ, les conditions primitives seraient changées, elles auraient disparu, et comme l'algèbre ne saurait faire d'elle-même une telle suppression, ce serait une preuve qu'inévitablement nous nous serions rendus coupables de quelque erreur dans nos recherches. D'après cela, l'équation finale en particulier, représentation équivalente de toutes celles qui l'ont précédée, sera comme elles un ensemble de nombres et d'opérations ; seulement, tandis que jusqu'à elle les données et l'inconnue ont été simultanément enchevêtrées dans les opérations à faire, ici il y a séparation complète entre les unes et les autres. L'inconnue se trouve seule d'un côté, dégagée de toute immixtion, de tout lien avec tout le reste, tandis que, de l'autre côté, se trouvent cumulés tous les nombres connus ainsi que toutes les opérations à faire.

En conséquence, et au point de vue général où il faut se placer en algèbre, nous devons reconnaître que ce que cette science nous offre comme solution d'une question est toujours une série d'opérations définies à exécuter sur des nombres connus. N'est-ce pas d'ailleurs en fait ce que montre suffisamment l'expression algébrique d'une solution quelconque ? On n'a, pour s'en convaincre, qu'à consulter les formules qui donnent les racines des équations dans les degrés pour lesquels la résolution est possible.

Telle est la règle ; l'énoncer autrement, dire par exemple que la solution doit être un nombre, c'est la restreindre, c'est lui substituer l'exception, c'est s'exposer à vouloir interpréter par la seule idée de nombre toutes les difficultés qui pourront se présenter, et qui le plus souvent, qui toujours frappent les opérations, et doivent, par conséquent, se reporter sur elles exclusivement. Or c'est parce que, faute d'avoir établi cette distinction, nous avons été entraînés à faire rejaillir sur la seule idée de nombre les obscurités, les impossibilités de certains résultats, qu'une grande confusion a régné sur ces matières. Remettons chaque chose à sa place, sachons reconnaître dans les calculs algébriques tout ce qui s'y trouve, et en même temps, des diverses parties de ce tout, constatons et respectons les origines. Laissons tel qu'il est le nombre, l'algèbre pas plus que nous n'a le droit d'en modifier l'essence et de lui donner d'autres attributs que ceux qui, de par sa nature même, lui appartiennent; mais reconnaissons que si l'algèbre, venant à l'englober dans ses rapports et ses opérations, lui donne parfois l'apparence d'une impossibilité, la cause en est que ces rapports et ces opérations sont eux-mêmes impossibles; car ce sont là les seules choses que l'algèbre fait intervenir dans ces questions. Tout le reste lui est donné, et elle le reçoit sans avoir ni le droit ni les moyens d'en changer la nature. Son unique fonction consiste à revêtir ces données des formes qui lui sont propres pour indiquer que les conditions de l'énoncé sont satisfaites; l'habit pourra ne pas aller quelquefois, mais si un habit qui ne va pas peut gêner les allures d'un individu, il ne saurait changer la nature de celui auquel il est destiné.

Sans doute il pourra arriver, mais par exception, que le rapport résultant des opérations à faire se réduira à un nombre arithmétique, à un numéro, à un rang de l'échelle de pluralité. Dans ce cas, la trace des diverses opérations qu'il aura fallu faire pour obtenir cette expression finale aura disparu, et le rapport jouira de cette propriété exceptionnelle que l'idée de numération suffira à elle seule pour nous en donner l'intelligence complète; dans cette circonstance nous pourrons véritablement dire que la valeur de l'inconnue est un nombre, et une pareille réponse n'aura rien d'antipathique à l'idée que nous nous formons du nombre abstrait. Mais c'est là une grande exception; le plus souvent, les diverses opérations qu'il faudrait faire, d'après l'expression écrite du rapport, ne seront pas immédiatement exécutables, et par conséquent leur indication devra continuer de subsister dans cette expression. Alors celle-ci sera un mélange de numéros et d'opérations, et l'idée seule de numération sera insuffisante à nous donner la conception du rapport, il faudra y joindre celle d'opérations à exécuter. Or si, au point de vue arithmétique, celles-ci ne peuvent être pratiquées de manière à conduire en dernier ressort à un numéro, il s'en suit que, bien que le rapport en lui-même soit tout à fait de forme et de conception abstraite, néanmoins sa manifestation se trouve caractérisée par des signes d'opération dont le domaine de l'abstraction est inhabile à nous donner l'interprétation. C'est alors qu'un appel fait aux considérations concrètes est susceptible, suivant les cas, de nous conduire à des réalisations faciles, parce qu'en vertu des attributs inhérents à certaines quantités et que ne possède pas le nombre, nous reconnaîtrons par l'étude de ces attributs qu'on peut avec eux obtenir une représentation physique, actuelle et équivalente de ces rapports pour lesquels l'algèbre a dit ce qu'il faut faire, sans pouvoir le faire elle-même.

VIII

Reconnaissons donc que l'algèbre ne réalise et n'irréalise rien des objets qui lui sont confiés. Elle crée des types de rapport, elle les formule, tel est son rôle. Elle nous livre ces types et elle nous les garantit; c'est ensuite à nous à formuler à notre tour, d'après les lois naturelles des objets soumis à nos spéculations et suivant le degré de nos intelligences, les diverses applications qu'il est permis de faire de ces types. C'est ce qui sera plus amplement développé dans la seconde partie de cet écrit.

En résumé, n'allons pas même jusqu'à dire que le nombre doit être toujours réel, ce serait trop. Sans doute il est réel, mais il n'est qu'entier. Maintenons-le avec le seul attribut qui résulte de sa définition, ou pour mieux dire de sa conception, car l'idée de pluralité est une idée primitive qui ne saurait être définie; ne voyons dans le nombre que le caractère essentiel de sa formation par la répétition d'une unité indivisible. Gardons-nous de vouloir l'associer à des qualifications qui ne sont que de perpétuelles contradictions avec la simplicité de sa nature et la clarté instinctive de sa conception ; mais disons que dans les différentes questions que nous pourrons nous proposer de résoudre, et dans lesquelles il vient prendre place, le nombre se trouvera en fait soumis à des rapports ou à des opérations qui, sans altérer en rien sa nature et l'idée que nous devons en avoir, nous placeront momentanément dans l'impossibilité d'arriver au but par la seule idée de numération. Sera-t-il possible d'y arriver autrement? Voilà la seule explication raisonnable que nous devions tenter; mais vouloir rendre l'idée de nombre solidaire de cette impossibilité est une interprétation qui doit répugner à l'intelligence, et qui d'ailleurs, on vient de le voir, ne s'accorde pas plus avec l'algèbre qu'avec le bon sens.

Posons donc, comme conclusion définitive, que quant à l'essence des quantités et des nombres qui les représentent, elle est et doit rester immuable, car, nous l'avons déjà dit, elle ne dépend pas plus de l'algèbre que de nous-mêmes, elle sera toujours ce que la nature l'a faite, et personne n'a le droit d'y rien ajouter, d'en rien retrancher. Il n'en est pas de même des rapports et des opérations. Les premiers sont notre œuvre directe et le résultat nécessaire de nos demandes : à nous donc la responsabilité des effets, parce que nous sommes ici la véritable et unique cause agissante. Les secondes sont les moyens qu'emploie l'algèbre pour exprimer ces rapports : à l'algèbre par conséquent la responsabilité des moyens.

La situation étant ainsi bien définie, comment pourrait-on être autorisé, parce qu'une impossibilité se manifeste, à vouloir faire de cette impossibilité un qualificatif non défini, un attribut mystérieux qu'il faudrait associer à l'idée de nombre? Non-seulement un si incroyable procédé n'expliquerait rien, mais il viendrait détruire dans notre esprit la conception même du nombre. N'est-il pas plus simple, plus naturel, plus vrai d'affirmer que l'impossibilité dans la réponse ne peut nécessairement correspondre qu'à une impossibilité dans la demande, ou à une insuffisance dans les moyens? Par là, nous désintéressons le nombre, nous le laissons tel qu'il a été créé, tel qu'il est, tel qu'il nous est permis de le comprendre, et nous évitons de faire d'une obscurité une seconde obscurité plus embarrassante encore que la première.

Quant aux rapports et aux opérations, s'il ne nous est pas permis de les réaliser, nous saurons du moins comment ils se produisent, pourquoi leur présence est nécessaire, de quelle nature sont les obstacles qui s'opposent à leur réalisation. Nous arriverons ainsi à comprendre, dans le domaine de l'abstraction, que si des impossibilités existent, ce n'est pas en cherchant à les solidariser avec l'idée de nombre que nous parvien-

drons à nous rendre compte de ces divisions, de ces soustractions, de ces extractions de racines inexécutables ; respectons
au contraire dans toute sa simplicité l'idée de nombre, reconnaissons combien est limité le contingent d'attributs que la
nature lui a donnés, et alors nous nous expliquerons que c'est
cette limite même qu'il faut prendre pour mesure de la possibilité des réalisations dans le domaine abstrait.

CHAPITRE QUATRIÈME

Application a quelques exemples des idées théoriques exposées dans les chapitres précédents.

——

Sommaire. — I. Nécessité de ces applications. — II. Nous ne pouvons pas nous illusionner sur la nature des grandeurs, mais nous pouvons être dans l'erreur sur celle des rapports auxquels nous voulons les assujétir. — III. Examen de la question qui consiste à déterminer deux nombres dont la somme et le produit soient égaux à deux nombres donnés. — IV. Comment la manifestation de l'imaginaire nous apprend à rectifier les erreurs de nos jugements. — V. Comment, à l'inverse, certaines natures de contradictions volontairement introduites dans un énoncé ont pour représentant algébrique nécessaire la forme imaginaire. — VI. Exemples de questions concrètes qui conduisent à la manifestation matérielle et physique de l'imaginaire. — VII. Conclusions et confirmation des idées précédentes.

I

Après les explications que nous venons de développer, il semblerait que tout ce qu'on peut avoir à dire sur la théorie des impossibilités algébriques qui se manifestent dans les solutions des problèmes est épuisé, et qu'insister plus longuement sur cet objet ne serait guère qu'une inutile répétition.

Cela pourrait être vrai si nous n'avions à convaincre que des intelligences non prévenues et qui n'ont pas subi l'influence d'un enseignement autre que celui que nous venons exposer.

Telle n'est pas malheureusement la situation dans laquelle nous sommes placé, et il y a trente ans que nous en faisons l'expérience. Le terrain sur lequel nous avons à semer a été depuis longtemps envahi par de mauvaises herbes, et le nouveau grain que nous lui confierions, quelle que pût être l'excellence de sa qualité, serait bientôt étouffé, si, au préalable, nous ne procédions pas à l'extirpation de tout ce que les semences parasites ont pu produire.

Si ceux à qui nous nous adressons n'avaient à s'avancer que sur une voie neuve et vierge de toute empreinte de passages antérieurs, nous n'aurions pas à craindre que leur marche fût arrêtée par des difficultés exceptionnelles. Mais la route sur laquelle ils se trouvent placés est battue depuis longtemps et creusée de profonds sillons. Il leur faut donc plus que l'impulsion nécessaire pour aller librement en avant : il leur faut encore toute celle qui doit les faire sortir de l'ornière dans laquelle ils sont engagés.

En outre, il n'est pas certain que nous rencontrions partout la bonne volonté qui ne cherche qu'à s'éclairer. Même en matière de science, le désintéressement peut ne pas être un axiome, et d'ailleurs, à supposer que nous eussions tort de suspecter les intentions, il n'en faudrait pas moins compter avec la routine, qui, à part toute question de bonne foi, est tenace, très-dure, très-résistante et naturellement opposée aux innovations. Il est si commode, quand on a appris sa leçon, de n'avoir pas à en étudier une seconde, et de s'endormir dans le *far-niente* des faits accomplis; la mémoire et l'intelligence qui ont faibli, le besoin de repos qui a ses exigences, les habitudes qui se sont enracinées, tout cela constitue un ensemble de forces résistantes qu'on ne peut pas vaincre sans luttes, et qui ne permettent pas de déposer les armes après un premier assaut.

C'est en prenant en considération ces divers motifs qu'il nous paraît nécessaire d'ajouter aux raisonnements sur lesquels s'appuient nos explications la justification de certains faits algébriques. Déjà nous avons eu occasion de compléter nos vues théoriques par quelques applications. Mais les exemples sur lesquels nous nous sommes appuyé sont tous fort simples. Sans doute cette dernière condition n'a pu qu'être avantageuse à une plus rapide exposition de nos idées, mais peut-être ne trouverait-on pas dans ces exemples toute la puissance de conviction nécessaire, et pourrait-on arguer de cette simplicité même que nos principes, très-acceptables pour ces cas faciles, ne résisteraient pas à des épreuves plus compliquées.

D'ailleurs, en toute chose il ne suffit pas d'avoir mis un outil dans la main de l'ouvrier, il faut encore lui apprendre à s'en

servir. La théorie et la pratique, lorsqu'elles sont bien associées, donnent à l'esprit une grande force. Si la première est
indispensable pour jalonner le terrain et montrer la direction
à suivre, la seconde, par les détails multipliés dont elle s'occupe, justifie et complète les arguments de la première, elle
peut même lui en fournir de nouveaux.

Explorons donc maintenant le champ fertile des applications,
remettons-nous à l'œuvre, travaillons de nouveau. S'il est malheureusement vrai que de la calomnie il reste toujours quelque chose, espérons qu'un travail utile ne sera pas moins bien
rétribué qu'une immoralité.

Le fait de l'introduction de l'imaginaire par l'élévation aux
puissances est une conséquence si nécessaire de certaines propriétés algébriques que nous ne croyons pas avoir à y insister[1]. Il n'en est pas de même de cette autre cause de la manifestation de résultats impossibles, et qui consiste en ce que ce n'est
plus l'algèbre qui est responsable de cette manifestation, c'est
nous-mêmes qui y donnons lieu par l'introduction de certaines
contradictions dans nos demandes. Cette circonstance dans laquelle l'esprit du calculateur intervient comme partie au débat
nous paraît mériter une attention toute particulière. Il est intéressant d'étudier comment, dans ce cas, la réaction de l'algèbre cherche à se mettre en équilibre avec l'action égarée de
notre intelligence ; comment elle se maintient dans le vrai alors
que nous voudrions l'entraîner dans le faux, comment du moins
elle refuse de nous suivre dans cette voie, et par quels moyens,
toujours logique et toujours utile, tout en nous disant que nous
l'avons frappée d'impuissance, elle nous indique en quoi consiste l'erreur que nous n'avions pas même soupçonnée.

Cette analyse des rapports qui viennent alors s'établir entre
l'homme et l'algèbre est certainement une des plus curieuses
études qu'on puisse faire sur les lois et la marche du raisonnement.

---

[1] Depuis que ceci a été écrit, nous avons dû changer d'opinion sur ce
point. Nous en dirons les motifs lorsque nous reviendrons sur cette question
dans le cinquième chapitre.

II

Si l'intelligence humaine était assez vivement pénétrante pour se rendre immédiatement compte des incompatibilités qui peuvent se rencontrer dans une question, il est probable qu'elle ne s'en proposerait que de rationnelles. On ne demandera jamais, par exemple, ce qu'il faut ajouter au nombre 4 pour avoir le nombre 3. Ici les termes de la question sont tellement simples que l'impossibilité apparaît au moment même où on l'énonce. Mais cette instantanéité dans les perceptions est comprise chez l'homme dans des limites fort resserrées, et, dans les questions moins simples que celle que nous venons de citer, sans toutefois qu'elles soient très-compliquées, il peut s'introduire des contradictions que nous ne soupçonnons même pas, et que la réflexion seule nous permet de constater ultérieurement. Mais si une contradiction, si une impossibilité existe dans les données, la réflexion, c'est-à-dire une étude approfondie et logique sur ces données, ne pourra que la confirmer et non l'effacer. Le voile qui la recouvrait pourra être soulevé, mais alors, loin d'avoir supprimé l'impossible, nous n'aurons fait que nous donner les moyens de le mieux constater.

Or dans toute question notre intelligence est assez prompte pour ne pas s'illusionner sur les grandeurs ; on peut même dire qu'elle l'est trop pour que nous puissions admettre que, sans nous en apercevoir ou de propos délibéré, nous soyons amenés à nous proposer un problème sur quoi que ce soit qui ne serait pas réel, qui ne serait pas concevable, qui n'appartiendrait ni au domaine de nos sens, ni à celui de notre intelligence. Sans doute, ce que nous demandons à l'algèbre est momentanément inconnu ; mais ce n'est l'inconnu que quant à la mesure et au nombre, ce n'est pas l'inconnu quant à la nature des choses dont notre esprit a certainement conscience au moment où il interroge ; car si cette conscience lui manquait, ne sachant pas lui-même à quoi s'applique la demande, comment pourrait-il savoir ce que signifie la réponse ? Dès lors, quels pourraient être l'utilité, le but, la raison même d'un travail qui, procédant d'un point de départ volontairement incompris, aboutirait à un résultat nécessairement inexpliqué?

Il n'en est pas de même des rapports dans lesquels il peut nous convenir de placer ces grandeurs les unes relativement aux autres, des opérations diverses auxquelles nous pouvons nous proposer de les soumettre. Pour ces sortes de conceptions qui portent sur des objets qu'on ne voit pas, qu'on n'entend pas, qu'on ne touche pas, qui ne peuvent naître et se développer que par les combinaisons de l'esprit et dont, par conséquent, la complète intuition, presque jamais instantanée, est quelquefois très-lente, pour ces sortes de conceptions, disons-nous, il est fort possible que, sans nous en douter, nous nous soyons mis en contradiction avec nous-mêmes; il faudra bien dès lors que nous trouvions dans les résultats ce que nous avons mis dans les données, et que l'algèbre réponde par une opération impossible à des combinaisons dont la contradiction, quoique latente pour nous, n'en est pas moins certaine. Mais elle laisse les grandeurs telles qu'elles sont, telles que nous les lui avons confiées, car son unique rôle est d'effectuer sur elles des opérations; ni par sa définition, ni par les moyens qu'elle emploie, elle n'a, elle ne saurait avoir pour objet de changer leur essence, de transformer leur nature, de leur donner d'autres attributs que ceux qui leur appartiennent, de faire subir à ce qui est réel une modification incomprise, non définie, et pour laquelle le vague du mot *imaginaire* semblerait autoriser tous les écarts, tous les déréglements de l'intelligence.

Mais si, dans cette circonstance, nous désintéressons la grandeur de toute espèce de solidarité; si, comme nous croyons l'avoir démontré, c'est sur les opérations seules qu'il faut concentrer les difficultés, la situation devient nette et précise; il y aura quelque chose d'impraticable, sans doute, mais il n'y aura rien d'imaginaire, et non-seulement il n'y aura rien d'imaginaire, mais encore saurons-nous comment et pourquoi l'impraticabilité s'est révélée. Nous continuerons d'être en présence d'une impossibilité, mais d'une impossibilité définie dans ses causes et connue dans sa forme, d'une impuissance qui arrêtera sans doute nos efforts pour aller plus loin, mais dont nous connaîtrons la raison d'être, et sur laquelle, par conséquent, nous pourrons quelquefois réagir; que, dans quelques cas même, nous aurons les moyens de faire disparaître, parce que, éclairés sur les circonstances dans lesquelles elle s'est produite, sachant quelle est la nature de l'opération algébrique qui la constitue, nous connaîtrons par cela même celle de l'opération inverse qu'il faudra mettre en œuvre pour en effacer la trace et supprimer les obstacles momentanés que sa présence vient nous révéler.

Or tout cela, nous le répétons, n'est plus imaginaire, tout cela devient, au contraire, très-net, très-précis, très-mathématique. Tout cela justifie les recherches faites et à faire pour savoir dans quels cas il est possible de rendre praticable ce qui paraît ne pas l'être, par quels moyens et par quelles ressources l'Algèbre, d'abord réfractaire, après nous avoir conduit dans une impasse, faisant un retour sur elle-même, parviendra à nous en faire sortir, et à interpréter des réponses qui, impossibles quant à la forme dans laquelle elles sont résumées, peuvent cesser de l'être dans l'usage qu'on en doit faire.

Dans les exemples que nous avons cités plus haut, nous avons pris des expressions imaginaires toutes faites, et nous avons montré comment, à l'aide d'opérations ultérieures, le signe de l'imaginarité peut disparaître. Mais il est plus intéressant encore de rechercher comment, dans les questions, intervient la cause même de l'imaginarité; de faire voir que si des impossibilités se manifestent dans le résultat, c'est, ainsi que nous venons de le dire, parce que dans les données de la question nous avons introduit des impossibilités équivalentes; d'expliquer comment la trace de ces impossibilités, non aperçue au début, se manifeste à la fin; de constater enfin que la nature purement algébrique de ces impossibilités est constamment dans le rapport le plus direct avec celle même des contradictions qui leur ont donné naissance, à tel point que si celles-ci disparaissent nous ne trouvons plus rien que d'intelligible et de praticable dans l'expression finale du résultat.

Un puissant intérêt nous a paru s'attacher à ces recherches, aussi croyons-nous devoir en faire l'application détaillée à quelques exemples; nous justifierons ainsi nos appréciations en même temps que nous en ferons bien comprendre toute l'utilité.

III

Supposons qu'on nous demande de déterminer deux nombres jouissant de la double propriété que leur somme soit égale à un nombre donné a et que leur produit le soit à un nombre donné c.

D'après ce que l'on sait des propriétés générales des équations, il est facile de voir que cette question n'est autre chose que celle de la résolution de l'équation complète du second degré. Nous pourrions donc poser immédiatement $z^2 - az + c = 0$ et déduire de là par les procédés ordinaires les deux valeurs de z qui seraient celles des nombres demandés.

Mais ici nous avons moins en vue la détermination de ces valeurs que l'analyse des raisonnements et des procédés algébriques qu'il faut mettre en œuvre pour qu'en partant des données on arrive de déductions en déductions jusqu'aux racines.

Or, généralement, si deux quantités variables x et y sont assujetties à la condition que leur somme doit avoir la valeur constante a, elles pourront être représentées : l'une x par $\frac{a}{2} + b$, l'autre y par $\frac{a}{2} - b$, la quantité b étant tout à fait arbitraire. Il est évident, en effet, qu'à l'aide d'un choix convenable de b il n'y aura pas de valeur de x qu'on ne puisse produire, quelle qu'elle soit, depuis l'infini négatif jusqu'à l'infini positif, et que, d'un autre côté, dans la somme $x + y$ les deux termes b et $-b$ se détruisant toujours, il restera uniquement les deux moitiés de a qui, ajoutées ensemble, exprimeront que la première condition qu'on s'est imposée est satisfaite.

Il ne nous restera donc plus qu'une chose à faire, ce sera de profiter de l'indétermination de b pour exprimer que nous avons égard à la seconde condition. Or comme celle-ci consiste en ce que le produit xy doit être égal à c, il faudra bien prendre b tel que $\frac{a}{2} + b$ multiplié par $\frac{a}{2} - b$ produise c ; on devra donc avoir :

$$\left(\frac{a}{2}\right)^2 - b^2 = c,$$

d'où

$$b = \sqrt{\left(\frac{a}{2}\right)^2 - c};$$

les valeurs demandées sont, d'après cela,

$$x = \frac{a}{2} + \sqrt{\left(\frac{a}{2}\right)^2 - c}, \quad y = \frac{a}{2} - \sqrt{\left(\frac{a}{2}\right)^2 - c}.$$

Si maintenant, voulant particulariser la question, je disais que la somme $x + y$ doit être égale à 12, et que le produit xy est égal à 40, je pourrais fort bien au premier abord ne pas soupçonner que la demande ainsi posée contient une contradiction. Mais si je substitue ces valeurs numériques dans l'expression générale des racines, je trouve que le radical devient $\sqrt{36 - 40}$ ou $\sqrt{-4}$, ou enfin $2\sqrt{-1}$, de sorte que les deux valeurs de x et de y sont, l'une $6 + 2\sqrt{-1}$, l'autre $6 - 2\sqrt{-1}$, et que par conséquent la valeur de b qui convient à cet état de la question est devenue imaginaire.

En conséquence, si, dans les considérations générales que nous avons exposées, nous ne nous sommes pas trompé, nous devrons admettre que, dans le cas particulier dont nous nous occupons actuellement, la présence d'un résultat imaginaire, ou pour mieux dire impossible, correspond d'abord à une contradiction dans les données, et qu'en outre cette impossibilité d'une part, cette contradiction d'autre part, quoique différentes dans la forme et dans les termes, doivent au fond, et au point de vue de l'algèbre, être équivalentes. C'est ce que nous allons maintenant examiner.

A cet effet, on remarquera que lorsque, à l'aide de la seconde condition

$$xy = c,$$

nous avons voulu déterminer b, nous avons trouvé que a, b et c sont liés par la relation

$$\left(\frac{a}{2}\right)^2 - b^2 = c.$$

Cela nous apprend évidemment que c ne saurait jamais être supérieur au carré de la moitié de a, et qu'admettre pour c une valeur plus grande que $\left(\frac{a}{2}\right)^2$, c'est rendre la question impossible. Or c'est précisément là ce que nous avons fait lorsqu'en regard du nombre 12 pour la valeur de la somme des deux nombres, nous avons exigé que leur produit fût égal à 40; car le carré de la moitié de 12 est 36, et jamais 36 diminué de quelque chose ne pourra donner 40. Nous avons donc manifestement introduit une impossibilité dans les données, dès lors cette impossibilité devra subsister dans toutes les transformations légitimes que nous ferons subir à l'énoncé, c'est-à-dire à l'équation algébrique qui en est la traduction, et par suite nous en retrouverons évidemment la trace dans la dernière de ces transformations, dans la racine : nous venons de voir que c'est ce que le calcul confirme.

Notre première proposition se trouve donc justifiée.

Mais y a-t-il équivalence entre l'impossibilité introduite au point de départ et celle qui se révèle à la fin ? Cette équivalence est complète, ainsi que nous allons nous en convaincre.

En quoi consiste, en effet, l'obstacle final ? en ce qu'il est impossible d'extraire la racine carrée du négatif. En quoi consiste celui de l'énoncé ? en ce qu'il est impossible que le carré b^2 change son signe tant que b est réel, ainsi qu'il le faudrait cependant pour que la contradiction disparût, pour qu'on pût s'élever de 36 à 40.

Or ce sont là deux difficultés de même ordre, de même nature, tout à fait équivalentes ; car si le carré d'une quantité réelle pouvait changer de signe, ce que nous appelons imaginaire serait réalisé, l'imaginaire tel que le constitue sa définition même n'existerait plus.

Ce qui nous avait paru si naturel, si logique au point de vue général du raisonnement, se trouve donc confirmé par l'analyse de détail à laquelle nous venons de procéder.

Étudions maintenant les conséquences.

Puisque la manifestation de racines imaginaires nous apprend qu'il y a impossibilité à résoudre, avec du réel, la question dans les termes où elle a été posée, nous devons en conclure que si, pour revenir au point de départ, nous commençons par dépouiller ces racines du signe de l'impossibilité, ce qui les rend réelles, et si en cet état nous leur appliquons les opérations mêmes que comporte l'état de la question, nous arriverons nécessairement à une proposition différente de la première ; car si nous retombions sur celle-ci, il n'aurait pas été vrai de dire qu'elle a des racines impossibles.

Vérifions ce fait sur l'exemple qui nous occupe.

Si dans le cas particulier que nous examinons ici et pour lequel nous trouvons que les racines sont

$$\frac{a}{2} \pm \sqrt{c - \frac{a^2}{4}} \sqrt{-1},$$

je supprime l'impossibilité $\sqrt{-1}$, et si alors je fais usage des valeurs

$$\frac{a}{2} \pm \sqrt{c - \frac{a^2}{4}},$$

j'aurai bien toujours a pour leur somme, mais je trouverai pour leur produit $\frac{a^2}{2} - c$; or, comme ce produit était primitivement c ou $\left(\frac{a}{2}\right)^2 - b^2$, on voit qu'il devient maintenant

$$\frac{a^2}{2} - \left[\left(\frac{a}{2}\right)^2 - b^2\right],$$

c'est-à-dire

$$\left(\frac{a}{2}\right)^2 + b^2.$$

La proposition nouvelle est donc différente de l'ancienne, et comme la transformation consiste en ce que b^2 remplace $- b^2$, on voit qu'il y a changement de signe du carré, ce qui ne peut être produit, d'après la définition même de l'imaginaire, qu'en admettant que la racine de ce carré qui doit être b, pour réaliser l'un des deux cas, devra nécessairement devenir $b\sqrt{-1}$ pour convenir à l'autre; or c'est précisément ce qui arrive, d'où il suit qu'il y a parfait accord entre le point de départ et les conclusions.

Et si maintenant je pars de la condition

$$\left(\frac{a}{2}\right)^2 + b^2 = c,$$

au moyen de laquelle la contradiction précédente n'existe plus, pour descendre jusqu'aux nouvelles racines correspondant à cet état modifié de la question, l'impossibilité étant supprimée au début le sera également dans tout le cours des calculs, elle le sera à la fin; dès lors le signe caractéristique de cette impossibilité, c'est-à-dire $\sqrt{-1}$, n'existera plus, les racines seront devenues réelles.

IV

Reconnaissons donc en résumé que, lorsque des racines imaginaires se présentent comme solution d'une question, il faut en conclure tout d'abord que c'est l'indice inévitable qu'une contradiction existe dans l'énoncé ; si alors on veut connaître quelle est la nature de cette contradiction, on commencera par dépouiller les racines du signe de l'opération impossible ; en cet état, on mettra en œuvre sur ces racines les opérations mêmes que la question autorise et commande, et on sera ainsi nécessairement conduit à une proposition différente de la première, qui sera le redressement qu'on doit faire subir à l'énoncé primitif pour que celui-ci, dans sa nouvelle forme, cesse de contenir une nouvelle contradiction : auquel cas il ne pourra conduire, pour les mêmes circonstances que précédemment, qu'à des racines réelles. C'est ce dont nous présenterons tout à l'heure quelques applications.

En conséquence, de même que la présence des racines négatives, de ces racines auxquelles les géomètres donnèrent au début le nom de fausses solutions, se comprend et s'interprète aujourd'hui en faisant subir au besoin aux termes de l'énoncé primitif un redressement après lequel elles deviennent positives, de même la manifestation des racines imaginaires n'impliquera pas pour notre intelligence une impossibilité à indépendance complète, une non-compréhension absolue de ce que peuvent signifier de pareilles racines, mais une impossibilité momentanée, dépendante, relative seulement à l'état dans lequel une question est présentée, et témoignant de l'insuffisance des moyens où est l'algèbre, d'exprimer avec la seule idée du nombre quelque chose d'équivalent à l'ensemble des conditions initiales.

Que le lecteur nous permette une comparaison qui nous paraît propre à bien rendre notre pensée.

Supposons un instant qu'intéressé au succès d'une demande dont la solution dépend d'un ministre, vous allez vous adresser à lui. Vous donnez à votre question une forme nette et précise, vous mettez, comme nous le disons en algèbre, le problème en équation. Le ministre vous écoute, il prend en considération les diverses parties de la question, il procède à l'examen et à la recherche des combinaisons dont ces diverses parties sont susceptibles, et, après avoir effectué ce travail, conséquence nécessaire de votre demande, et moyen non moins nécessaire d'arriver à la solution, il vous dit que si certaines circonstances, sur lesquelles il ne s'explique pas d'ailleurs, se produisent, vous serez satisfait. Or si la nature de ces circonstances vous est inconnue, s'il ne vous est pas permis même d'entrevoir quels rapports elles pourraient avoir avec votre demande, si tout moyen de raisonnement vous échappe, il vous sera impossible d'assigner aucun sens à la réponse ; vous voudriez tirer une conclusion, que vous vous trouverez dans l'impuissance la plus complète de le faire. Vous serez alors exactement dans la situation des algébristes qui se croient obligés de refuser toute compréhension à l'imaginaire.

Mais si, à la suite de quelques recherches, vous parvenez à savoir ce que sont ces circonstances, par quels liens elles peuvent se rattacher à votre demande, si vous reconnaissez en outre que leur réalisation est tout à fait impossible, vous éprouverez sans doute une déception, mais vous ne serez plus empêché de raisonner et de conclure, vous aurez appris, parfaitement appris qu'au point de vue de votre demande, vous vous trouvez en présence d'une impossibilité. Or cela vaut toujours mieux que de ne rien comprendre, car alors, réfléchissant plus profondément sur la nature de l'obstacle qui vous arrête, éclairé sur ses causes et sur ses dépendances, vous recourrez au sage parti de rechercher dans quel sens et par quels moyens il est nécessaire de modifier vos propositions et vos démarches pour que l'impossibilité actuelle cesse d'être pour vous un empêchement d'atteindre sinon le but que vous poursuiviez, du moins celui qui s'en écarte le moins.

Il en est de même de l'algèbre ; tant qu'on laissera à l'imaginaire tout le vague, toute l'indétermination que ce mot jette dans l'esprit, il sera impossible de faire un pas en avant, notre intelligence sera frappée d'atonie. Mais si nous parvenons à dissiper cet état d'indécision, si nous renonçons à l'idée de vouloir reporter les effets de l'imaginaire sur les nombres, ce qui en ferait on ne sait quoi en leur attribuant un qualificatif non défini et serait plus encore que la négation de leur existence, mais l'impossibilité de les comprendre tout en les laissant subsister; si enfin nous en venons à reconnaître que l'imaginaire, quoique impraticable, est une opération algébrique définie, que cette impossibilité dans le résultat correspond et concorde avec une impossibilité équivalente dans les données; alors, mettant en œuvre, sur ce résultat, ainsi que nous venons de l'expliquer, la série des opérations que comporte la question, on sera conduit à un redressement de l'énoncé qui viendra dénouer les difficultés survenues, qui sera la véritable interprétation de ce qu'il faut faire pour que l'impossibilité qui s'est révélée soit anéantie dans la conclusion au moment même où elle vient de l'être dans les prémisses.

Peut-être quelques esprits ne voudront-ils voir dans tout ceci qu'un jeu de raisonnement, très-acceptable sans doute, au point de vue de la logique, et parfaitement fondé si l'on ne sort pas du domaine des abstractions, mais peu propre à être vulgarisé dans la pratique, peu susceptible de lui rendre des services, nullement ou très-peu applicable aux questions concrètes.

Nous répondrons à ces observations que c'est déjà quelque chose, ce nous semble, que d'être parvenu à faire accepter cette idée que ce à quoi jusqu'à présent on a si souvent refusé toute espèce de compréhension peut être compris et doit l'être comme une impossibilité, que de plus cette impossibilité porte uniquement sur une opération de calcul et non sur des nombres qu'elle rendrait inintelligibles, qu'enfin cette opération est mathématiquement définie. Accepter la question dans ces termes, c'est avoir, nous paraît-il, exclu l'imaginaire, ce monde tellement incertain qu'on ne devrait pas même songer à se demander s'il est permis de s'y mouvoir; c'est avoir substitué à un état de choses qui est une véritable interdiction pour l'intelligence une situation nouvelle qui, au contraire, faisant appel aux ressources actives de l'esprit, le convie à prendre corps à corps cette impossibilité, à l'interroger dans ses causes, à la connaître dans ses effets et à déduire de ces études les correctifs qu'il faut faire subir à notre pensée pour éviter des contradictions qu'elle n'a pas prévues et que cette impossibilité seule a rendues manifestes.

Avoir contribué à faire rayer le mot *imaginaire* du diction-

naire des sciences exactes, avoir développé et démontré ce
point de doctrine que l'impossible de l'imaginaire est tout simplement un conséquent naturel et inévitable d'un antécédent
contradictoire ne nous a pas paru être une chose indifférente,
et voudrait-on réduire notre part à ce contingent, que notre
ambition sera satisfaite. Mais dans une question il ne faut pas
se contenter de voir seulement ce que la critique voudrait se
borner à y mettre, il faut y rechercher tout ce qui s'y trouve,
sans exagération sans doute, mais sans réticence. L'homme
d'étude se doit tout entier à la vérité, il n'a pas le droit de la
diminuer.

Or, sans prétendre que dans tous les cas l'imaginaire puisse
être pratiquement interprété, c'est à profusion, dirons-nous,
que, dans les applications, nous en pourrons indiquer la représentation soit opérative soit matérielle ; c'est à profusion que
nous pourrons signaler les redressements d'énoncé qu'il commande et qui le détruisent ; c'est à profusion que, dans les
questions concrètes, nous pourrons dire : Voilà l'équivalent
physique et réel de ce que vous appelez imaginaire.

Matérialisons donc encore plus que nous ne l'avons fait le cri-
térium de nos preuves, entrons davantage dans les choses de la
pratique, voyons comment elles accepteront l'abstraction,
comment se comportera le concret en présence de l'idée qui
vient le saisir et l'étreindre.

Dans l'exemple que nous avons cité, nous nous sommes proposé une question très-pratique sur les nombres. Nous nous
sommes demandé quelles doivent être les valeurs de deux
nombres x et y, pour que, leur somme étant égale à un nombre a, leur produit soit égal à un autre nombre donné c.

Nous avons vu que, lorsque ce produit devient supérieur au
quarré de la moitié de a, les valeurs des racines prennent la
forme imaginaire

$$x = \frac{a}{2} \pm b \sqrt{-1}.$$

Nous avons en outre constaté que la présence de ces imaginaires correspond à une contradiction que nous avons introduite
dans l'énoncé ; cette contradiction résulte de ce que nous avons
implicitement supposé qu'en retranchant au carré $\left(\frac{a}{2}\right)^2$ celui

de b, nous devions avoir une différence supérieure à $\left(\dfrac{a}{2}\right)^2$, ce qui est évidemment impossible. De là la présence de racines imaginaires; enfin, par la forme même de ces racines, nous avons été conduit à cette conséquence que le redressement qu'il faut faire subir à l'énoncé, si l'on veut faire disparaître la contradiction, consiste à remplacer la condition

$$\left(\frac{a}{2}\right)^2 - b^2 = c$$

par celle

$$\left(\frac{a}{2}\right)^2 + b^2 = c.$$

Or, celle-ci est tout aussi pratique que la première, et elle constitue l'énoncé d'une nouvelle question non moins compréhensible que celle qu'elle est destinée à remplacer. En effet, la somme $x + y$ restant toujours égale à a, la nouvelle condition ne diffère de la précédente qu'en ce que son premier membre surpasse de $2b^2$ ou de $\dfrac{1}{2}(x-y)^2$ le premier membre de celle-ci. Dès lors la traduction du redressement d'énoncé indiqué par l'imaginaire consistera à dire que le produit des deux nombres, au lieu d'être immédiatement égal à c, ne pourra le devenir qu'après qu'on lui aura ajouté la moitié du carré construit sur la différence de ces mêmes nombres. On devra donc avoir actuellement

$$x\,y = c - \frac{1}{2}(x-y)^2;$$

d'un autre côté, on a

$$2\,x\,y = \frac{1}{2}(x+y)^2 - \frac{1}{2}(x-y)^2 = \frac{a^2}{2} - \frac{1}{2}(x-y)^2.$$

Soustrayant la première de ces équations de la seconde, on trouve que la valeur de xy, en fonction de quantités toutes connues, est $\dfrac{a^2}{2} - c$, et tel sera le dernier terme de l'équation qui prendra la forme

$$z^2 - a\,z + \frac{1}{2}a^2 - c = 0$$

Qu'on fasse maintenant usage pour a et pour c des valeurs 12 et 40 qui avaient d'abord conduit aux racines $6 \pm 2\sqrt{-1}$, et on obtiendra les mêmes racines dépouillées du signe de l'impossibilité, c'est-à-dire 6 ± 2.

Tout ceci est maintenant devenu très-net, très-précis, très-réel, et comme c'est l'imaginaire qui nous y a conduit, on voit que celui-ci n'est pas aussi dépourvu de sens qu'on pourrait le croire ; qu'il peut au contraire avoir une mission parfaitement définie dans l'ordre des choses possibles, et que si son apparition momentanée est l'indice d'une impossibilité qui, à notre insu, s'est introduite dans nos demandes, il porte avec lui l'indication de ce qu'il faut faire pour rectifier les erreurs de nos jugements. Une pareille mission, à coup sûr, au lieu d'être imaginaire, présente un incontestable cachet d'utilité pratique, et n'y voudrait-on pas voir de l'algèbre qu'on sera tout au moins obligé d'y reconnaître un remarquable auxiliaire du bon sens.

V

Passons à un second exemple dans lequel, au lieu d'être averti par l'imaginaire qu'une contradiction non soupçonnée s'est glissée dans l'énoncé, ce sera nous, au contraire, qui volontairement provoquerons la présence de l'imaginaire en introduisant sciemment une contradiction dans la demande.

Si un nombre entier impair est le produit de deux facteurs, il sera toujours possible de donner à ces facteurs les formes $a + b$, $a - b$, les nombres a et b étant entiers. En effet, x et y étant ces facteurs, si l'on pose

$$x = a + b, \quad y = a - b,$$

on aura

$$a = \frac{x + y}{2}, \quad b = \frac{x - y}{2},$$

et, comme x et y sont supposés impairs, ces deux expressions de a et de b seront des nombres entiers. Il résulte de là qu'on peut dire que tout nombre entier impair est égal à la différence $a^2 - b^2$ des carrés de deux nombres entiers. Tant que cette forme appartiendra à un nombre, et sous la réserve que

5

$a - b$ n'est pas égal à l'unité, on sera certain que ce nombre ne saurait être premier. Il suit de là qu'écrire que p étant un nombre premier, il est néanmoins égal à $a^2 - b^2$, ce serait évidemment et volontairement écrire une impossibilité, parce que l'idée de nombre premier est formellement exclusive de l'idée de multiple nécessairement inhérente à la forme $a^2 - b^2$.

On n'hésitera donc pas à reconnaître qu'exiger que, même dans ce cas, p soit égal à un produit de la forme $(a + b)(a - b)$ sera une chose impossible avec des nombres réels, toujours sous la condition que $a - b$ n'est pas l'unité. D'où il faut nécessairement conclure que, si néanmoins il existe des formes algébriques susceptibles de reproduire un nombre premier par voie de multiplication, ces formes ne sauraient exister en réel; elles seront imaginaires. On voit donc, dans le cas actuel, et à l'inverse de ce qui a eu lieu dans l'exemple précédent, comment la contradiction volontairement introduite dans la demande nous conduit à affirmer qu'il y aura certainement une impossibilité dans la réponse, avant même que la forme de cette impossibilité nous soit connue.

Et quant à cette forme, parce que, tant que b sera réel, la différence des carrés $a^2 - b^2$ laisserait toujours subsistante l'idée de multiples réels, on comprend que le moyen d'échapper à cette contradiction consisterait en ce que le résultat de la multiplication, tout en donnant du réel puisque ce résultat doit être égal à p, cessât de revêtir la forme $a^2 - b^2$. Or, sans qu'il soit nécessaire d'insister autrement sur ce point et en nous reportant à des observations plusieurs fois exposées dans ce qui précède, on voit que pour satisfaire à cette double condition il suffira de substituer $b\sqrt{-1}$ à b. Alors, d'une part, le produit de la multiplication sera réel, et, d'autre part, la forme $a^2 - b^2$ aura disparu et se trouvera remplacée par celle $a^2 + b^2$.

Certes, nous ne saurions prétendre que tous les nombres premiers seront égaux à un pareil produit; nous ne prétendons pas davantage qu'un produit de cette forme ne sera applicable qu'à des nombres premiers, mais nous sommes en droit d'affirmer que, s'il y a des nombres premiers susceptibles d'être algébriquement reproduits par voie de multiplication, la forme des facteurs à employer sera nécessairement $a + b\sqrt{-1}$ et $a - b\sqrt{-1}$.

On reconnaît d'ailleurs qu'il y a encore ici équivalence entre la contradiction qui figure dans la demande et l'impossibilité qui figure dans la conclusion ; car la contradiction consiste en ce qu'il est impossible que le carré de b^2 change son signe tant que b est réel, et l'impossibilité finale provient de ce qu'on ne peut pas extraire la racine carrée du négatif. Or, ainsi que nous l'avons déjà fait remarquer, ces deux difficultés sont de même ordre, tout à fait équivalentes; car si le carré d'une quantité réelle qui est toujours positif pouvait devenir négatif, l'extraction de la racine carrée du négatif ne serait plus impossible.

Qu'il nous soit permis de placer ici incidemment une courte remarque.

La faculté d'introduire, au moyen de l'imaginaire, l'idée de multiple dans la composition de nombres auxquels cette idée est tout à fait antipathique en réel donne d'incroyables facilités pour résoudre presque tous les problèmes de la théorie des nombres. C'est ce que nous développerons lorsque nous nous occuperons de l'imaginaire en concret. Bornons-nous ici à en citer, entre mille, un exemple assez remarquable quoique fort simple. Il s'agit de résoudre en nombres entiers l'équation :

$$a^2 + b^2 = c^n,$$

l'exposant n étant quelconque; remarquant que $a^2 + b^2$ est égal à $(a + b\sqrt{-1})(a - b\sqrt{-1})$ et posant

$$a + b\sqrt{-1} = (p + q\sqrt{-1})^n,$$

on aura également

$$a - b\sqrt{-1} = (p - q\sqrt{-1})^n,$$

d'où on déduit immédiatement

$$c = p^2 + q^2.$$

Développant ensuite les $n^{\text{ièmes}}$ puissances dans l'une ou l'autre des équations ci-dessus, et égalant séparément le réel au réel et l'imaginaire à l'imaginaire, on obtiendra en fonction de

p et de q les valeurs de a et de b qui seront entières, ainsi que celle de c, si p et q le sont. Presque tous les théorèmes sur les nombres, sauf plus ou moins de calculs, se résolvent avec la même facilité de conception. Nous nous bornons, quant à présent, à cette simple observation.

VI

Dans les exemples précédents, nous nous sommes appliqué à justifier l'idée que la manifestation de l'imaginaire est une conséquence inévitable de la présence de quelque contradiction dans l'énoncé, et qu'il existe une complète équivalence entre cette contradiction et l'impossibilité finale. Nous nous sommes en outre engagé non-seulement à montrer les conséquences rationnelles de cet état de choses, mais encore à montrer le côté matériel et physique de ces conséquences. C'est ce qui sera très-facile lorsque nous nous occuperons de l'étude de l'imaginaire en concret. Nous verrons alors qu'il n'y a pas une équation algébrique donnant naissance à des racines imaginaires qui ne soit susceptible d'avoir une représentation géométrique, pourvu qu'elle soit relative à des droites ou des courbes, à des lignes. Dès lors, dans cette partie de la science, les contradictions d'énoncés n'existant plus, les impossibilités de solution n'existeront pas davantage, et, en effet, on verra que pour les droites et les courbes, $\sqrt{-1}$ est toujours physiquement réalisable. On comprend qu'au point où nous en sommes, il ne nous est point encore permis d'aborder cet ordre de questions; nous pouvons néanmoins, sans grands efforts, et en matérialisant un peu nos demandes, donner une idée des images physiques, tangibles, réalisables, par lesquelles peuvent être indiquées et représentées certaines conséquences de l'apparition de l'imaginaire.

A cet effet, proposons-nous de déterminer, dans une circonférence dont le rayon est r, la longueur de la corde située à une distance f du centre. Si l'on appelle a la moitié de cette corde, et si l'on mène un rayon à l'extrémité de cette moitié, les trois longueurs a, f, r formeront un triangle rectangle ayant r pour hypoténuse et dans lequel on aura $f^2 + a^2 = r^2$; de là on déduira

$$a = \sqrt{r^2 - f^2}.$$

Tant que f sera plus petit que r, la valeur de a sera réelle; elle deviendra nulle si f est égal à r; enfin pour toutes les valeurs de f supérieures à r, l'expression $r^2 - f^2$ devenant négative, on en conclut qu'on aura des cordes qui seront réputées imaginaires. Voilà jusqu'à présent tout ce qu'on a dit de ces cordes.

Quant à nous, nous conclurons de cette circonstance que la question dans les termes où elle est actuellement proposée n'est pas possible, et nous reconnaîtrons sans peine que l'impossibilité résulte de ce que, dans la condition $f^2 + a^2 = r^2$, la quantité f^2 étant à elle seule plus grande que r^2, à plus forte raison sera-t-il impossible qu'augmentée de quelque chose, elle s'abaisse jusqu'à r^2. À cette contradiction l'algèbre répond naturellement par l'impossible.

Quant au moyen qu'il faudra employer pour faire disparaître la contradiction, il devra consister à retrancher quelque chose à f^2 au lieu de le lui ajouter. Or c'est précisément là ce que l'imaginaire vient exécuter, car la quantité a se présentant désormais sous la forme $a\sqrt{-1}$, son carré va passer au négatif, ce qui nous apprend que la question n'est devenue impossible que parce qu'en même temps que f a pris une valeur supérieure à celle de r, nous avons continué d'admettre que la condition initiale doit toujours consister en ce que la somme des deux carrés f^2 et a^2 reste constante et égale à r^2. Nous n'avons pas besoin d'ailleurs d'insister pour faire remarquer que cette condition n'est autre chose que l'équation du cercle. Nous voyons maintenant, par la présence de l'imaginaire, que, pour redresser cette erreur, il faut substituer la différence des carrés à leur somme; ce qui nous conduit à reconnaître que le cercle ne sera plus susceptible de satisfaire au nouvel état de la question; mais au lieu de nous arrêter en chemin, sous prétexte d'imaginaire, et de ne plus chercher à comprendre, nous nous demanderons si au cercle, devenu impossible, ne vient pas se substituer une nouvelle courbe géométrique; or l'imaginaire se chargeant lui-même de répondre à cette question vient nous montrer que cette courbe, au lieu d'être soumise à la condition que la somme des carrés des variables est constante, jouira de cette propriété, que cette constance doit être attribuée à la différence de ces carrés. Cette interprétation est d'ailleurs aussi claire, aussi pratique, aussi géométrique que la réponse précédente était confuse et répulsive pour l'intelligence. Au lieu donc de dire que, lorsque la distance de la corde au centre de la courbe devient supérieure à r, la corde cherchée est imaginaire, nous dirons que cette corde est impossible pour le cercle ; mais que si nous débarrassons cette expression du signe d'impuissance qui la paralyse, elle aura pour représentation physique et réelle la longueur de la corde qui, à cette distance, est celle de l'hyperbole équilatère dont chaque axe est égal à $2r$.

Plus généralement lorsque, partant de l'équation de l'ellipse mise sous la forme

$$b^2x^2 + a^2y^2 = a^2b^2,$$

nous déterminerons la valeur d'une des coordonnées en fonction de l'autre, et que, dans cette fonction, nous ferons usage pour celle-ci d'une valeur supérieure au demi-grand axe correspondant, nous trouverons que la coordonnée cherchée devient imaginaire. Or, sans qu'il soit nécessaire de reproduire ici une série de raisonnements qui serait en tout semblable à la précédente, nous dirons que l'impossibilité de ce résultat en signale une correspondante dans l'état primitif de la question, consistant en ce que l'un des deux termes du premier membre, au lieu d'être ajouté, doit être retranché, et nous conclurons que dans ce cas l'interprétation de l'imaginaire doit se faire en disant que l'imaginaire de l'ellipse est l'hyperbole ayant mêmes axes qu'elle, de même que l'imaginaire de l'hyperbole sera l'ellipse ; traduction parfaitement définie, très-géométrique, très-réelle d'une circonstance incomprise jusqu'à ce jour, et en présence de laquelle nous avons dû nous déclarer impuissant.

VII

Nous pourrions multiplier ces applications, mais nous pensons que les exemples que nous venons de faire passer sous les yeux du lecteur sont suffisants, d'une part, pour justifier dans toute leur étendue le mérite des explications développées dans les chapitres précédents ; d'autre part, pour donner une idée suffisante de la marche à suivre dans la pratique lorsqu'on cherchera à résoudre les difficultés qui pourront se présenter,

Prévoir toutes ces difficultés est une chose impossible, on le comprend. Dans tout ordre de considérations, les espèces se multiplient à l'infini, nous ne saurions donc avoir la prétention de les passer toutes en revue; mais nous croyons, à l'aide de ce qui précède, avoir mis dans l'esprit et dans les mains du lecteur les moyens propres à lui faire clairement saisir et le point de départ de ces difficultés et la seule interprétation raisonnable qui puisse être la conséquence de leur manifestation.

Nous n'ignorons pas qu'avant nous quelques esprits sensés se sont refusé à suivre, au sujet des imaginaires, la routine ordinaire qui consiste ou à n'en pas parler, ou à se borner à les signaler comme des grandeurs ou des quantités qu'on ne saurait comprendre.

Il a répugné à certaines intelligences d'accepter les idées reçues, ou, pour mieux dire, les habitudes prises, car il a été émis fort peu d'idées sur ce point délicat de l'algèbre, et elles ont protesté contre des assertions qui leur paraissaient être en hostilité avec la saine raison.

Lacroix, dont l'esprit philosophique ne nous paraît pas avoir été suffisamment apprécié, est très-explicite à cet égard; après avoir indiqué dans ses *Éléments d'algèbre* ce qu'on nomme *quantités* imaginaires, il fait observer dans une note qu'il serait plus exact de dire : *expressions* ou *symboles* imaginaires, puisque, ajoute-t-il, ce ne sont pas des quantités. La dénégation de Lacroix est formelle, et c'était beaucoup faire il y a cinquante ans. Mais son laconisme nous porte à croire que s'il ne lui était pas possible de s'accommoder de ce qu'on disait à son époque, il n'était pas aussi bien fixé sur ce qu'il aurait fallu dire à la place. Ce qui nous confirme dans cette pensée, c'est l'emploi du mot *symbole* qui est plutôt une protestation qu'une explication. Qu'est-ce, en effet, que ce symbole? quel sera son rôle? que représente-t-il? que formule-t-il?

Pour Lacroix, sans doute, ce devait être un indice d'impossibilité; mais il y a pour les choses plusieurs manières d'être impossibles. En algèbre, par exemple, un logarithme négatif, un sinus ou un cosinus plus grand que l'unité sont, comme $\sqrt{-1}$, des impossibilités. Or un symbole qui n'est qu'une figure, une image, un moyen de rappeler une chose, qui n'est

pas l'objet même dont on a à s'occuper, un symbole, disons-
nous, peut ne pas faire connaître avec quelle sorte d'impossibilité on se trouve en présence.

Or pour nous $\sqrt{-1}$ est plus qu'un symbole, ou un signe conventionnel, comme quelques-uns le prétendent, sans dire
quand, comment et par qui cette convention aurait été introduite ; c'est une espèce particulière d'impossibilité se manifes-
tant avec les signes naturels et directs que lui imprime le calcul ; c'est l'opération algébrique même que nous ne saurions
exécuter, il est vrai, mais qui porte avec elle les conditions
écrites de sa définition ; qui aura ainsi ses raisons spéciales et
nécessaires de paraître, de disparaître, de fonctionner dans les
calculs ; qui conservera par conséquent avec la science dans laquelle elle a sa place obligée des relations à la fois dépendantes
et autorisées, et qui, en vertu de ces relations, fil conducteur
de notre intelligence, sera appelée à jouer dans cette science un
rôle dont il nous sera possible d'étudier l'étendue et d'assigner
les fonctions. La tâche pourra être ardue quelquefois, mais du
moins l'esprit ne sera pas comme le navigateur égaré sans
boussole et sans gouvernail au milieu de mers inconnues ; car,
avec la conscience de la nature des difficultés qu'il va affron-
ter, il aura celle des moyens à mettre en œuvre pour les
vaincre.

CHAPITRE CINQUIÈME

DES RACINES DE L'UNITÉ, ET DE L'INFLUENCE DE CES RACINES, COM-
BINÉE AVEC CELLE DES OPÉRATIONS ALGÉBRIQUES, SUR LA MUL-
TIPLICITÉ DU NOMBRE ET SUR CELLE DE LA FORME DES RACINES
DES ÉQUATIONS.

SOMMAIRE. — I. La forme des racines de l'unité ne peut être que celle de
l'imaginaire. — II. La théorie de ces racines a été acquise à la science du
moment où l'on a reconnu que la multiplication de — 1 par — 1 donne + 1
pour produit. — III. La considération de ces racines combinée avec celle
de l'élévation aux puissances explique l'introduction de l'imaginaire dans les
solutions. — IV. Les mêmes considérations rendent compte de la multiplicité du nombre des racines des équations et de celle de leurs formes. —
V. Application au troisième degré. — VI. Application au quatrième degré.
— VII. Application au cinquième degré. — VIII. Conséquences théoriques
et pratiques de ces faits.

I

C'est un fait très-remarquable, très-extraordinaire, et en
même temps très-fécond, que celui de l'existence des racines
de l'unité pour toutes les puissances, racines dont le nombre,
on le sait, est toujours égal au degré même de la puissance
considérée. Nous verrons que, dans le domaine concret, il
n'est rien de plus facile que de s'éclairer sur les propriétés de
ces racines, de se rendre compte de leur objet, de reconnaître
à quels attributs des quantités elles correspondent. Dans ce domaine, les racines elles-mêmes passeront sous nos yeux, nous
tracerons la figure géométrique qui en est la représentation
matérielle et physique; nous pourrons voir et toucher ces deux
moyens par excellence d'acquérir l'intuition de toute chose.

Il n'en est pas de même dans le domaine abstrait où nous n'a-
vons pour nous diriger que la seule idée de nombre. Or, parce
que le nombre ne peut être conçu que sous la condition de ré-

pétition par une unité indivisible, cette indivisibilité même vient se poser en contradiction avec l'idée qu'une telle unité puisse être un multiple quelconque. Et cependant si, en fait, il doit être reconnu que cette multiplicité peut être écrite en algèbre, nous trouverons encore ici une nouvelle application de nos principes ; car nous pourrons dire dès à présent qu'à la contradiction dans les prémisses doit correspondre une impossibilité dans la conclusion, et que par conséquent les formes des racines de l'unité ne peuvent être qu'imaginaires ; c'est ce que la science confirme. Loin donc de s'effrayer, dans ce cas, de la manifestation de cette forme, et d'y voir un nouveau motif de ne pas comprendre, nous devons au contraire reconnaître la nécessité théorique de sa présence ; c'était le seul moyen qu'eût l'algèbre de se mettre en rapport d'équivalence avec la contradiction écrite dans la demande ; de sorte que si, dans l'expression de ces racines, nous constatons une impossibilité opérative, nous trouvons du moins dans cette impossibilité même un effet de logique qui ne peut être que très-propre à nous familiariser avec ces expressions.

La théorie des racines de l'unité, pas plus que toutes les autres, ne s'est faite d'un seul jet. Dans les sciences, l'observation et la réflexion apportent peu à peu leur contingent journalier de faits et de découvertes. Les théories s'ébauchent d'abord, se développent ensuite, se complètent plus tard, et ce n'est qu'après un temps quelquefois assez long que l'esprit se trouve en état de les concevoir et de les exposer dans leur ensemble. Lorsque cet état de maturité s'est produit, passant en revue tous les détails, toutes les ramifications d'un certain ordre d'idées, nous parvenons à reconnaître qu'en général, avec un très-petit nombre de principes, il nous est possible, aidés des lois du raisonnement, de rendre compte de tout ce qui se rattache à cet ordre, et alors la théorie se présente à nous avec un caractère aussi prononcé de simplicité dans ses éléments que de fécondité dans ses résultats.

II

Nous croyons que telle est la situation dans laquelle nous sommes placés aujourd'hui par rapport à la théorie des racines de l'unité; que leur existence pour tous les degrés, que leur nombre dans chaque degré peuvent être rattachés à un seul principe, et que lorsqu'on a eu dit et admis en algèbre que —1 multiplié par —1 donne + 1, cette théorie était, sinon constituée, du moins acquise à la science.

Et en effet, dire que —1 multiplié par —1 donne le même résultat que + 1, c'est reconnaître en fait que l'unité a deux racines du second degré + 1 et —1; or nous allons voir que tout le reste s'en suit naturellement.

On a pu, à l'origine, rester plus ou moins longtemps sur ce fait isolé et n'en déduire ni même en entrevoir aucune conséquence; mais du moment où les recherches algébriques ont appelé notre attention sur $\sqrt{-1}$ et nous ont démontré la nécessité d'avoir à tenir compte de cette expression, à laquelle nous n'aurions peut-être jamais songé sans cela; de ce moment, disons-nous, les racines quatrièmes de l'unité venaient prendre place dans la science, car la conséquence la plus immédiate de la forme même de $\sqrt{-1}$ a dû être que le carré de cette expression est égal à —1, racine seconde de l'unité, et par suite, il était impossible de ne pas reconnaître que $\sqrt{-1}$ en est la quatrième. Mais alors, en vertu du même fait initial que

$$-1 \times -1 = +1,$$

le produit $\left(-\sqrt{-1}\right)\left(-\sqrt{-1}\right)$ donnera le même résultat que $\sqrt{-1}\,\sqrt{-1}$, c'est-à-dire — 1, de sorte qu'au point de vue de la seconde, et par suite de la quatrième puissance, $-\sqrt{-1}$ conduisant aux mêmes conséquences que $\sqrt{-1}$ est aussi une quatrième racine de l'unité; les deux autres sont $\pm$ 1.

Cela posé, il ne fallait pas plus que la constatation de ces premiers faits pour que l'attention, éveillée sur la singularité de ces résultats, ne fût pas portée à se mettre en quête de ce qui pourrait arriver dans les degrés autres que le second et le quatrième, et de savoir s'il n'existerait pas pour eux des circonstances analogues à celles qui viennent d'être constatées. Une fois l'idée mise en avant, les conséquences étaient inévitables.

Il était donc naturel de se dire que, puisque $\sqrt{-1}$ est la racine quatrième de l'unité, on serait certain d'en obtenir la huitième si l'on trouvait une expression dont le carré fût égal à

$\sqrt{-1}$; et comme à part la raison générale que nous avons donnée pour que la forme de cette expression fût imaginaire, il y avait ici cette circonstance particulière que le résultat cherché devait être lui-même imaginaire, on a été conduit à admettre que cette expression ne pouvait être que de la forme $p + q\sqrt{-1}$, de sorte que ce qu'il y avait à faire consistait à rechercher ce qui pourrait advenir de la condition

$$\left(p + q\sqrt{-1}\right)^2 = \sqrt{-1}.$$

Or, sans nous arrêter ici à des détails de calculs très-faciles, on a reconnu que la valeur $\dfrac{1}{\sqrt{2}}$, commune à p et à q, satisfait à cette équation ; d'où on a conclu que

$$\frac{1}{\sqrt{2}} + \frac{1}{\sqrt{2}}\sqrt{-1}$$

est la racine huitième de l'unité. Mais à ce compte le négatif de cette expression donnant aussi $\sqrt{-1}$ pour son carré est une seconde racine huitième de l'unité. D'ailleurs les carrés de $\dfrac{1}{\sqrt{2}}$ étant invariables quels que soient les signes de ces quantités, les effets de ces carrés resteront toujours les mêmes ; quant aux doubles produits, ils prennent la forme $\pm\sqrt{-1}$, qui, étant l'une et l'autre des racines quatrièmes de l'unité, autorisent à dire que finalement l'expression

$$\pm\frac{1}{\sqrt{2}} \pm \frac{1}{\sqrt{2}}\sqrt{-1},$$

quelle que soit la combinaison des signes qu'on voudra adopter, sera une racine huitième de l'unité.

On a dû comprendre instinctivement qu'en continuant cette marche, on obtiendrait la seizième racine, puis la trente-deuxième, et ainsi de suite. Cette prévision n'a pas d'ailleurs tardé à être légitimée, parce qu'il est facile d'établir, par un calcul des plus simples, que si $a + b\sqrt{-1}$ est la racine du degré 2^k, celle du degré 2^{k+1} aura pour valeur

$$\frac{1}{\sqrt{2}}\left(\sqrt{\sqrt{a^2 + b^2} + a} + \sqrt{\sqrt{a^2 + b^2} - a}\,\sqrt{-1}\right).$$

Il est, en outre, évident que si $p + q\sqrt{-1}$ est une racine de l'unité du degré 2^k, toutes les puissances de $p + q\sqrt{-1}$ élevées elles-mêmes à la puissance 2^k donneront pour résultat l'unité et seront à leur tour des racines; le nombre de celles-ci sera donc égal à 2^k.

Enfin l'existence des racines de l'unité pour cette catégorie de degrés étant constatée, on devait en conclure, du moins implicitement, qu'il y aurait de semblables racines pour tous les degrés. Car si l'on a

$$p + q\sqrt{-1} = 1^{\frac{1}{2^k}},$$

on aura

$$(p + q\sqrt{-1})^m = 1^{\frac{m}{2^k}} = 1^{\frac{1}{\frac{2^k}{m}}}.$$

Or, comme il n'y a pas de nombre entier z qui, au moyen de la variation de k et de m, ne puisse être égal à $\dfrac{2^k}{m}$ avec tel degré d'approximation qu'on voudra, il s'en suit que p' et q' étant les valeurs de p et de q correspondant à celles de k et de m qui donnent $\dfrac{2^k}{m} = z$, il s'en suit, disons-nous, que

$$(p' + q'\sqrt{-1})^m$$

peut être considérée comme la racine de l'unité du degré quelconque z.

Nous nous bornons à cet exposé succinct de la filiation des idées, et nous n'irons pas plus loin dans cet ordre de considérations. Le lecteur a compris que notre intention n'est pas d'entrer ici dans des détails de calcul; nous avons seulement cherché à expliquer la conception génératrice de la théorie des racines de l'unité, et à justifier cette idée que toute cette théorie a été créée en fait du moment où il a été dit en algèbre que -1 multiplié par -1 donne $+1$. C'est une nouvelle preuve de l'importance qu'il y a de se bien pénétrer des principes, de comprendre tout ce qu'ils autorisent; mais en même temps, ajouterons-nous, de bien reconnaître aussi tout ce qu'ils excluent.

Plus tard, lorsque dans la seconde partie nous nous occuperons des considérations concrètes relatives aux fonctions trigonométriques, nous verrons combien toutes ces expressions, toutes ces formes se simplifient lorsque, débarrassées des entraves que la limitation des attributs du nombre leur impose, elles deviennent susceptibles d'être la représentation de nouveaux attributs avec lesquels nous reconnaîtrons qu'elles se trouvent en parfaite concordance.

Mais concluons, quant à présent, et c'est là le but essentiel que nous avions en vue, qu'à moins de renoncer au principe que — 1 multiplié par — 1 est égal à + 1, ce qui serait renoncer à peu près à toute l'algèbre, il n'est pas possible que, même en abstrait, nous n'admettions pas l'une des conséquences les plus immédiates, les plus nécessaires de ce principe, à savoir que, pour chaque puissance, l'unité a autant de racines que l'indique le degré de cette puissance.

III

Dès lors, comme seconde conséquence non moins nécessaire que la première, nous serons obligés de reconnaître que, dans tous les calculs, il n'y aura pas d'élévation d'une expression à la puissance n dont le résultat ne corresponde à n expressions différentes les unes des autres; et ainsi se trouve de plus en plus justifié ce principe que, passé le premier degré, il n'est pas possible de préparer la solution d'une question sans introduire implicitement dans cette question des données autres, que celles que nous avons pu avoir spécialement en vue, données qui auront sans doute un certain rapport avec les premières, mais qui ne seront plus précisément celles-ci et qui, suivant les circonstances diverses dans lesquelles on pourra se trouver, seront diversement influencées par les racines de l'unité.

Enfin, comme ces dernières racines, sauf deux au plus pour chaque degré, revêtent la forme imaginaire, on doit prévoir que cette forme, alors qu'elle ne serait pas commandée dans la solution par quelque impossibilité dans la demande, sera inévitablement introduite par les préparations algébriques que nous ferons subir aux données, soit pour mettre le problème en équation, soit pour résoudre celle-ci : ce qui, sans être l'explication de l'imaginaire, est du moins l'explication logique de sa manifestation finale.

Ces modifications des données primitives, ainsi introduites par le fait d'opérations algébriques, ont donc une grande importance selon nous, puisqu'elles expliquent, d'une part, pourquoi en résolvant une question nous trouverons réponse, non-seulement à ce que nous avons mis dans cette question, mais à beaucoup d'autres choses qui, d'après nos intentions, ne figurent pas dans son énoncé; d'autre part, que, parmi ces choses introduites, plusieurs étant imaginaires, il n'est pas étonnant que cette forme se manifeste dans les conclusions; enfin ces modifications conduisent en outre à comprendre les causes en vertu desquelles la multiplicité du nombre des racines sera d'autant plus grande que le degré de l'équation sera plus élevé.

L'intérêt qui s'attache à ces propositions, au double point de vue des conceptions théoriques et de l'utilité pratique, est évident. Mais il n'en est pas tout à fait de même des formes diverses que ces propositions peuvent recevoir en exécution et de la relation de ces formes avec le jeu des calculs. Nous devons même dire qu'à ce sujet nous avons trouvé de l'hésitation dans quelques esprits. Aussi croyons-nous devoir indiquer à l'aide de quelques exemples comment, par l'effet des opérations, se produisent dans les racines des équations la multiplicité du nombre et celle de la forme.

Mais avant d'en venir à des applications, disons comment d'une manière générale la question doit être entendue.

I V

Étant donnée une équation d'un degré quelconque n, on distribue d'une manière arbitraire ses différents termes entre les deux membres, et, en cet état, on élève ces deux membres à une même puissance m; on obtient ainsi une équation qui contiendra infailliblement les n racines de la proposée, mais qui, en outre, en contiendra $mn - n$ autres. Tel est le fait brut que la théorie nous force d'admettre, et cela en vertu de ce principe général, qu'une équation du degré mn possède mn racines. Mais, à côté du fait imposé comme conséquence, il y a

l'étude des origines, la recherche des causes qui peuvent le
provoquer et l'expliquer, et il n'est pas sans intérêt de voir
comment la considération de l'élévation à la puissance m, combinée avec celle de l'existence des racines de l'unité pour le
même degré, doit nécessairement conduire à la conclusion indiquée par la théorie. Cette première recherche touche évidemment et directement aux causes premières de la multiplicité du
nombre des racines des équations.

A côté de cela, comme il est naturel d'admettre que les nouvelles racines devront être dépendantes des premières et se
trouver dans un certain rapport avec elles, on est conduit à se
demander quels pourront être ces rapports ; et il sera important de le faire pour qu'on puisse distinguer celles qu'il faudra
conserver comme se rapportant à l'état primitif de la question,
de celles qui, nouvellement introduites, devront être rejetées.
Ceci s'appliquera à la forme. Or ce qu'il est utile de remarquer, c'est que, pour une même puissance et pour une même
équation primitive, cette forme des racines changera incessamment, suivant qu'avant l'élévation à la puissance on aura distri-
bué de telle ou de telle autre manière les divers termes de l'é-
quation entre ses deux membres.

En résumé, la considération des racines de l'unité combinée
avec l'élévation aux puissances explique la multiplicité des racines d'une équation ; quant à la forme de ces racines, elle est
à la fois une dépendance des mêmes éléments et des racines
primitives ; mais en outre, cette forme change chaque fois qu'on
modifie celle qui, avant l'élévation aux puissances, a été donnée
à la position des termes de l'équation qui a servi de point de
départ.

Nous ne saurions entrer ici dans les innombrables détails de
tous ces faits ; nous nous bornerons à ce qui concerne le 3e, le
4e et le 5e degré, et l'on verra en vertu de quelles circonstances
premières se produisent successivement les diverses propositions connues, soit sur le nombre, soit sur la forme des racines
de ces équations. Ces exemples seront d'ailleurs très-suffisants
pour indiquer la marche qu'il faudrait suivre si l'on voulait
procéder à des études analogues pour d'autres degrés.

Comme notre but essentiel est ici d'expliquer l'intervention
de l'imaginaire par le seul jeu des opérations algébriques, nous

partirons toujours d'une équation du premier degré pour nous élever au 3e, au 4e et au 5e ; par ce moyen, si l'imaginaire se manifeste, on ne pourra pas dire que c'est nous-même qui l'avons placé au début, et cette manifestation n'aura évidemment d'autre cause que les opérations.

V. Troisième degré.

Prenons pour point de départ l'équation

$$x - (b + c) = 0,$$

et appelons $\pounds$ et $\pounds^2$ les racines imaginaires cubiques de l'unité.

Si en cet état nous élevons l'équation au cube, le résultat conviendra non-seulement à cette équation, mais encore à celles qu'on obtiendrait en multipliant le premier membre successivement par $\pounds$ et par $\pounds^2$. D'ailleurs, comme ces facteurs n'exercent aucune influence sur la valeur de x qui reste la même dans chaque cas, on aura des racines égales, on en aura trois, mais on n'aura pas créé de racines nouvelles.

Mais si nous écrivons $x = b + c$, l'élévation aux puissances conviendra non-seulement à $b + c$, mais à ses produits par $\pounds$ et par $\pounds^2$, et par suite l'équation finale aura les trois racines

$$b + c, \quad \pounds (b + c), \quad \pounds^2 (b + c).$$

Si l'on prend la forme $x - b = c$, le résultat de l'élévation au cube sera le même, soit qu'on eût pris c ou $c\pounds$ ou $c\pounds^2$; les trois racines seront donc dans ce cas

$$b + c, \quad b + c \pounds, \quad b + c \pounds^2.$$

Ainsi, à chaque distribution spéciale qu'on fera des termes de l'équation primitive, et bien que cette équation reste la même, l'élévation au cube donnera des formes différentes pour les racines.

Mais il est d'autres procédés de calcul, d'ailleurs autorisés, qui conduiront encore à de nouvelles formes.

Partons en effet de $x = b + c$ et développons le cube de

$b+c$; nous serons conduit à une relation que nous pourrons mettre sous la forme

$$x^3 = b^3 + 3bc(b+c) + c^3,$$

et, en cet état, nous avons constaté que ses racines sont

$$b+c, \quad \pounds(b+c), \quad \pounds^2(b+c).$$

Cela posé, si, à la place de $b+c$, je mets sa valeur primitive x, l'équation satisfera toujours à la condition première, mais elle cessera d'être applicable aux deux autres. Dans la seconde, par exemple, b et c sont remplacés par $\pounds b$ et par $\pounds c$; cette modification n'en entraîne pas dans la fonction $c^3 + b^3$, mais elle change bc en $bc\pounds^2$, et on n'aurait plus ainsi la même équation finale. Toutefois, on peut remarquer que si alors on combinait $b\pounds$ avec $c\pounds^2$, toutes les fonctions de b et de c resteraient invariables, et l'on conclut de là que $b\pounds + c\pounds^2$ satisfera à l'équation au même titre que $b+c$; il en serait d'ailleurs évidemment de même de $b\pounds^2$ combiné avec $c\pounds$, d'où il suit que les trois racines de l'équation du 3e degré

$$x^3 - 3bcx - (b^3 + c^3) = 0$$

sont

$$b+c, \quad b\pounds + c\pounds^2, \quad b\pounds^2 + c\pounds.$$

Et ce sont encore là de nouvelles formes de racines introduites par le jeu des opérations.

Ce n'est pas tout. Il est parfaitement permis d'écrire l'équation primitive $x - b = c$ comme il suit :

$$px - b = (p - 1)x + c.$$

Sous la première forme les racines résultant de l'équation primitive sont

$$b+c, \quad b + c\pounds, \quad b + c\pounds^2;$$

or il n'en va plus être de même de l'élévation au cube faite sur la seconde forme. En effet, le résultat de cette opération conviendra, non-seulement à la proposée, mais encore à deux autres dans lesquelles, le premier membre restant le même, le second serait successivement multiplié par $\pounds$ et par $\pounds^2$; dès lors les nouvelles racines qui viendront s'adjoindre à $b+c$, au lieu de conserver leurs formes anciennes, prendront les suivantes :

$$\frac{b+c\,£}{p-£(p-1)}, \quad \frac{b+c\,£^2}{p-£^2(p-1)}.$$

Il convient toutefois de faire suivre cette démonstration d'une remarque justificative. En multipliant le second membre par £, c'est en fait substituer $x£$ à x, et, par suite, $b+c$ devient $b£+c£$; il faut en conséquence modifier dans ce sens tous les termes de l'équation. Dans le second membre, c'est ce qui a lieu pour x et pour c; en opérant d'une manière analogue pour le premier, il devient $px£-b£$; il change donc, mais ce changement n'en produit aucun dans le cube. On en dirait autant pour le multiplicateur $£^2$, de sorte que dans les trois cas on aura la même équation finale. Les trois racines seront donc bien celles que nous avons indiquées.

En résumé, que résulte-t-il de ces divers détails ? que c'est évidemment parce que l'unité a trois racines que l'élévation au cube conduit à une équation du 3ᵉ degré ayant elle-même trois racines distinctes ; supprimez les racines de l'unité, ou pour mieux dire n'en admettez qu'une, qui sera l'unité elle-même, toutes les variétés de formes que nous venons de passer en revue s'effacent et se ramènent sans exception à la forme initiale $b+c$. C'est la première proposition que nous avons voulu justifier.

Puis nous voyons que le point de départ, l'équation en x, tout en exprimant la même relation entre x, b et c, sous les diverses formes que l'algèbre autorise, conduit, pour chacune de ces formes, à des groupes différents de trois racines dans lesquels la seule chose qui reste constante est la racine primitive $b+c$.

On s'explique dès lors, pour le troisième degré, pourquoi une équation de ce degré doit avoir trois racines, pourquoi l'intervention de l'imaginaire est inévitable, comment s'introduisent et se diversifient les formes; tout cela dépend de ce principe unique que l'unité a trois racines du troisième degré ; sans lui, à la place de la double multiplicité de nombre et de forme, nous ne trouverions plus que la constance du type $b+c$.

84 DES FORMES IMAGINAIRES.

VI. Quatrième degré.

Prenons encore pour point de départ $x - b - c = 0$, et appelons £, £², £³ les racines quatrièmes de l'unité autres que 1.

Nous dirons succinctement :

1° Qu'en opérant sur $x - b - c = 0$, nous aurons quatre racines égales ;

2° Qu'en opérant sur $x = b + c$, il y aura trois nouvelles racines introduites qui seront successivement égales au produit de $b + c$ par £, £², £³ ;

3° Qu'en opérant sur $x - b = c$, les quatre racines s'obtiendront en ajoutant à b les produits respectifs de c par 1, £, £², £³ ;

Ceci ne saurait présenter aucune difficulté.

Partons maintenant de $x = b + c$, et, au lieu de passer immédiatement à la quatrième puissance, formons d'abord la seconde. L'équation résultante sera

$$x^2 = b^2 + 2bc + c^2,$$

et comme elle convient en fait à $x = b + c$ et à $x = -(b + c)$, ce seront là ses deux racines. Si ensuite on élève de nouveau au carré, les deux racines introduites seront celles de l'équation

$$x^2 = -(b^2 + 2bc + c^2),$$

c'est-à-dire $\pm \sqrt{-1}\,(b + c)$, ce qui est conforme à ce qui précède.

Mais si nous écrivons l'équation résultant de la première élévation au carré sous la forme

$$x^2 - b^2 - c^2 = 2bc,$$

ce qui ne changera pas les valeurs $\pm (b + c)$ de ses racines, et que nous élevions maintenant une seconde fois au carré, les deux nouvelles racines introduites seront celles de l'équation

$$x^2 - b^2 - c^2 = -2bc,$$

et elles seront faciles à déterminer ; car cette équation ne diffère de la précédente que parce que bc est négatif, ce qui correspond à prendre l'une ou l'autre des quantités b et c avec le signe —, et ce qui, d'ailleurs, ne change pas les signes de b^2 et de c^2; les quatre racines seront d'après cela

$$\pm (b + c), \quad \pm (b - c).$$

Si au lieu de b^2 et de c^2, c'est $2bc$ qu'on fait passer dans le premier membre, on aura

$$x^2 - 2bc = b^2 + c^2,$$

et une nouvelle élévation au carré conviendra également à cette équation et à cette autre

$$x^2 - 2bc = -(b^2 + c^2).$$

Or les racines de celles-ci doivent être telles que, sans changer le signe de $2bc$, elles changent celui des carrés; on satisfait à cette dernière condition en prenant $\pm b\sqrt{-1}, \pm c\sqrt{-1}$ à la place de $\pm b, \pm c$; et, pour conserver cet effet, tout en maintenant le signe actuel de bc, il faudra prendre des signes extérieurs contraires, de sorte que finalement les quatre racines seront

$$\pm (b + c), \quad \pm \sqrt{-1}\,(b - c).$$

Voilà donc encore, pour la même équation primitive, et pour l'élévation à la même puissance, de nouveaux groupes de racines.

Examinons maintenant le cas où la valeur de x est décomposée en trois éléments a, b, c. Si d'abord on élève directement $x = a + b + c$ à la quatrième puissance, on formera une équation dont les quatre racines seront respectivement les produits de $a + b + c$ par $1, \pounds, \pounds^2, \pounds^3$.

Si, en second lieu, on commence par former le carré de $x = a + b + c$, et qu'ensuite on fasse passer $a^2 + b^2 + c^2$ dans le premier membre, on aura l'équation

$$x^2 - (a^2 + b^2 + c^2) = 2(ab + ac + bc)$$

dont les racines seront $\pm (a + b + c)$. Cela posé, une nouvelle élévation au carré donnera une équation du quatrième degré, qui conviendra non-seulement à la précédente, mais à cette autre

$$x^2 - (a^2 + b^2 + c^2) = -2 (ab + ac + bc).$$

Quelle est la modification que le signe — du second membre introduit dans les deux racines primitives? Elle doit être telle, que, sans changer le signe de la somme des carrés, elle change celui de la somme des produits deux à deux.

La chose est très-facile quand on n'a qu'un binôme $a + b$. Dans ce cas, sans changer le signe de $a^2 + b^2$, on change celui de ab en écrivant que l'un des nombres a ou b devient négatif. A l'inverse, sans changer le signe de ab, on change celui de $a^2 + b^2$, en substituant à a et à b, soit $a \sqrt{-1}$ et $-b \sqrt{-1}$, soit $-a \sqrt{-1}$ et $b \sqrt{-1}$. Mais, lorsqu'il s'agit du trinôme, les choses ne paraissent pas devoir se passer aussi simplement, et, quant à présent, nous nous bornerons à faire remarquer que, dans ce cas, et dans tous les cas semblables, on a la ressource de la résolution directe de l'équation qui donne

$$x = \pm \sqrt{a^2 + b^2 + c^2 - 2\,(ab + ac + bc)}.$$

Au reste, dans la circonstance actuelle, l'algèbre échappe à cette difficulté. En effet, l'équation finale du 4e degré sera

$$x^4 - 2(a^2 + b^2 + c^2) x^2 + (a^2 + b^2 + c^2)^2 = 4(ab + ac + bc)^2,$$

et l'on remarquera qu'il lui manque, non-seulement le terme en x^3, mais encore celui en x.

Cela posé, l'équation générale du 4e degré dépouillée de son second terme étant

$$x^4 + px^2 + qx + r = 0,$$

on sait que sa réduite est

$$z^3 + \frac{p}{2}\,z + \frac{p^2 - 4r}{16}\,z - \frac{q^2}{64} = 0,$$

dont les racines sont respectivement les carrés de a, b, c.

Mais lorsque dans la proposée le terme en x n'existe pas, c'est-à-dire lorsque q est nul, la réduite se trouve privée du terme tout connu; elle a donc une racine nulle, ce qui réduit le trinôme $a + b + c$ à un binôme, et la difficulté précédente aura ainsi disparu.

Revenons maintenant à l'équation primitive, et mettons-la sous la forme $x - a = b + c$; si on l'élève au carré, cette opération faisant disparaître l'influence du signe de $b + c$, les deux racines de l'équation obtenue seront $a \pm (b + c)$. Si, dans cette équation, on fait passer le terme $- 2\,ax$ dans le second membre et $b^2 + c^2$ dans le premier, elle prendra la forme

$$x^2 + a^2 - b^2 - c^2 = 2\,ax + 2\,bc,$$

et elle continuera d'avoir les mêmes racines.

En cet état, élevant de nouveau au carré, on obtiendra une équation du 4e degré, ayant les deux racines précédentes, et en outre celles de l'équation

$$x^2 + a^2 - b^2 - c^2 = - 2\,ax - 2\,bc,$$

identique à la précédente, sauf le changement de signe du second membre. Or, sans qu'il soit nécessaire d'insister à ce sujet, on reconnaîtra que ce changement correspond : 1° à celui du signe de a, 2° à celui du signe d'une des quantités b et c, ce qui conduit finalement aux quatre valeurs suivantes

$$a \pm (b + c), \quad - a \pm (b - c).$$

On reconnaît ici la forme ordinaire de l'un des systèmes de racines qui résolvent l'équation du 4e degré, privée de son second terme, celui dans lequel les signes extérieurs négatifs de a, b, c sont toujours en nombre pair.

Quant à l'autre système dans lequel, au contraire, les signes négatifs sont en nombre impair, il est aisé de se convaincre que les quatre expressions qui le composent constituent dans leur ensemble les racines d'une même équation.

En effet, nous venons de voir que les racines de l'équation

$$x^2 + a^2 - b^2 - c^2 = 2\,ax + 2\,bc$$

sont $a \pm (b + c)$; si nous changeons leur signe, ce changement n'en introduira qu'un seul dans l'équation; le terme $2\,ax$ deviendra $- 2\,ax$, nous pouvons donc dire que l'équation

$$x^2 + a^2 - b^2 - c^2 = - 2\,ax + 2\,bc$$

a pour racines

$$- a \pm (b + c).$$

Si maintenant on fait l'élévation au carré, l'équation résultante conviendra aux racines de la précédente ainsi qu'à celles de la suivante, dans laquelle le signe du second membre est changé :

$$x^2 + a^2 - b^2 - c^2 = 2\,ax - 2\,bc.$$

Or ce changement correspond à celui du signe de a et à celui du signe de l'une quelconque des quantités b et c, d'où il suit que les quatre racines seront :

$$-a \pm (b+c), \quad +a \pm (b-c) ;$$

c'est le second système indiqué dans les éléments.

Indépendamment de ces deux systèmes, il y en a un troisième qui a été formulé par Wronski, et dont la légitimité a été justifiée par Gergonne dans ses *Annales de Mathématiques*, (tome III. page 137). Voici la série d'opérations qui conduit à ce système.

En partant toujours de $x - a = b + c$ et élevant au carré, on obtient une équation du second degré qui a évidemment pour racines $a \pm (b+c)$ et qu'on peut mettre sous la forme

$$x^2 + a^2 - 2\,bc = b^2 + c^2 + 2\,ax ;$$

cela posé, si l'on élève de nouveau au carré, l'équation finale conviendra, non-seulement à la précédente, mais encore à ce qu'elle devient quand on change le signe du second membre, c'est-à-dire à

$$x^2 + a^2 - 2\,bc = -b^2 - c^2 - 2\,ax ;$$

or cette modification correspond : 1° au changement du signe de a, ce qui n'altère pas a^2; 2° à la substitution de $\pm b\sqrt{-1}$ et de $\pm c\sqrt{-1}$ à b et à c, ce qui change le signe de leurs carrés, mais en ayant soin de prendre des signes extérieurs contraires, afin que la valeur primitive du terme $-2\,bc$ soit toujours conservée.

Les quatre racines seront donc :

$$a \pm (b+c), \quad a \pm (b-c)\sqrt{-1},$$

tel est en effet le système Wronski.

Ce que ce système offre de remarquable, c'est que tandis

que dans les deux précédents qui sont ceux exclusivement dé-
signés dans les ouvrages d'algèbre, on ne voit figurer que deux
des racines quatrièmes de l'unité $+1$ et -1, dans celui-ci
elles figurent toutes ostensiblement.

On peut observer encore que, dans les deux premiers systèmes, une fois qu'on a fait la part des signes extérieurs positifs
et négatifs, les trois éléments a, b, c conservent pour les quatre
racines des valeurs invariables. Il n'en est pas de même pour
le système Wronski, où, cette part des signes extérieurs faite,
il n'y a qu'une des trois indéterminées qui conserve une valeur
constante, tandis que les deux autres, au lieu de rester simplement b et c pour les quatre racines, ne se maintiennent en
cet état que pour deux et deviennent $b\sqrt{-1}$, $c\sqrt{-1}$ pour les
deux autres. Il y a là un fait d'analyse qui, en apparence du
moins, vient se poser en contradiction avec les idées de symétrie, par rapport aux racines, qu'on serait tenté d'attribuer aux
trois éléments a, b, c.

Il faut remarquer en effet que, dans les deux premiers systèmes, on peut permuter entre eux dans une racine quelconque, et comme on voudra, deux des éléments a, b, c qui y figurent, sans cesser d'avoir une racine du même système. Il
en est de même pour les racines d'une équation du troisième
degré privée de son second terme. De là naît dans l'esprit l'i-
dée d'une sorte de symétrie dont jouissent les éléments a, b, c
par rapport aux racines. Or c'est ce qui n'a pas lieu dans le
système Wronski, ainsi qu'il est très-facile de s'en convaincre.
Quelque intéressant que soit ce sujet, au point de vue de la
constitution des racines des équations, nous devons nous borner à cette simple indication, et renoncer à des développements très-intéressants par eux-mêmes, mais qui nous détour-
neraient du but que nous poursuivons en ce moment.

Si maintenant on reporte sa pensée sur cet ensemble de variétés de racines, formant constamment des groupes quater-
naires, issues toutes d'un même point de départ et résultant
d'opérations algébriques autorisées sur une même équation
primitive, on sera convaincu, nous l'espérons, d'une part, que
la raison d'existence de ces variétés, toujours associées par
quatre, repose sur le principe algébrique que l'unité, pour le
4e degré, possède quatre racines. Qu'on vienne en effet à sup-

primer ce principe, c'est-à-dire que ces quatre racines se réduisent à l'unité, toutes ces variétés disparaissent en même temps, la multiplicité quadruple s'efface, et il ne reste plus pour x que l'unique valeur initiale, $a + b + c$. D'autre part, qu'en procédant à la solution d'une question, non-seulement on introduit dans le résultat des réponses étrangères, mais encore que suivant les divers procédés, tous légitimes, qu'on voudra mettre en œuvre, la nature et la valeur de ces réponses parasites changeront à chaque instant.

VII. Cinquième degré.

On ne doit pas s'attendre à ce que nous puissions aborder la généralité des cas de l'équation du cinquième degré. Tous les efforts que l'on a tentés pour la résoudre ayant échoué, nous serions à notre tour paralysé par les mêmes circonstances. Notre but n'est pas ici de courir après les choses nouvelles, mais d'expliquer, de justifier les anciennes, et surtout de rechercher leur raison d'être. Nous limiterons donc ce que nous avons à dire sur le cinquième degré à quelques cas simples dans lesquels la résolution est possible, et nous verrons que, dans tout ce qui, jusqu'à ce jour, s'est montré abordable aux investigations des géomètres, les principes exposés ci-dessus s'appliquent dans toute leur intégralité.

Si nous représentons par $\pounds$ la première racine du cinquième degré de l'unité, et si, partant de $x = a + b$, nous formons la cinquième puissance, nous aurons une équation dont les racines seront les produits successifs de $a + b$ par $1, \pounds, \pounds^2, \pounds^3, \pounds^4$.

Nous constatons ainsi dès l'abord comment l'influence des racines cinquièmes de l'unité, combinée avec celle de l'élévation à la 5ᵉ puissance, donne lieu à la création nécessaire de cinq racines.

Nous remarquerons maintenant que dans le développement de $(a + b)^5$ nous aurons d'abord les deux termes a^5 et b^5, tous les autres seront multipliés par $5ab$ et formeront l'ensemble suivant :

$$5ab [a^3 + 2ab(a + b) + b^3];$$

ayant alors égard à ce que $a^3 + b^3$ est la même chose que

$(a+b)^3 - 3\,ab(a+b)$, on voit que cet ensemble peut s'écrire

$$5\,ab(a+b)^3 - 5\,a^2\,b^2(a+b),$$

de sorte qu'en faisant tout passer dans le premier membre, on aura la condition :

$$x^5 - 5\,ab(a+b)^3 + 5\,a^2\,b^2(a+b) - (a^5+b^5) = 0.$$

Dans cet état, l'équation conserve pour ses racines les valeurs ci-dessus. Mais il n'en est plus de même lorsqu'on met x à la place de $a+b$ et qu'on écrit :

$$x^5 - 5\,ab\,x^3 + 5\,a^2\,b^2\,x - (a^5+b^5) = 0.$$

Cela tient à ce que les fonctions de a et de b qui figurent dans cette équation ne restent pas invariables pour les cinq racines précédentes; il en est bien ainsi pour a^5 et b^5, mais le produit ab change pour chaque racine et prend successivement les valeurs

$$ab,\quad ab\pounds,\quad ab\pounds^2,\quad ab\pounds^3,\quad ab\pounds^4,$$

de sorte qu'elles cesseraient de correspondre à la même équation. On ne tarde pas toutefois à reconnaître que si, au lieu de multiplier a et b par la même racine de l'unité, ainsi qu'on l'a d'abord pratiqué, on les multiplie par des racines différentes dont la somme des exposants soit égale à 5, tout restera invariable dans l'équation. Nous sommes en conséquence autorisé à dire que les cinq racines de l'équation ci-dessus ont les formes suivantes

$$a+b,\quad \pounds a+b\,\pounds^4,\quad \pounds^2 a+b\,\pounds^3,\quad \pounds^3 a+b\,\pounds^2,\quad \pounds^4 a+b\,\pounds.$$

Ce cas particulier de l'équation du 5ᵉ degré présente une analogie complète avec ce qui a lieu dans le 3ᵉ; aussi la résolution se fait-elle par un procédé identique dans les deux cas, et il en serait de même pour tous les degrés. Disons, en passant, qu'au point de vue concret, l'analogie consiste en ce que, dans le 3ᵉ degré, il s'agit de la trisection d'un angle, et que dans le cas actuel il s'agit de la quintisection; plus généralement, pour un degré quelconque n, il existe toujours une équation particulière analogue qui répond à la détermination de la $n^{\text{ième}}$ partie d'un angle. Quoi qu'il en soit, l'équation actuelle n'est pas générale; non-seulement il lui manque le terme en x^4, mais elle est encore privée de celui en x^2, et les coefficients de x^3 et de x sont liés par la relation que le second est la cinquième partie du carré du premier.

Lorsque ces conditions se réalisent, lorsque l'équation du 5e degré se présente sous la forme

$$x^5 + px^3 + \frac{p^2}{5}\, x + r = 0,$$

elle est résoluble; la forme de ses racines est celle que nous avons ci-dessus déterminée, et quant à leurs valeurs définitives, on les obtiendra au moyen des deux valeurs suivantes de a et de b qu'on déterminera par un procédé tout à fait analogue à celui dont on fait usage pour le 3e degré, savoir :

$$a = \sqrt[5]{-\frac{r}{2} + \sqrt{\frac{r^2}{4} + \left(\frac{p}{5}\right)^5}}, \quad b = \sqrt[5]{-\frac{r}{2} - \sqrt{\frac{r^2}{4} + \left(\frac{p}{5}\right)^5}}.$$

Passons à l'examen d'un autre cas.

Après avoir élevé $x = a + b$ à la cinquième puissance, on peut remarquer que les termes de ce développement, à l'exclusion de $a^5 + b^5$, peuvent s'écrire :

$$5ba^2(a^2 + 2ba + 2b^2) + 5b^4 a,$$

ou bien

$$5ba^2(a + b)^2 + 5b^3 a(a + b).$$

Remplaçant alors $a + b$ par x, et faisant tout passer dans le premier membre, on aura la condition

$$x^5 - 5\, b\, a^2\, x^2 - 5\, b^3\, ax - (a^5 + b^5) = 0.$$

Mais comme x n'est égal à $a + b$ que pour la première racine, cette équation va cesser de convenir aux quatre autres; or il est facile de se rendre compte des modifications qu'il faut faire subir à celles-ci pour qu'elles deviennent propres à l'équation nouvelle.

On remarquera d'abord que $a^5 + b^5$ restera invariable quelles que soient les racines de l'unité par lesquelles on multipliera a et b. Que reste-t-il donc à faire? à s'arranger de manière que ba^2 et $b^3 a$ restent invariables après qu'on aura multiplié a et b

par des puissances convenables de £. Or ces deux résultats s'obtiennent simultanément, car si k et k' sont les exposants de £ qu'il faut employer pour que ba^2 ne change pas, on devra avoir

$$ba^2 = ba^2 \, £^{k + 2k'},$$

et il faudra que

$$£^{k + 2k'} = 1;$$

élevant au cube, il vient

$$£^{3k + 6k'} = 1,$$

ce qui se réduit à

$$£^{3k + k'} = 1.$$

Il est donc vrai que les mêmes valeurs de k et de k' satisfont simultanément aux deux conditions. Il ne reste donc plus qu'à combiner k et k' de telle manière que la somme $k + 2k'$ soit un multiple de 5; l'on trouve, d'après cela, que les cinq racines auront les formes suivantes :

$$a + b, \quad a£ + b£^3, \quad a£^2 + b£, \quad a£^3 + b£^4, \quad a£^4 + b£^2.$$

Voilà donc encore un cas, mais un cas particulier de l'équation du 5e degré qui est résoluble. La particularité consiste ici : 1° en ce que les termes en x^4 et x^3 manquent; 2° en ce qu'il y aura une relation obligée entre les coefficients de x^2 et de x et le terme tout connu.

Soit en effet l'équation :

$$x^5 + px^2 + qx + r = 0.$$

En la comparant à la précédente, on aura :

$$p = -5ba^2, \quad q = -5b^2a, \quad r = -(a^5 + b^5);$$

si l'on multiplie le carré de la première condition par la seconde, il vient

$$-\frac{p^2 q}{125} = a^5 b^5.$$

Connaissant ainsi le produit et la somme de a^5 et de b^5, on

obtiendra par les procédés ordinaires les valeurs suivantes de
a et de b

$$a = \sqrt[5]{-\frac{r}{2} + \sqrt{\frac{r^2}{4} + \frac{p^1 q}{125}}}, \quad b = \sqrt[5]{-\frac{r}{2} - \sqrt{\frac{r^2}{4} + \frac{p^1 q}{125}}}$$

qui, substituées dans les cinq types ci-dessus, donneront les
valeurs des racines.

Quant à la relation entre p, q et r, il est très-facile de l'obtenir.

En effet, si l'on élève la première condition au cube et qu'on
la divise par la seconde, on aura

$$b^5 = \frac{p^3}{25q};$$

puis, élevant la seconde au carré et divisant par la première

$$a^5 = -\frac{q^2}{5p};$$

d'où

$$r = \frac{q^2}{5p} - \frac{p^3}{25q}:$$

telle est la relation obligée entre les coefficients.

En conséquence, une équation du 5e degré ayant la forme

$$x^5 + px^2 + qx + \frac{1}{5}\left(\frac{q^2}{p} - \frac{p^3}{5q}\right) = 0$$

est résoluble, et ces cinq racines ont les valeurs que nous avons
ci-dessus déterminées.

Nous pourrions présenter encore d'autres exemples de formation et de mutations de racines résultant des procédés propres à constituer une équation du 5e degré, et même quelques
cas des équations de degrés supérieurs; mais nous devons
mettre des limites à notre travail, et nous croyons en avoir
assez dit pour justifier, dans ce que les équations ont d'accessible en matière de résolution algébrique, toutes les assertions
qui ont été exprimées au début.

VIII

En résumé, nous nous sommes appliqué à faire comprendre pourquoi l'élévation d'une équation à une puissance a pour conséquence inévitable l'accroissement du nombre des racines, et met ce nombre en état d'équivalence avec le degré de l'équation résultante; et comment cette multiplicité est une dépendance nécessaire du principe dont jouit l'unité d'avoir pour chaque puissance autant de racines que l'indique le degré de cette puissance.

Nous avons montré par de nombreux exemples que les nouvelles racines obtenues par l'élévation aux puissances changent de valeur, non-seulement avec un degré donné, mais encore, pour le même degré, suivant la disposition qu'il aura convenu d'adopter dans la répartition des termes d'une équation entre ses deux membres.

On conçoit ainsi comment il doit arriver si souvent que le résultat final de nos calculs contienne tout autre chose que ce qui semblerait devoir s'y trouver d'après l'état direct de la question; comment, en particulier, l'imaginaire vient s'imposer dans des recherches qui, cependant, ont pris leur base dans le réel; comment ce fait, si surprenant au premier abord, est une conséquence toute naturelle des procédés d'opération que l'on met en œuvre, et cela parce que le résultat nécessaire de toute élévation aux puissances est l'introduction implicite, mais inévitable, des racines de l'unité, c'est-à-dire de la forme imaginaire.

On voit enfin combien il est nécessaire, quand on est arrivé à une conclusion, de la discuter avec soin pour rechercher et choisir, dans l'ensemble des racines obtenues, celles qui sont spécialement applicables à la nature particulière de la question qu'on s'est proposé de résoudre.

CHAPITRE VI

DE L'ABSTRACTION EN ALGÈBRE.

———

SOMMAIRE. — I. Au point de vue purement abstrait, les études algébriques sembleraient ne devoir s'appliquer qu'à la pluralité. — II. Conception de la pluralité et du nombre. — III. Conséquences de cette conception pour l'interprétation des résultats algébriques abstraits. — IV. L'idée de nombre ne peut pas et ne doit pas être modifiée par ces résultats; c'est sur les opérations qui y figurent que doivent être reportées toutes les difficultés. — V. Inadmissibilité de l'hypothèse des nombres dits *isolés*. — VI. Cette hypothèse, créée au sujet de certaines impossibilités algébriques, serait une véritable interdiction pour l'intelligence des calculs. — VII. Pourquoi n'a-t-on pas créé des nombres isolés pour toutes les sortes d'impossibilités algébriques? — VIII. Il ne saurait répugner à notre raison de considérer les nombres comme jouissant de la propriété d'être augmentatifs ou diminutifs; cette idée doit être substituée à celle du nombre positif ou négatif isolé. — IX. Conséquences qui en résultent pour l'addition et la soustraction des nombres négatifs et positifs. — X. Examen et critique de quelques idées émises sur ces nombres. — XI. De la règle dite *des signes* pour la multiplication; comment cette règle doit être entendue en théorie. — XII. Analogie entre cette règle et celle de la multiplication des nombres fractionnaires. — XIII. L'algèbre abstraite serait très-limitée si elle ne s'occupait que des questions possibles pour le nombre, même en y comprenant ce qui concerne les attributs augmentatifs et diminutifs. — XIV. Extension des services que peut rendre l'algèbre par la conception qu'à l'abstraction qui supprimerait les attributs des quantités on substitue celle qui se borne à en supprimer toute désignation spéciale; l'algèbre devient ainsi la science universelle des rapports pour la pluralité, la mesure et l'ordre des choses.

I

Il pourra sembler extraordinaire que, depuis les premières pages de cet écrit, nous ayons parlé si souvent de la partie abstraite du calcul sans la définir, et que ce soit au moment

où notre exposition est arrivée à sa fin que nous croyons nécessaire de nous expliquer catégoriquement sur ce qu'il faut entendre par l'abstraction en algèbre.

Si les idées que nous cherchons à faire prévaloir étaient généralement acceptées, si elles étaient à l'abri de toute contro-
verse et acquises à la science sans réserve et sans contradiction,
comme nous espérons qu'elles le deviendront un jour, il n'est
pas douteux que, pour en présenter le développement sous la
forme la plus rationnelle, ce qu'il conviendrait de faire consisterait à placer au début ce que nous mettons aujourd'hui à la
fin, et à prendre nos conclusions pour prémisses.

Deux principaux motifs nous ont déterminé à agir autrement:
d'abord notre intention n'a pas été de créer un ouvrage d'enseignement ; nous adressant plutôt aux intelligences qui con-
naissent déjà la science qu'à celles qui veulent l'apprendre, la
nécessité d'un ordre exclusivement méthodique était moins
nécessaire ; le rôle de la critique, qui est ici le nôtre, consiste
plus encore à rechercher et à préparer les méthodes qu'à les
exposer ; or, quand on a cherché, ce n'est qu'à la fin qu'on
peut faire connaître dans quelle position nouvelle il est permis
de se placer.

En second lieu, le sujet dont nous avions à nous occuper
renfermant des obscurités, et notre but étant de les éclairer,
il nous a semblé que nous devions prendre les choses telles
qu'elles sont, et laisser chacun dans la situation d'esprit résultant de ses pensées, de ses études, de ses réflexions antérieures.
Imposer dès le début notre manière de voir sur l'ensemble de
la science eût été à peu près inutile pour ceux qui sont déjà
disposés à penser comme nous, et susceptible d'éveiller chez les
autres le sentiment des résistances préventives, écueil dangereux contre lequel viennent si souvent se heurter les idées
nouvelles.

Nous avons donc pensé qu'en nous mettant en présence de
toutes les convictions telles qu'elles peuvent s'être faites, ce
n'était pas par une sorte de contradiction vis-à-vis d'elles, et non
encore justifiée, que nous devions les aborder. Il nous a paru
que nous assurerions mieux la réussite de nos projets, en cherchant à produire d'abord ce sentiment de satisfaction que
l'esprit éprouve toujours lorsque le voile de l'inconnu se sou-

7

lève, que le doute se dissipe, et que la clarté se fait sur les choses incomprises.

Maintenant que cette tâche nous paraît accomplie, et que les diverses obscurités de détail ont été successivement expliquées, nous le croyons du moins, le moment est venu de formuler des conséquences plus générales, et de faire connaître l'influence des explications précédentes sur l'ensemble de nos conceptions en ce qui concerne l'algèbre.

Bien que, dans ce qui a été dit jusqu'à présent, nous nous soyons presque exclusivement concentré dans le domaine abstrait, nous avons fait cependant quelques excursions dans le concret. C'était nécessaire, non-seulement pour donner une idée plus étendue de l'utilité de nos explications, mais encore pour nous placer dans la situation même qui nous est faite aujourd'hui par le mode d'enseignement usité, dans lequel sont admises simultanément les considérations de l'une et de l'autre sorte ; il fallait bien se mettre, en partie du moins, à l'unisson de l'état général des esprits.

Nous allons maintenant nous occuper exclusivement du domaine abstrait, expliquer en quoi il consiste, dire quel est son objet, quelles sont ses fonctions. Mais, pour qu'il ne puisse y avoir aucune incertitude à cet égard, quelques explications préalables sont nécessaires.

II

Si l'objet d'une définition est de faire comprendre une idée, à l'aide d'autres idées déjà connues, il est évident qu'en remontant la chaîne à laquelle une définition quelconque donnera lieu, nous arriverons à une idée primitive, à une idée mère de laquelle dépendront toutes celles qui l'ont précédée, mais qui sera elle-même indépendante, et par conséquent indéfinissable. Or cela n'aura rien de fâcheux, à la condition que nous aurons le sens intime de la conception de cette idée ; car, s'il en est ainsi, ma conviction sera formée sur elle, et il ne m'agrée pas moins d'avoir cette conviction par le témoignage de mes facultés mentales et physiques que par une définition qui peut être une erreur, ainsi que l'étude des sciences l'a prouvé maintes fois.

Puisqu'en résumé, avons-nous dit dans nos *Études sur la science du calcul*, définir c'est faire comprendre, que vous importe que vous compreniez à l'aide d'une paraphrase, ou par le moyen de cette conviction intérieure, de ce témoignage irrécusable qui naît de l'application de vos sens et de votre pensée aux divers objets du monde physique et du monde intellectuel ? Serez-vous mieux convaincu parce qu'on vous aura dit quelques mots, que lorsque vous aurez appliqué toutes vos facultés à la connaissance des perceptions que font naître en vous les œuvres de la création ? Non sans doute, car cette application n'est pas celle d'un jour. Elle commence avec la vie, elle marche et se développe avec elle. Or, comment douter des enseignements qu'une semblable étude constate, et pourquoi ne les accepterions-nous pas comme de véritables définitions ? Ne sommes-nous pas obligés de reconnaître que notre raison ne les admet point par un vain caprice, mais parce qu'ils sont indispensables pour nous expliquer comment tous les effets que nous observons incessamment autour de nous sont réellement tels qu'ils nous apparaissent? Ces enseignements, au contraire, ne sont-ils pas plus positifs que nos définitions ordinaires? Car si ces dernières dépendent des combinaisons de notre esprit qui n'est point infaillible, les autres n'ont d'autre base que les lois immuables de la nature elle-même.

Dès notre naissance, la vue, le toucher, l'ouïe, tous nos sens en un mot, concourent à nous donner l'avis des diverses choses créées. Nos besoins nous conduisent ensuite à faire un examen approfondi des propriétés inhérentes à ces choses ; de là l'origine des sciences. Mais, sans nous arrêter aux études spéciales de la forme, de la couleur, des qualités particulières de chacune de ces choses, nous remarquons, comme un premier fait, qu'un être quel qu'il soit n'est pas seul dans la nature ; à côté de lui nous en observons un autre semblable ou différent, puis encore un autre, puis encore un de plus, et ainsi de suite, sans que rien limite cette faculté d'admettre sans cesse de nouveaux objets à côté des premiers. Or c'est par cette faculté, qui nous est donnée par la nature de percevoir plus d'une chose à la fois, que nous arrive l'idée de la pluralité ; et que pourrait-on exiger de plus, au sujet de cette idée, que d'indiquer, ainsi que nous venons de le faire, à quelle faculté de notre organisation elle se rapporte, et par quels symptômes elle se révèle ? Si cette expérience de tous les jours, de tous les instants, si ces observations, compagnes inséparables de tous les actes de notre vie, étaient impropres à nous convaincre, quels seraient donc les mots qui auraient la puissance de détruire une incrédulité que le témoignage sans cesse renouvelé de nos sens et de notre pensée ne saurait ébranler ?

Ce qu'il y aurait de fâcheux, au contraire, ce serait plutôt de supposer que tout peut et doit être défini ; avec une pareille disposition d'esprit, on serait exposé à s'abandonner à une infinie succession d'efforts impossibles. Quoi que nous fassions, nous ne pourrons définir que des conséquences, nous ne définirons jamais les causes premières, car dire qu'elles sont premières c'est leur ôter la possibilité d'être des déductions, et c'est par conséquent reconnaître qu'elles ne peuvent que relever directement de l'intuition.

Parmi les êtres créés, le caractère essentiellement distinctif de l'homme est le raisonnement ; mais le raisonnement n'est qu'un moyen, une opération de l'esprit pour arriver à un résultat, or il n'y a pas de résultat sans point de départ. Il était donc nécessaire, qu'indépendamment de tout raisonnement, il y eût chez l'homme un certain contingent d'idées acquises, idées développées chez lui par le fait seul de son existence, et sans lesquelles la faculté de raisonnement, ne pouvant s'exercer, n'aurait été qu'un don stérile.

Au nombre des idées primitives dont nous avons à nous occuper ici se trouve en première ligne celle de pluralité, celle résultant de l'existence unique ou simultanée des objets, sans rechercher de quelle manière et sous quelles conditions ceux-ci peuvent exister. C'est de cette idée seule qu'en abstrait il faut, à notre point de vue, faire dépendre la science algébrique ; car c'est alors que nous arrivons au degré le plus élevé de l'abstraction. Nous mettons de côté en effet tous les attributs de forme, de couleur, d'étendue, de poids, etc., dont peuvent jouir les objets, pour nous occuper seulement des conséquences auxquelles la pluralité de ces objets peut nous conduire. Il est d'ailleurs évident que nous ne saurions aller plus loin en matière d'abstraction. Car si, après avoir supprimé tous les autres attributs, nous voulions encore supprimer celui de pluralité, nous cesserions d'avoir toute notion de l'existence des choses; il ne nous resterait donc plus rien, et par conséquent il n'y aurait pas de science à constituer.

Mais, le principe de pluralité admis, la première pensée de l'homme a dû être de rechercher les moyens d'exprimer, soit pour lui-même, soit pour les autres, les sensations variées et les plus immédiates qu'il fait naître en lui. Ces sensations dépendant des diverses manières particulières dont la pluralité peut affecter nos sens ont été distinguées par des signes conventionnels auxquels on a donné le nom de *nombres*. Les nombres sont donc les signes au moyen desquels nous exprimons et nous précisons les diverses sensations que fait naître en nous l'existence des objets au seul point de vue de la pluralité.

Les sensations doivent nécessairement jouir de la propriété d'être multiples, puisque c'est par elles que nous sommes avertis des diverses manières d'être de la pluralité, et cela nous conduit à la conception de la formation du nombre. Mais, comme sans pluralité la notion de l'existence des choses disparaît, il s'en suit que lorsque nous parviendrons à l'expression la plus simple de la pluralité, celle par laquelle nous exprimerons qu'elle est réduite à l'unité, celle-ci ne sera plus susceptible de plus ou de moins : ou elle existera telle qu'elle est, ou elle n'existera pas. L'unité numérique n'est donc pas susceptible d'amoindrissement, elle est indivisible comme la sensation qu'elle représente; et parce qu'il nous est permis de concevoir les nombres comme formés par le plus simple d'entre eux ajouté successivement à lui-même, il s'en suit que le nombre tel que nous le considérons ici est soumis à la condition d'être formé par la répétition d'une unité essentiellement indivisible. Tel est finalement l'objet sur lequel l'algèbre est appelée à exercer ses spéculations; tel est l'unique principe à l'aide duquel nous serons autorisé, dans la partie abstraite, à interpréter les résultats de ces spéculations.

Le nombre, défini comme nous venons de le faire, doit donc être l'objectif essentiel de l'algèbre abstraite; tout le reste constitue les moyens, les opérations que cette science mettra en œuvre pour modifier le nombre, la pluralité en plus ou en moins suivant nos besoins ou nos désirs; et sa mission consistera à rechercher les procédés propres à réaliser avec certitude ce plus ou ce moins. Ces procédés indiqueront donc les relations qui doivent exister entre l'idée de pluralité ou le nombre pris dans un certain état, et cette idée ramenée à un autre état indiqué à l'avance, de sorte qu'on peut dire que l'algèbre est la science qui recherche et détermine les rapports que peuvent avoir entre eux les divers états de l'idée de pluralité, c'est-à-dire les nombres. Ces rapports seront d'ailleurs naturellement exprimés par les moyens dont dispose l'algèbre, c'est-à-dire par les opérations.

Tels sont les termes dans lesquels nous paraît devoir être posée la question afin qu'il n'y ait pas plus d'incertitude sur le point de départ que sur les moyens et sur les conclusions.

Disons toutefois que, si nous nous plaçons au début dans une position où le point de vue est excessivement limité, nous verrons successivement l'horizon s'agrandir et s'étendre jusqu'aux distances les plus éloignées, et qu'il y aura autant de généralité dans les conclusions que de restriction apparente dans le début.

III

Ces choses ainsi entendues, si l'on vient à se demander ce qui doit advenir en algèbre des diverses conséquences auxquelles ses procédés devront nous conduire, nous n'hésiterons pas à répondre que, si nos demandes se trouvent en parfait accord avec la nature du nombre, les conclusions obtenues seront naturellement compréhensibles et réalisables ; que si, au contraire, ces demandes sont inconciliables avec la nature du nombre telle que nous l'avons définie, les conclusions devront tout aussi nécessairement être irréalisables.

Et il est impossible qu'il en soit autrement. Car, que faudrait-il penser de l'exactitude de l'algèbre, et quelle pourrait être son utilité pour nous, si elle ne répondait pas par le possible à ce qui se peut, par l'impossible à ce qui ne se peut pas ?

Or comment tout cela nous sera-t-il révélé ? par la nature des rapports qu'elle mettra à jour dans chaque circonstance, par le fait de conclusions exprimées, dans le premier cas, par un ensemble de moyens, d'opérations exécutables sur le nombre; dans le second cas, par un ensemble d'opérations inexécutables parce qu'elles seront incompatibles avec la nature du nombre.

Il n'y a d'ailleurs rien que de naturel dans cette manière de comprendre les choses, c'est-à-dire dans cette association constante et inévitable du nombre et des opérations ; car des nombres seuls pas plus que des opérations seules ne sauraient constituer une question. Avec des nombres seuls, les moyens d'agir n'existeraient pas; avec des moyens seuls, il n'y aurait pas plus d'objet que de forme possibles pour la demande et pour la réponse.

Si donc l'algèbre est la science qui a pour objet de nous apprendre ce qu'il faut faire pour modifier en plus ou en moins, et sous certaines conditions, un état primitif de pluralité exprimé par un ou plusieurs nombres, il faut, d'une part, que nous lui fassions connaître cet état et ces conditions ; d'autre part, qu'à son tour elle nous indique ceux qui pourront nous permettre d'obtenir le but désiré; et il sera indispensable, qu'on le remarque bien, que ces nouvelles conditions et ce nouvel état soient en parfaite équivalence avec les premiers, sans quoi il est évident que l'algèbre n'aurait pas satisfait à la question proposée.

Cette équivalence, aussi nécessaire qu'évidente, entre l'expression algébrique primitive qui représente la demande et celle qui forme la conclusion est d'ailleurs la clef qui ouvre la réponse à toutes les difficultés. Et d'abord, comme les nombres que nous plaçons dans la première sont parfaitement compréhensibles par eux-mêmes, qu'ils sont les représentants d'un certain état de pluralité, et qu'il n'est pas un seul de ces états dont nous n'ayons la parfaite intelligence, il s'en suit que nous devrons nous abstenir de faire rejaillir sur l'idée de nombre les obscurités qui pourront se présenter dans la réponse. Mais ce dont nous sommes beaucoup moins certains, c'est d'associer toujours les nombres très-compréhensibles dont nous faisons usage avec des conditions qui ne répugnent pas à leur nature. A cet égard nous pouvons être entraînés à de grandes méprises, et il peut y avoir ainsi dans les conditions écrites de la demande, et dans les opérations algébriques qui sont la représentation de ces conditions, des impossibilités inaperçues qui se succéderont sous diverses formes d'après les raisonnements employés pour arriver à la solution, et qui donneront infailliblement à celle-ci l'empreinte opérative équivalente et visible de l'opération initiale impossible et dissimulée.

IV

Voilà, selon nous, tout ce qu'il est permis de voir dans une réponse algébrique; rien ne nous autorise à modifier l'idée que nous devons avoir du nombre, et à dire, par exemple, que pour se rendre compte de la nature des difficultés qui peuvent résulter de la division, il faudrait réagir sur l'idée de nombre, la contrarier, et avoir l'intelligence du nombre abstrait fractionnaire. Le nombre abstrait sera toujours le nombre à unité indivisible, et il ne saurait être permis de se demander s'il peut être autre chose. Car pour le concevoir avec ce singulier attribut qu'on appelle *fractionnaire*, il faudrait qu'on nous apprît ce que peut être une partie de ce que représente son unité, un fragment de sensation, c'est-à-dire un fragment de ce qui est au moins un ou de ce qui n'est pas.

Ce n'est que lorsque le nombre se trouve par exception composé d'un ensemble de groupes contenant chacun une même collection d'unités que, revêtant alors le caractère d'être un multiple exact, on trouve en lui, quels que soient les objets dont il représente la pluralité, le principe d'une commune mesure entre ses parties, ce qui rend possible l'idée de la division. Mais lorsque cette propriété fait défaut, il n'y a plus moyen de rattacher l'idée de division à cette collection qu'en se reportant aux objets mêmes, et c'est ce qu'on fait en concret, mais alors ce sont les objets, ce n'est pas le nombre qu'on divise.

Il n'y a donc pas de nombres abstraits fractionnaires, négatifs, radicaux, imaginaires, et mon esprit se refuse même à admettre que la question puisse être posée en ces termes, tant de pareilles adjonctions et identifications avec le nombre sont antipathiques à la définition de ce dernier. Mais il pourra y avoir des soustractions, des divisions, des extractions de racines impossibles, et comme toutes les réponses algébriques sont un composé de nombres et d'opérations, je dirai que si quelques-unes de ces réponses sont irréalisables, c'est que les opérations qui y figurent étant antipathiques à la nature du nombre sont inexécutables sur lui. Mais cela ne rend le nombre ni incompréhensible, ni impossible, il reste ce qu'il est ; l'algèbre n'a pas qualité pour modifier son essence et lui incorporer des qualificatifs que sa nature ne comporte pas ; elle ne possède d'autre droit que celui d'indiquer comment il faudrait agir sur lui ; et il n'y a par conséquent d'autre impossibilité dans tout ceci que celle des moyens qu'elle indique. Or, parce que ces moyens répugnent à la nature du nombre, est-ce une raison pour prétendre que cette nature change, que le nombre devient un non-sens ? N'est-il pas plus naturel de dire, au contraire, qu'en maintenant à la nature du nombre le sens qu'elle doit avoir, les moyens qu'il faudrait employer pour obtenir ce qu'on cherche ne sont pas réalisables ? Cela n'est-il pas plus logique que de se croire obligé à obscurcir des conceptions saines, et à faire d'une impossibilité, chose si usuelle dans ce monde, et malheureusement trop compréhensible quelquefois, une attaque directe contre le bon sens ?

Quant à la nature du nombre, je l'accepterai en toute circonstance telle qu'il m'est permis de la comprendre, je ne lui ajouterai rien, je ne lui retrancherai rien ; je lui laisserai toute l'indépendance comme toutes les restrictions qui sont la conséquence de sa conception ; je me garderai bien de me demander si cette conception est toujours possible, si elle peut devenir quelquefois impossible. Ce ne sont pas les idées innées, les choses créées qui peuvent être soumises à de telles fluctuations ; et je ne sais pas jusqu'à quel point l'impossibilité de conception d'une seule de ces choses ne viendrait pas modifier l'économie des lois naturelles qui nous régissent. Mais j'affirmerai avec raison que ce sont les opérations auxquelles nous voulons les soumettre qui peuvent être irréalisables.

V

On peut comprendre, d'après ces observations, combien nous devons trouver surprenante et illogique l'expression employée si souvent de *nombres isolés ;* car ce n'est jamais à un

nombre seul qu'on réserve cette qualification, mais toujours à
un nombre accompagné de quelque signe d'opération. Il y a là
une bizarrerie de langage, tout au moins trompeuse dans les
apparences, qui peut le devenir au fond pour quelques esprits,
et qui confirme bien la tendance dans laquelle on est d'attribuer au nombre des qualificatifs autres que les siens propres,
de sorte qu'on se fait ainsi après coup un épouvantail d'une
tentative dont on aurait bien pu se dispenser, puisqu'elle est si
antipathique à la raison. La première idée qui vient à l'esprit
en présence des expressions

$$-a, \quad \frac{a}{b}, \quad \sqrt{a}, \quad a\sqrt{-1},$$

bien loin d'être celle de l'isolement, n'est-elle pas au contraire
celle de l'association du nombre avec des opérations, et n'a-
vons-nous pas vu que telle est, telle doit être en effet la forme
de toutes les solutions algébriques ? Ce n'est que rarement et
par exception qu'elles se présentent à nous sous celle du nombre dégagé de signes d'opérations, nombre qui est alors réellement isolé. Mais, même dans ce cas, l'idée d'opérations doit
être subsistante dans l'esprit, car elles ont contribué à la formation du nombre solution, qui sans elles ne serait pas ce qu'il
est ; et, de ce qu'on n'en voit plus la trace dans l'effet, elles n'en
ont pas moins été une des causes de cet effet.

Certes, si l'on veut faire de l'expression $-a$ un être collectif,
une création unique dans laquelle l'idée de nombre doit pré-
dominer, tout en restant dépendante d'un attribut qui est complétement étranger à son essence, je ne comprendrai pas ce
que peut être un pareil assemblage, pas plus que je ne comprendrai ce que peut être une sensation qu'on voudrait soumettre à la condition d'être négative par elle-même. Or, qu'on
le remarque bien, telle est la conséquence naturelle vers laquelle on est conduit lorsque l'on dit qu'on veut considérer
$(-a)$ isolément. On en fait ainsi un être à part dans lequel l'attribut est évidemment inconciliable avec la définition du nombre, et qu'il est par conséquent impossible de comprendre.
Mais si, au lieu de faire appel à cette sorte de solidarité qui cherche à unifier deux choses hétérogènes, ce que certainement
l'algèbre ne commande pas, nous nous bornons à voir purement

et simplement ce que l'algèbre nous donne en réalité, c'est-à-dire un nombre et une opération, et, pour parler plus clairement encore, un nombre et l'usage qu'il faudra faire de ce nombre; si nous ne cherchons pas à combiner en un seul tout incompréhensible deux choses distinctes qui se comprennent parfaitement dans les fonctions spéciales qui sont dévolues à chacune; si, sans autre complication d'idée, nous disons que lorsqu'une question donne naissance à la manifestation de $-a$, cela veut dire qu'elle sera résolue par l'emploi de a, et d'une soustraction; séparant alors ces deux choses, laissant chacune accomplir son rôle et sa mission, respectant les définitions de chacune, et les employant l'une et l'autre suivant leurs moyens, et suivant ce que l'algèbre indique, il n'y aura plus rien dans tout ceci qui répugne à notre raison; étant parti d'un ensemble de nombres et d'opérations, nous arrivons à un autre ensemble équivalent de nombres et d'opérations; qu'y a-t-il de plus clair et de plus rigoureux qu'une telle conclusion? Ne cherchons donc pas à ne voir qu'une chose là où nous en avons mis plusieurs au début, et où la logique de l'algèbre en met plusieurs à la fin; ne forçons pas notre esprit à s'enquérir de ce que pourrait être un nombre négatif, une sensation négative, demandons-lui simplement ce qui pourra advenir lorsque nous aurons à faire usage d'un nombre dont chaque unité doit remplir la fonction d'opérer par voie de diminution. Cela pourra ne pas toujours se pratiquer, mais du moins la compréhension de ce qu'il faut faire ne nous manquera jamais. Ce dont nous aurons à nous enquérir alors, ce sera de nous mettre à la recherche des procédés au moyen desquels nous pourrons combiner les nombres et les opérations de l'énoncé avec les nombres et les opérations de la conclusion. Or, non-seulement il n'y a plus rien d'incompréhensible dans les termes de cette question, mais sa solution est des plus faciles, et la fameuse règle dite des signes, sans qu'il soit nécessaire de recourir à aucune considération concrète, devient, même dans le pur domaine de l'abstraction, une conséquence immédiate des premières définitions de l'arithmétique, ainsi que nous le verrons tout à l'heure.

Mais le principe de l'invariabilité de la nature du nombre, nous le répétons, doit être respecté en toute occasion; ne le ré-

servons pas seulement comme un privilége de la partie abstraite de l'algèbre. Si le nombre figure dans le domaine concret, il y prendra place avec ses attributs, ni plus ni moins ; il
ne peut pas en avoir d'autres, car sans cela il cesserait d'être
le nombre que nous avons défini, et il nous faudrait autant
d'espèces de nombres que d'espèces de quantités à attributs
différents. La division de 13 par 4, par exemple, ne sera pas
plus possible en abstrait qu'en concret, et si nous n'avions
que ce moyen de réaliser une solution, il faudrait y renoncer à
tout jamais. Seulement, tandis que, dans le domaine abstrait,
nous nous trouvons en présence de la seule idée de nombre, et que
les opérations à faire portent exclusivement sur elle, dans le domaine concret, la représentation des quantités est sinon en apparence, du moins nécessairement complexe, comme peuvent
l'être les quantités elles-mêmes, et d'autant plus complexe que
les attributs naturels de ces quantités le sont eux-mêmes davantage. Or, en vertu de cette complexité même, nous aurons
à examiner si ce qui est et restera toujours impossible pour le
nombre ne peut pas être pratiqué sur les éléments d'association, qui, alors, quoique sous-entendus dans la forme, viennent se combiner mentalement avec lui pour représenter la
quantité. C'est ce que nous expliquerons en détail dans la seconde partie.

Il est maintenant facile de prévoir que les attributs du nombre étant très-limités, il pourra y avoir dans l'algèbre abstraite
beaucoup de solutions impossibles. Si, par exemple, un nombre doit être divisé en trois parties, et qu'il ne soit pas formé
en totalité par une collection de groupes contenant chacun trois
unités, il ne sera pas possible d'effectuer cette opération; si un
nombre n'est pas un carré, c'est-à-dire s'il n'est pas formé
d'une collection d'un certain nombre d'unités répétée autant
de fois que l'indique ce même nombre d'unités, il sera impossible d'en extraire la racine carrée, et ainsi de suite.

VI

Or, ce qui est très-digne d'attention, au sujet de ces impossibilités, c'est que tandis que pour quelques-unes d'entre elles
on en est venu à vouloir les considérer comme des nombres

d'une nature particulière, dits *isolés*, et qu'en cet état il est impossible de comprendre, on n'en a pas agi de même pour d'autres cas d'impossibilité et pour les opérations qui s'y rapportent. Les nombres qu'on prétend devoir être considérés isolément ne sont guère que ceux qui résultent de leur association avec l'opération soustractive, ou l'opération imaginaire ; quant à ceux qui répondent à leur association, soit avec une division, soit avec une extraction de racines impossibles, on se tient pour très-satisfait à leur égard, on n'a pas proclamé qu'ils étaient incompréhensibles, on n'a nullement songé à leur infliger le stigmate de l'isolement. D'où vient cette distinction ? On aurait de la peine à se l'expliquer en théorie, et on ne comprend pas en vertu de quel privilége, on n'agirait pas de la même manière pour des circonstances qui, les unes et les autres, sont des indices d'impossibilité. Pourquoi voudrait-on faire un seul tout du nombre avec l'attribut négatif, et n'en ferait-on pas un du nombre avec l'attribut fractionnaire ? Le nombre abstrait, nécessairement entier, serait-il plus facile à comprendre lorsqu'on le force à ne pas être entier, que lorsqu'on lui attribue le signe de la soustraction ? C'est bien certainement, et nous nous en convaincrons tout à l'heure, le contraire qui a lieu. Singulières questions auxquelles il serait difficile de répondre si l'on voulait se confiner dans le champ de la théorie ! Mais parce qu'en fait, dans l'algèbre abstraite où l'on n'opère que sur le nombre à unité indivisible, le choix des applications est fort limité, et que d'ailleurs la science ne s'est pas formée tout d'une pièce, et suivant la marche rationnelle qui pourra être donnée un jour à son exposition, il en est résulté que la séparation de l'abstrait et du concret n'a jamais été faite, que les deux points de vue ont été confondus, et qu'insensiblement on a été entraîné, même sans s'en apercevoir, à attribuer au nombre, lorsqu'il est abstrait, les facilités de réalisation qui se rencontrent dans les considérations concrètes. Or c'est en abondance que dans ces dernières vient figurer l'attribut de la continuité qui nous permet de considérer les quantités qui en jouissent comme divisibles en telles et tant de parties qu'on voudra. De là, comme nous l'expliquerons dans la seconde partie, la possibilité d'effectuer sur ces quantités toutes les divisions et toutes les extractions de racines. Les quantités ainsi douées se rencontrent si fréquemment dans les questions que nous avons à traiter (les longueurs, les surfaces, les volumes, les forces, les vitesses, le temps sont dans ce cas), et nous avons si souvent réalisé avec elles toutes sortes de divisions et d'extractions de racines, que nous nous sommes habitué à ne plus considérer ces opérations comme des empêchements, si ce n'est dans de très-rares circonstances. Telle a été la réaction nécessaire, quoique irréfléchie et inconsciente, du concret sur l'abstrait.

Il n'en a pas été de même à beaucoup près du négatif et de l'imaginaire. L'attribut qui leur correspond, outre qu'il est plus rare à trouver dans les quantités, a été reconnu et constaté beaucoup plus tard que celui de la continuité. Il y a même aujourd'hui un assez grand nombre d'esprits qui sont encore loin d'être familiarisés avec cet ordre de considérations; et cependant, chose fort digne de remarque, nous ferons voir bientôt que, tout au moins, nous avions l'attribut négatif sous la main avec le nombre abstrait. L'usage a donc manqué dans cette circonstance, la réaction du concret sur l'abstrait a été nulle sur ce point, et de là les doutes, les obscurités, le manque de compréhension, qui ont persisté et ont conduit à l'inconcevable conception des nombres ou quantités, dits *isolés*.

Qu'on ne s'imagine pas d'ailleurs qu'au sujet de cette incroyable idée de l'isolement nous nous laissons aller à l'exagération, et que nous cherchons à assombrir à plaisir les teintes déjà trop sombres du tableau que nous en faisons.

Nous lisons dans un ouvrage d'ailleurs très-estimé et qui mérite de l'être à beaucoup d'égards:

« Il ne faut pas voir, dit l'auteur, dans les moyens commodes
« de renfermer toutes les formules dans une seule, de vérita-
« bles opérations *sur des quantités négatives isolées;* opéra-
« tions dont on a souvent démontré les règles, soit en les
« rattachant vicieusement à celles des polynômes, soit *en*
« *cherchant à donner une existence à ces êtres fantastiques.* »

Certes, si nous admettions l'étrange système de l'isolement, nous serions de l'avis de ceux qui disent :

« Toute démonstration sur les *quantités négatives isolées* ne
« peut être qu'une illusion, puisqu'il n'y a *aucun sens* à attacher

« à des opérations arithmétiques sur des choses qui ne sont
« pas des nombres et *n'ont aucune existence réelle.* »

Non, sans doute, ce ne sont pas des nombres seulement, mais,
à moins de ne pas savoir lire, il faudra bien confesser à coup
sûr que ce sont des nombres et des opérations. Dès lors,
les opérations de l'arithmétique exécutées sur ces sortes de
choses sont certainement ce qu'il y a de plus usuel et de plus
compréhensible dans la science. L'essentiel sera de les interpréter sainement et de les bien prendre pour ce qu'elles sont.
Quant à l'existence, comment la leur refuser alors qu'à tout
instant l'algèbre donne naissance à des expressions de la forme
— a ? Or qu'elles existent comme conséquence des calculs ou par
l'effet de notre volonté, elles n'en sont pas moins la représentation d'une association de deux choses qui, si l'on n'en veut
pas faire un tout isolé, si on les considère séparément l'une de
l'autre, sont parfaitement définies, parfaitement comprises dans
leurs fonctions respectives, sur lesquelles, par conséquent, les
opérations de l'algèbre pourront avoir un sens et produiront
certains effets que le raisonnement nous fera découvrir.

Mais ce qui nous étonne, c'est que ceux qui professent une
telle opinion puissent se livrer avec quelque intérêt aux recherches algébriques, car nous nous demandons quelle idée il leur
est possible de se faire d'une algèbre dont l'objectif n'est pas le
nombre et dont les règles, à coup sûr les plus importantes, ne
sont démontrées qu'à l'état d'illusion. Il faut que la foi soit bien
robuste chez ceux qui n'hésitent pas à faire de la voltige sur
une corde qui n'en est pas une, qui n'aurait même aucune
existence réelle, et dont les points d'appui seraient des illu-
sions.

Mais passons, et constatons que le plus clair de tout ceci est,
au point de vue du fait tout au moins, la condamnation la plus
péremptoire du fameux principe de l'isolement. Que penser en
effet d'un obstacle qui n'empêche pas même les esprits les
plus ombrageux d'aller en avant ?

Quant à nous, nous n'hésitons pas à le dire, le seul énoncé
de ce principe est un monstrueux abus de la parole, et l'idée
de le prendre en considération est un abus non moins monstrueux de la pensée.

Or retournons l'un et l'autre, et affirmons : quant aux mots,

que là où l'on dit *isolement* il faut dire *association ;* quant à
la pensée, que là où l'on veut procéder par la voie de la combinaison qui unifie, il faut au contraire procéder par la voie
de la distinction qui dualise.

Sans doute, si l'on ne s'en rapporte qu'aux apparences, lorsqu'on s'est trouvé en présence d'un résultat de la forme — *a*,
il y avait deux partis à prendre : ou bien unifier la réponse et
considérer, comme on l'a fait, (— *a*) isolément ; ou bien la dua-
liser et considérer — *a* comme l'indication qu'il faudra faire
usage de *a* par voie de soustraction. En principe et en théorie,
par suite de certains entraînements que nous allons expliquer,
c'est la première résolution qu'on a adoptée ; mais, en fait et
dans la pratique, c'est toujours en vertu de la seconde qu'on
agit, tout en croyant cependant respecter le principe: situation
qui s'expliquerait difficilement si, d'une part, on ne connais-
sait la puissance du préjugé, du parti pris, de la simple habitude, si l'on veut ; si, d'autre part, on ne savait que, quoi qu'on
fasse, la vérité finit toujours par s'imposer.

Cependant, si l'on consulte l'algèbre, si l'on se rend compte
de son mécanisme et de sa marche lorsqu'elle est appelée à
résoudre une question, on est toujours conduit, ainsi que cela
résulte de ce que nous avons développé à ce sujet, à reconnaître qu'à un ensemble de nombres et d'opérations elle ne
peut faire autre chose que de substituer un ensemble équivalent, et que par conséquent ce sont toujours ces deux choses,
nombres et opérations, qu'il faut voir dans ses réponses, chacune avec ses propriétés et ses fonctions spéciales.

A moins donc qu'il ne fût bien démontré qu'on a introduit
soit dans les prémisses, soit dans le cours des raisonnements,
quelque chose qui fût semblable à cet être complexe qu'on appelle *nombre isolé* , c'est-à-dire quelque chose qu'on affirme
n'avoir pas d'existence, il n'est pas possible que l'algèbre nous
donne à la fin des calculs ce qui ne s'y trouve nulle part. Quant
aux nombres et aux opérations *considérés séparément*, c'est
bien différent, car c'est nous qui introduisons les premiers, et
les secondes sont les moyens mêmes de l'algèbre. Tel est donc
le véritable état sous lequel ils figurent et sous lequel nous
devons les voir dans tout calcul algébrique.

VII

Toutefois, lorsque des croyances deviennent aussi générales que celles que nous combattons en ce moment, nous devons voir dans ce fait l'indice d'une cause qui a exercé une grande influence sur les esprits, et, précisément parce que cette cause a conduit à l'erreur, il y a intérêt à la connaître.

Nous avons déjà expliqué que la science ne s'étant pas faite avec la régularité de la méthode suivant laquelle il convient de la comprendre et de l'exposer, le concret s'est souvent confondu avec l'abstrait. Nous avons ajouté que l'attribut de continuité, dont jouissent tant de quantités, ayant rendu possibles, dans le plus grand nombre de cas, soit des divisions soit des extractions de racines impossibles pour le nombre abstrait, nous nous sommes de plus en plus familiarisés avec les formes fractionnaires et avec les formes radicales, réductibles elles-mêmes à l'état fractionnaire, sinon fini, du moins approché, à tel point que nous n'avons plus considéré ces formes que comme des empêchements tout à fait accidentels, et que, si l'idée de leur appliquer le principe de l'isolement s'est présentée momentanément à l'esprit, elle a dû être promptement abandonnée, sous l'influence d'une pratique qui les voyait se réaliser presque toujours.

Il est résulté de là, grâce à ce principe de la continuité, que toutes les opérations pouvant s'exécuter et nous conduisant constamment soit à un nombre entier, soit à un nombre fractionnaire, nous nous sommes de plus en plus imbus de cette idée que la réponse à une question devait toujours être un nombre de l'une ou de l'autre espèce et ne devait pas être autre chose. La possibilité des opérations étant ainsi un état normal, et la trace apparente de celles ci s'effaçant successivement par le fait de leur exécution jusqu'à s'évanouir complétement dans le résultat final, l'importance des considérations théoriques qui s'y rattachent s'est amoindrie, a fini par disparaître, et nous en sommes arrivés à ce point de ne vouloir plus admettre que le nombre, et toujours le nombre, comme réponse à une question. Aussi, grand a été l'embarras, lorsqu'avec le nombre se sont présentés des signes d'opérations que le principe de continuité ne suffisait plus à expliquer, et que

8

l'absence ou l'ignorance de tout attribut qui leur fût équivalent dans les quantités a naturellement laissés persistants. C'est alors qu'accoutumés à ne voir que le nombre et ne voulant voir que lui dans les solutions, le contredit résultant de formes autres que le nombre est devenu la cause des plus inextricables difficultés, et qu'on en est venu à se demander quelle espèce de nombre pouvaient être $(-a)$, $(a\sqrt{-1})$; formant ainsi un tout collectif de chacune de ces expressions, et créant des êtres indéfinissables et incompris auxquels on a dû refuser l'existence après la leur avoir mentalement donnée.

Telle est la filière par laquelle, de confusions en confusions, on est arrivé à ces choses qu'il nous est en vérité impossible de qualifier, sur lesquelles, on le déclare, les opérations de calculs n'ont aucun sens, qui sont le néant, qui sont des fantômes, etc., etc., et dont cependant on se sert tous les jours.

VIII

Tâchons maintenant de mettre un peu d'ordre dans cette étrange confusion d'idées.

Le nombre, nous l'avons dit, est le représentant des divers états dans lesquels peut se trouver la pluralité, et nous avons fait remarquer que son unité est indivisible. Mais si cet attribut de la division est antipathique à la conception du nombre, il n'en est pas de même d'autres attributs ou fonctions qui peuvent lui être dévolus. Ainsi, étant donné un certain nombre d'unités a, il ne répugne nullement à ma raison, il peut lui agréer au contraire, que ces unités soient considérées comme jouissant tantôt de la faculté d'être augmentatives, tantôt de celle d'être diminutives. On conçoit même que c'est là un ordre de considérations qui, dans la pratique, pourra avoir son utilité. Or, pour ne pas confondre le mode d'action des unes avec le mode d'action des autres, il sera nécessaire de les distinguer par des signes particuliers. Si l'on convenait à cet effet d'adopter l'indice α pour le premier mode, et l'indice δ pour le second, la représentation se ferait par a_α dans un cas, par a_δ dans l'autre.

Cela posé, si l'on écrit en regard les trois formes a, a_α, a_δ, la première voudra dire qu'on considère a au point de vue unique de la pluralité qu'il représente ; les secondes qu'à ce premier point de vue vient s'en joindre un deuxième qui concernera les fonctions qu'on entend attribuer à ces pluralités, savoir : que dans a_α les unités a seront augmentatives, dans a_δ elles seront diminutives.

Ce premier aperçu suffit pour faire comprendre combien serait fausse l'idée que le nombre est essentiellement augmentatif. La seule chose essentielle qui appartienne à la conception du nombre, c'est qu'il doit être toujours entier ; quant au reste, comme ce sont des fonctions qu'on veut faire remplir au nombre, il n'y a évidemment aucun motif d'attribuer une prépondérance à l'une sur l'autre ; dans tous les cas, cette prépondérance, si elle devait exister, affecterait uniquement l'idée de fonction et ne saurait en rien intéresser la nature du nombre ; pas plus, par exemple, que les fonctions que remplit l'eau quand elle entre dans un vase ou qu'elle en sort n'intéressent la constitution intime de ce liquide.

Or, il est évident que l'objet de l'opération arithmétique appelée *addition* étant de produire l'augmentation, et celui de la *soustraction* étant de produire la diminution, il y a non-seulement analogie, mais équivalence complète entre ces deux opérations et les deux attributs que nous considérons ici. Nous sommes en conséquence autorisé à dire que la fonction augmentative doit être représentée par le signe de l'addition qui viendra se substituer à l'indice α, que la fonction diminutive le sera par celui de la soustraction qui, à son tour, viendra se substituer à l'indice δ ; et la réciproque sera vraie, puisque, nous le répétons, les choses sont tellement définies qu'il y a équivalence entre les effets produits, d'un côté, par les signes d'opération, de l'autre, par les fonctions que les nombres ont à remplir.

IX

On comprendra sans peine maintenant que si $-a$, au lieu d'être cette combinaison mystérieuse qu'en voudrait faire l'isolement, est la double indication d'un nombre et d'une opération, si $-a$ veut dire tout simplement que la collection des *a* unités doit remplir la fonction d'être diminutive, de devoir être employée par voie de soustraction, non-seulement $— a$ sera une chose compréhensible, elle sera en outre très-mathématique; il n'y aura donc plus alors aucune illusion à chercher à démontrer quel pourra être le sens des opérations arithmétiques sur des choses arithmétiques elles-mêmes et dont l'existence, cette fois très-réelle, est parfaitement définie.

Or si $— a$ doit être considéré comme remplissant la fonction de provoquer la diminution de *a* unités lorsque je viendrai l'adjoindre à un nombre, il en résultera nécessairement que ce nombre sera diminué de *a* unités; si, au contraire, je soustrais $— a$ à un nombre, ce sera, d'après la définition de $— a$, soustraire à ce nombre une chose qui le diminue de *a* unités, et ce sera par conséquent l'augmenter d'autant.

Voilà donc toute la règle des signes pour l'addition et pour la soustraction ramenée à cette conception que tout le monde comprendra sans grands efforts, même les plus ignorants en mathématiques, car elle a été vulgarisée dans le public par ces sortes de sentences : que gagner une perte, c'est perdre ; que la perdre, c'est gagner.

Que s'il arrive, lorsque j'adjoins $— a$ à un nombre, que les unités de *a* sont supérieures à celles de ce nombre, il me restera encore quelques unités négatives ; mais cela n'est pas plus incompréhensible que lorsque le résultat de l'opération donne des unités positives : cela indiquera simplement que les premières conserveront la mission d'être diminutives, que les secondes auront celle d'être augmentatives ; et que, dans les divers usages qu'on pourra avoir à en faire, il faudra les employer avec le caractère diminutif ou augmentatif qui appartient aux unes ou aux autres. Or est-ce que l'un de ces caractères répugne plus à la raison que l'autre ? Est-ce que l'usage du nombre dans le premier cas est plus difficile à concevoir que dans le second ? Est-ce que ces deux fonctions, au point de vue du concept, ne sont pas de même ordre ? Quant aux embarras ultérieurs que, d'après certaines habitudes prises, on serait disposé à attribuer à l'une plutôt qu'à l'autre de ces formes, ils existent au même degré pour chacune ; par exemple, si après avoir écrit $x + a = b$, la forme diminutive pour x est inconci-

liable avec l'hypothèse que b est plus grand que a, la forme
augmentative ne le sera pas moins lorsque b sera plus petit
que a.

Ce qu'il y a donc de vrai, c'est que ces deux formes ne sont
pas plus exclusives de compréhension l'une que l'autre. A chacune ses facilités de réalisation, comme ses empêchements ; à
chacune ses usages. Or dès l'instant que l'usage est accepté par
la raison et défini, la chose qui en fournit l'indication est nécessairement comprise. Ce sera ensuite à nous à l'employer
convenablement suivant les circonstances.

X

Mais, a-t-on dit, si je n'ai pas à l'employer ? Singulière question en vérité ; que voulez-vous que j'y réponde, sinon que si
vous n'avez pas à l'employer, vous ne l'emploierez pas. Ne
dirait-on pas que, parce qu'une chose porte l'indication de
l'usage qu'il en faudra faire, il faut nécessairement que cet
usage soit fait, sans quoi la chose devient un être fantastique ? Mais où donc l'algèbre et la raison ont-elles imposé une
telle condition ? Demandez au père de famille prudent et éco-
nome s'il considère comme fantastique, tant qu'il ne s'en sert
pas, la pièce de métal frappée de l'empreinte qui indique son
usage ; demandez au savant si les livres qu'il met dans sa bibliothèque n'ont aucune existence réelle pendant qu'il ne les
lit pas ; essayez de prouver aux hommes que des mets qu'on a
fait cuire pour les mettre à l'usage de nous alimenter sont quelque chose d'incompréhensible tant qu'on ne les mange pas ;
certains estomacs vous répondront qu'au contraire ce sont là
des objets qu'on comprend beaucoup mieux quand ils sont
cuits que quand ils ne le sont pas ; voyez-vous le pharmacien,
qui collige et étiquette des préparations, entouré dans son of-
ficine de bocaux chimériques et privés sur leurs rayons
d'existence réelle, mais qui reviennent à la vie et à la réalité,
aussitôt que l'ordonnance du médecin vient lui prescrire d'en
faire usage !

Tout cela est-il bien sérieux ? On serait tenté de croire que
non, et cependant ce ne l'est que trop. N'a-t-on pas, en effet,
prétendu et écrit « qu'il n'y aurait aucun sens à attacher

« même à une expression de quantité positive isolée, car que
« signifierait le signe + mis devant une quantité qui ne de-
« vrait être ajoutée à aucune autre ? »

Il faut que le mot *isolé* soit bien gros de tempêtes pour conduire l'esprit à de telles conclusions. Mais, s'il en est ainsi,
hâtons-nous, pour éclairer toutes nos notions sur l'électricité,
de la débarrasser de ces deux non-sens que lui infligent les
signes + et —, de ces deux isolateurs qui ne peuvent qu'en
obscurcir la conception ; peut-être alors pourrons-nous voir à
l'œil nu le fluide mystérieux. Refusons également d'accorder,
en géométrie analytique, aucune intelligence aux coordonnées
positives et négatives : que pourraient-elles, en effet, signifier
dès l'abord et en elles-mêmes en l'absence d'une addition et
d'une soustraction actuelles? Supprimons enfin dans la trigonométrie les signes de ces arcs qui, pour être compris, devraient tout au moins figurer dans une addition et une soustraction, et qu'on n'ajoute ni ne retranche lorsqu'on veut
donner la définition des lignes trigonométriques.

Si vous n'avez pas à employer, dites-vous ? mais c'est là une
pure hypothèse qu'il faudrait justifier avant tout; or faites-
nous voir une seule circonstance dans laquelle, en dehors de
la fantaisie, vous n'aurez pas à faire usage soit des expressions
que certaines études vous auront amené à considérer, soit
de celles qui formeront une des réponses de l'algèbre?

Seriez-vous donc ainsi fait, qu'à votre avis, l'une des fonctions de notre raison serait de s'ingénier à constituer des formes dont elle ne doit pas se servir et à provoquer des réponses
dont elle ne fera aucun usage? Si telle est en effet votre manière de voir, résolvez équations sur équations; mais gardez-
vous de toucher aux racines : celles-ci ne sont faites que pour
être mystiquement contemplées et vous donner de platoniques
satisfactions ou d'incompréhensibles douleurs. Extasiez-vous
et ouvrez tous les trésors de votre intelligence à la vue d'un
nombre entier et même fractionnaire, mais voilez-vous la face
et obscurcissez à plaisir votre pensée en présence d'un résultat
négatif et même positif. Seulement, soyez bien convaincu que
tant que vous voudrez vous maintenir dans cette situation, les
choses de ce monde ne seront nullement intéressées à ce que
des racines dont on ne doit pas se servir soient comprises ou

incomprises; car si l'intelligence des objets nous intéresse, c'est par les services qu'ils nous rendent. Mais là où il serait bien constaté qu'il ne peut y avoir aucune utilité, quel autre sentiment pourrions-nous avoir que celui d'une complète indifférence?

Que si, au contraire, les formes que nous introduisons dans nos recherches ont une mission que nous croyons toujours utile, si les réponses aux questions sont faites pour nous apprendre comment avec elles il sera possible d'arriver à un but que nous poursuivons, nous aurons un intérêt évident à ne pas rester dans l'incompréhension à leur égard, à nous éclairer sur leur véritable signification, à connaître dans tous ses détails la manière dont nous devrons en faire usage.

Quant à ces usages, il ne faudrait pas croire qu'il n'y en a qu'un, celui qui dans $\pm a$ est indiqué par le signe apparent de a; car dans toute question, dans toute recherche, $\pm a$ sera combiné avec d'autres nombres, avec d'autres opérations qui en feront tour à tour un être actif et passif pouvant fonctionner d'un grand nombre de manières.

Or ce qu'il faut bien remarquer, c'est que dans les divers usages qu'on fait d'une chose déjà caractérisée par certains attributs, l'influence de ces attributs se fera nécessairement sentir sur les résultats obtenus; il sera par conséquent indispensable de se rendre un compte exact de cette influence. Par exemple, un voile coloré employé pour recouvrir des objets leur communiquera l'impression de sa nuance; de l'eau chaude, tout en produisant d'autres effets que celui de chauffer, communiquera du calorique aux corps avec lesquels elle sera en contact. Ainsi, dans chaque cas, l'effet total est une combinaison de l'attribut primitif avec l'usage actuel qu'on fait de la chose. Il en sera de même de $\pm a$; le caractère de $+a$ étant d'être augmentatif, celui de $-a$ d'être diminutif, nous devrons, en employant l'un et l'autre, lui conserver son caractère. Ce que nous aurons à rechercher consistera donc à reconnaître comment ces attributs seront appelés à intervenir dans les résultats des nouvelles opérations auxquelles nous voulons soumettre $+a$ et $-a$. Ceci nous ramène à notre sujet, et nous avons déjà vu comment les attributs en question fonctionnent dans les deux premières opérations de l'arithmétique.

XI

Passons maintenant à ce qui concerne la multiplication. La recherche de ce qui va se passer dans cette opération ne présente pas plus de difficulté que celle relative aux opérations précédentes, et l'intelligence des résultats n'y est pas moins apparente. Si — a doit être multiplié par b, comme — a est un nombre a d'unités qui possède l'attribut diminutif, leur répétition par b me donnera ab de ces unités ayant même attribut, même fonction à remplir; j'indiquerai donc cette fonction par le signe naturel qui lui convient en arithmétique, qui est celui de la soustraction, et j'aurai pour résultat — ab. Si j'ai à multiplier a par — b, cela voudra dire que les unités de b ont deux rôles à remplir : d'abord celui de répéter a, ce qui donnera ab, en second lieu celui de faire cette répétition en imprimant à celle-ci le caractère qu'il porte lui-même, celui de la diminution, le résultat ne pourra donc être que — ab.

Enfin, si je dois multiplier — a par — b, on remarquera que si b était positif, le résultat, d'après ce qui précède, serait — ab; mais parce que la répétition doit se faire, à cause de l'état diminutif de b, sous la condition que les choses répétées vont devenir diminutives, nous serons conduit à nous demander ce qu'est la soustraction d'un nombre qui porte déjà le caractère de la diminution; or c'est encore là, ainsi que nous venons de le voir, un cas du jeu de *qui-perd-gagne*, et nous serons ramené à ab.

Et maintenant, qu'on remarque bien la simplicité presque naïve de ces interprétations, et la suppression complète de toutes ces considérations si peu naturelles, si obscures, si inintelligibles de multiplications qui doivent se faire entre un nombre négatif isolé, et un autre nombre positif ou négatif lui-même.

En tant qu'il s'agira de multiplication, nous ne trouvons rien dans la définition de cette opération, rien dans la définition du nombre qui puisse nous diriger pour comprendre ce que peut être $\pm$ multiplié par $\pm$, et une pareille question ne peut avoir pour cause et pour effet que l'égarement de l'intelligence. On multiplie des nombres, cela se conçoit et s'explique rationnellement. Mais multiplier des signes entre eux ! Où donc y a-t-il dans les principes de l'algèbre quelque chose qui de près ou de loin puisse, je ne dirai pas justifier une telle idée, mais s'y rattacher? Au point de vue de l'opération multiple, $\pm a$ multiplié par $\pm b$, quels que soient les signes qu'on voudra adopter, donnera le même nombre d'unités ab, et il n'est pas possible de concevoir les choses autrement. Mais comme, en vertu même de l'algèbre, les nombres jouissent de la propriété d'avoir soit l'attribut additif, soit l'attribut soustractif, il faudra, lorsque les nombres seront employés dans les opérations, leur conserver les attributs qu'ils peuvent. avoir les uns et les autres, et s'enquérir, à mesure que les opérations se font, du double effet qui se produira, soit au point de vue des conditions qui intéressent les pluralités proprement dites, soit au point de vue des fonctions qui leur sont attribuées et qui sont elles-mêmes représentées par des opérations.

C'est ce que nous venons de faire pour les premières règles de l'arithmétique.

Mais une fois que le résultat est théoriquement justifié, une fois qu'on a bien constaté quelle doit être, en ce qui concerne ce résultat, l'influence distincte, soit des opérations exécutées sur les nombres, soit des considérations relatives aux attributs primitivement dévolus à ces nombres, on peut essayer de formuler des règles qui, sous une forme simple et concise, seront un résumé commode et usuel de la démonstration théorique. Par exemple, dans le cas actuel, je vois que, si au lieu de considérer les attributs augmentatif ou diminutif, comme représentés par le signe de l'addition ou de la soustraction, je les considère dans la multiplication comme des facteurs $+ 1$ et $- 1$, je pourrai, après examen des conséquences préalablement constatées, ériger en règle que lorsque l'on multiplie des facteurs de signe contraire, le produit est négatif; que lorsque les facteurs sont de même signe, le produit est positif; je pourrai encore remarquer qu'une des conséquences des résultats obtenus est que rien ne s'oppose à ce qu'on puisse étendre aux signes la règle de l'interversion de l'ordre des facteurs. Mais au point de vue rationnel, il ne faudra voir dans ces manières de s'exprimer qu'un moyen commode, pour la pratique, de revêtir de l'apparence de la multiplication des choses qui, au fond, ne sont pas et ne peuvent pas être une multiplication.

XII

Ces réserves faites, et le véritable sens qu'on doit attacher à chaque chose étant ainsi bien indiqué, nous ajouterons qu'il ne faudrait pas non plus se montrer dans un cas plus scrupuleux qu'on ne l'a été dans d'autres cas semblables, et peut-être même plus anormaux que celui-ci. Il a été trouvé commode, en effet, de donner à l'idée primitive du nombre, et à celle des opérations qu'on exécute sur lui, des extensions qu'il serait impossible d'admettre en abstrait, mais qui sont parfaitement justifiables lorsqu'il s'agit de la représentation des quantités. La possibilité, bien constatée au préalable, d'effectuer toutes sortes de divisions sur certaines grandeurs nous a conduit à la considération du nombre fractionnaire et à celle d'opérations faites au moyen de ces nombres, soit entre eux, soit avec des nombres entiers, opérations qui ne sont pas, à coup sûr, des multiplications dans le sens primitif de ce mot, et auxquelles on a cependant étendu le nom et l'idée de multiplication. Or lorsqu'on démontre les règles ordinaires de ces opérations, on ne fait pas autre chose que ce que nous venons de faire pour les nombres dits *négatifs* et *positifs*, et, si ce n'était une véritable prévention résultant d'habitudes prises depuis longtemps, il est bien certain qu'on ne devrait pas plus s'étonner dans un cas que dans l'autre de la manière dont on procède.

Si, en effet, d'une part $- a$ indique a unités qui jouissent de l'attribut d'être diminutives, d'autre part $\dfrac{a}{b}$ indique a unités qui possèdent celui d'entraîner la division par b; les unes et les autres devront donc, dans les opérations auxquelles elles seront soumises, conserver le caractère qui leur appartient, et voilà pourquoi, si je les multiplie par c, le produit ac qu'elles donnent l'une et l'autre devra porter l'indice de la diminution dans un cas, ce que j'écrirai $- ac$; et celui de la division par b dans l'autre, ce que j'écrirai $\dfrac{ac}{b}$. Il y a une telle similitude de choses et de raisonnement dans ces deux circonstances, qu'on ne comprendrait pas pourquoi on refuserait à l'une ce qu'on admet

pour l'autre. Il y a même plus, c'est que si l'on devait avoir
des scrupules à cet égard, ce serait à coup sûr contre le nombre fractionnaire plutôt que contre le nombre négatif qu'il faudrait les concevoir en abstrait. Car, tandis qu'en abstrait la division de a par b ne peut pas se comprendre, ma raison ne fait
aucune difficulté d'admettre qu'une pluralité quelconque puisse
posséder la propriété d'être diminutive.

Nous reviendrons plus amplement sur ces questions lorsque
nous nous occuperons des considérations concrètes. Mais il
n'était pas inutile de donner, dès à présent, ce premier aperçu
qui nous paraît très-propre à faire voir que ce que nous avons
fait pour le positif et le négatif n'est pas autre chose qu'une
nouvelle application, d'ailleurs justifiée, de ces extensions qu'à
tout instant dans la science on est conduit à donner aux idées
primitives de nombre et d'opérations.

En ce qui concerne plus spécialement la multiplication, l'extension a consisté à abandonner l'idée restreinte de sa définition première pour dire que c'est une opération qui consiste à
former un résultat se composant avec le multiplicande comme
le multiplicateur se compose avec l'unité. Or il est facile de se
convaincre que la règle, dite *des signes*, jouit de la propriété de
pouvoir être englobée dans cette définition, de sorte qu'elle
possède le double avantage d'être fondée en raison et d'être
conforme aux habitudes de la pratique.

XIII

Présentons maintenant une dernière observation. Si, dans
l'algèbre abstraite, pourra-t-on dire, l'indivisibilité de l'unité
numérique est un si grand obstacle à la possibilité des réalisations, est-il bien nécessaire d'approfondir beaucoup cette partie de la science et d'en faire l'objet de recherches multipliées ?
Il est certain que si l'on ne voulait s'occuper que des solutions
possibles pour le nombre, et si l'on mettait de côté, à mesure
qu'ils se présentent, tous les cas d'irréalisation, le contingent
de l'algèbre abstraite se réduirait à peu de chose. Mais, limiter
les fonctions de cette branche de la science à l'unique résolution des questions qui intéressent le nombre abstrait, et qui

sont possibles pour lui, ce serait restreindre considérablement ses facultés productives. Nous allons voir qu'au contraire il n'y a pas de spéculations sur l'idée de pluralité qu'elle ne soit susceptible d'aborder, et que les limites de sa puissance, au point de vue des opérations réalisables pour le nombre abstrait, sont fort loin d'être la mesure des indications utiles qu'elle peut nous fournir.

Mais avant de nous expliquer sur ce sujet, qu'on nous permette une courte digression. Ce qu'il y a de fort remarquable dans tout ceci, c'est que ce soit précisément sur les opérations, sur les rapports tout à fait inconciliables avec la nature du nombre, qu'on a facilement passé condamnation, et que ce soit sur ceux qui sont très-compréhensibles pour lui qu'on a greffé l'épouvantail de l'isolement. En effet, tandis qu'on ne peut pas se rendre compte du fractionnaire et de l'irrationnel sans recourir aux considérations concrètes, on peut parfaitement comprendre en abstrait qu'un nombre possède le caractère d'être augmentatif ou d'être diminutif, et on vient de voir que cela suffit pour donner l'intelligence des expressions négatives. Voilà donc de ce chef le champ de l'abstraction considérablement agrandi. Or, de là à l'imaginaire il n'y a pas si loin qu'on pourrait le croire. En suivant, en effet, le cours des idées que fait naître dans l'esprit la considération que l'attribut augmentatif répond à l'addition, et l'attribut diminutif à la soustraction, on est conduit à se demander si l'imaginaire ne serait pas un attribut susceptible de correspondre à quelque autre fait d'opération arithmétique, qui ne serait plus irréalisable comme l'est $\sqrt{-1}$ et qui deviendrait la clef de beaucoup d'explications. Or ce fait arithmétique existe, c'est le changement de signe de la seconde puissance du nombre qu'accompagne $\sqrt{-1}$. Tel est l'attribut arithmétique et parfaitement réalisable qui correspond à l'état imaginaire, état qui, par rapport aux carrés des nombres, est exactement ce qu'est le négatif par rapport au nombre lui-même. Nous avons vu que telles sont, en effet, les conclusions auxquelles nous ont conduit les diverses applications que nous avons présentées dans le chapitre IV. Mais ce qui a été expliqué alors s'appuyait sur les procédés usuels de l'algèbre dont les démonstrations, on l'a vu, sont tenues en suspicion par beaucoup d'esprits. Or si maintenant les doutes ont disparu, ce qu'on peut dire et concevoir sur l'imaginaire prend une tout autre consistance.

Ceci explique, entre autres choses, de quel fait compréhensible et purement arithmétique résulte l'impossibilité qu'une expression réelle puisse être jamais égale à une expression imaginaire. Ce n'est pas par cette raison banale et nullement algébrique qu'on comprend le réel et qu'on ne comprend pas l'imaginaire ; car, outre qu'il y a des personnes qui ne comprennent pas même le réel négatif, l'impossibilité de cette égalité, se trouvant ainsi subordonnée à un état d'incompréhension que rien ne prouve devoir être permanent, ne saurait être considérée comme une vérité absolue. Or quelle que soit la situation de notre intelligence vis-à-vis de l'imaginaire, il nous suffit de l'examen de sa constitution algébrique pour affirmer que jamais il ne pourra être égal au réel. Cela résulte de ce que le réel, quel que puisse être son état de réalité, est soumis à la condition essentielle de ne pouvoir créer que des carrés positifs, tandis que l'imaginaire, qui est privé de ce privilége, possède celui de produire des carrés qui, lorsqu'ils sont réels, sont nécessairement négatifs : propriété tout à fait pratique et fort précieuse dans un grand nombre de circonstances. Telle est la dissemblance réellement et arithmétiquement formulée qui existe entre ces deux expressions et en vertu de laquelle elles possèdent, vis-à-vis des carrés, des propriétés antipathiques qui s'opposent virtuellement à leur équivalence.

XIV

Revenons maintenant à la question relative aux facultés productives de l'algèbre abstraite.

Nous ferons remarquer à ce sujet que lorsque, dans une recherche quelconque, nous sommes parvenus au résultat, ce résultat, qu'il soit susceptible de réalisation ou qu'il ne le soit pas, n'en est pas moins l'indication rigoureuse et mathématique des conditions auxquelles il faudra satisfaire pour que la conclusion obtenue soit en parfaite concordance, en rigoureuse équivalence avec le point de départ. Il se manifestera alors un rapport algébrique nécessaire dépendant à la fois de ce point de départ et des raisonnements légitimes que nous aurons mis en œuvre. La vérité de ce rapport préexistera donc à l'usage, aux applications que nous en voudrons faire et le succès ou l'insuccès de ceux-ci ne saurait en aucune façon la justifier ou la contredire. Ce succès ou cet insuccès dépendront seulement de la nature du nombre dont les propriétés limitées ne permettront pas toujours d'exécuter les opérations indiquées ; mais ces opérations n'en seront pas moins celles qu'il faudra faire pour mettre en concordance la conclusion avec le point de départ, et, par conséquent, pour résoudre la question lorsque la nature de la quantité étudiée rendra possibles les opérations finales. C'est ainsi que telles divisions, telles extractions de racines impossibles pour le nombre seront réalisables pour la longueur et pour beaucoup d'autres espèces.

Que résulte-t-il de là au point de vue des conceptions générales ? Que la considération de tant et tant d'impossibilités qui sont la conséquence de la nature du nombre abstrait n'est nullement un obstacle à la recherche des rapports algébriques qui les caractérisent. Nous voyons en effet que non-seulement ces rapports auront l'utilité de nous édifier sur les circonstances dans lesquelles les questions ne sont pas résolubles pour le nombre abstrait, mais qu'en outre ils nous feront connaître, par leur forme même, la nature particulière de ces impossibilités : leur définition algébrique sera donc connue dans chaque cas. Dès lors nous serons en mesure d'apprécier si cette définition correspond à un ensemble d'opérations que l'étude des propriétés d'une quantité autre que le nombre nous démontrera pouvoir être pratiquées sur elle ; et s'il en est ainsi, les rapports en question passeront pour cette quantité dans la phase de réalisation.

Nous arrivons ainsi à la conception d'une algèbre dont l'abstraction ne consistera pas dans la suppression des attributs des quantités autres que ceux du nombre abstrait, ce qui serait une abstraction restrictive, ou pour mieux dire un privilége d'élection, mais dans la supposition largement libérale que les attributs peuvent être quelconques ; que nous ne voulons pas nous attacher à quelques individualités, afin d'avoir le droit de les accueillir toutes sans exception ; ce sera l'abstraction du particulier en faveur du général, sauf, dans les applications, à faire un choix judicieux des mesures et des formes qui conviendront à chaque taille et à chaque physionomie. Nous n'aurons plus ainsi seulement l'algèbre du nombre, de la longueur, des espèces, nous aurons l'algèbre dans toute sa généralité, et nous pourrons, à juste titre, l'appeler la science universelle des rapports pour la pluralité, la mesure et l'ordre des choses.

On conçoit dès lors que toutes les découvertes faites, tous les résultats obtenus formeront une précieuse collection de documents formulés à l'avance, rationnellement applicables à tous les cas, résolvant toutes les questions dans lesquelles les liens algébriques entre les données et l'inconnue seront les mêmes, quels que puissent être d'ailleurs les objets soumis au calcul. Nous aurons donc ainsi préparé une fois pour toutes la résolution des questions susceptibles d'être semblablement écrites en algèbre; après quoi il ne restera plus qu'à examiner ce que permettent, au point de vue de la réalisation, les attributs des quantités considérées.

Sous le bénéfice de ces explications, les services rendus par cette partie de la science ne se bornent pas à ceux qui peuvent intéresser le nombre. L'algèbre abstraite devient ainsi un vaste formulaire au moyen duquel l'esprit débarrassé dans ses investigations sur le concret de la partie matérielle des calculs n'a plus à s'occuper que de trouver, dans des réponses toutes faites, l'accord des opérations qui y figurent avec les attributs des quantités étudiées et d'en déduire le véritable sens des interprétations.

Ce sera là l'objet des recherches que nous exposerons dans la seconde partie.

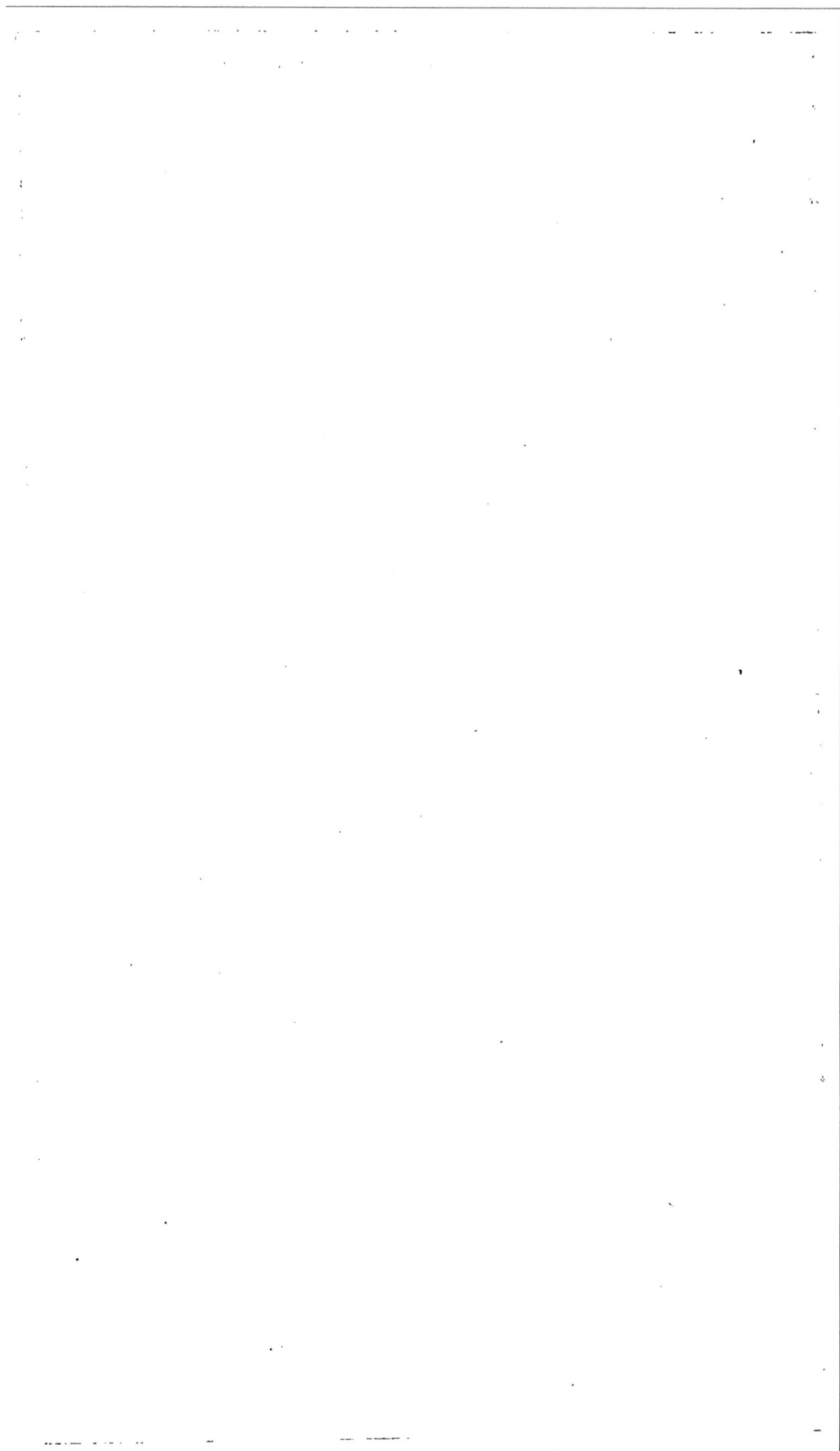

DEUXIÈME PARTIE

CHAPITRE SEPTIÈME

DU PASSAGE DE L'ABSTRAIT AU CONCRET ET DE LA REPRÉSENTATION ALGÉBRIQUE DES QUANTITÉS.

SOMMAIRE. — I. Résumé des considérations développées dans la première partie. — II. Conséquences relatives à l'imaginarité. — III. L'étude de ce qui est impossible pour le nombre n'est pas moins utile que celle de ce qui est possible, et conduit à la généralisation de l'algèbre. — IV. Définition de la quantité. Les seules quantités pour lesquelles nous avons la conception de l'égalité sont susceptibles d'être algébriquement étudiées. — V. De la constatation de l'égalité entre deux quantités de même espèce. — VI. De la représentation algébrique des quantités. — VII. Inconvénients résultant de l'habitude introduite en algèbre d'employer le mot unité à deux usages différents. Nécessité de bien distinguer l'unité numérique de l'unité concrète. — VIII. C'est dans l'unité concrète, ou module, qu'il faut chercher l'interprétation et la réalisation de tous les rapports impossibles pour l'unité numérique. — IX. Insuffisance des méthodes d'enseignement pour l'exposition des principes de la science.

I

Il ne sera pas inutile, avant d'aborder l'exposé de ce qui concerne le concret, de revenir succinctement sur l'ensemble des considérations développées dans la 1re partie, et, sans nous astreindre à suivre l'ordre même qu'il nous a paru nécessaire d'adopter pour les besoins de la discussion, de signaler les horizons les plus saillants de la situation nouvelle dans laquelle il nous est permis de nous placer.

Nous insisterons d'abord sur ce point essentiel que la mission de l'Algèbre n'est pas autre que celle de soumettre les nombres qui lui sont confiés à des opérations de pluralité, à des

9

opérations qui ont pour unique objet de produire le plus ou le moins suivant les différentes manières dont nous concevons que la pluralité peut s'amplifier ou se restreindre. Notre raison doit se refuser dès lors à admettre que, du fait de ces opérations, il puisse résulter quoi que ce soit qui, de près ou de loin, entraîne la conséquence que l'idée de nombre doit s'effacer dans notre esprit, non pas pour disparaître, ce qui serait le résultat de la soustraction de deux pluralités égales, mais pour que la conception si précise et si nette que nous en avons soit remplacée par des choses non définies, incompréhensibles, fantastiques, inqualifiables, et pour lesquelles le mot imaginaire vient se poser en antagoniste du mot raison. Ne faudrait-il pas à tout jamais renoncer à se servir des lois du raisonnement, s'il se pouvait faire qu'elles nous conduisissent à de telles alternatives et qu'elles eussent le pouvoir de nous faire passer, du monde réel que nous leur demandons d'expliquer, dans un monde idéal qu'il nous serait défendu de comprendre ?

Il n'est donc pas possible que l'imaginaire et les autres choses incomprises de l'algèbre soient de véritables interdictions jetées à notre intelligence. Nous devons nécessairement en avoir raison et nous pouvons accepter la lutte qu'elles nous proposent avec la conviction que le succès couronnera un jour nos efforts.

Car ce n'est pas nous qui avons inventé l'imaginaire. S'il en était ainsi, après avoir reconnu que ce ne peut être qu'un égarement de notre intelligence, nous n'aurions purement et simplement qu'à y renoncer; c'est l'algèbre elle-même qui est venue nous l'imposer comme réponse à certaines questions et cela à la suite des raisonnements les plus inattaquables. Examinons donc ce qui a pu se passer dans ces questions; scrutons avec soin ce que nous avons pratiqué lorsque nous les avons proposées à l'algèbre; étudions en même temps la forme particulière que revêt l'imaginaire, rendons-nous compte des propriétés algébriques qui appartiennent à cette forme, et sans doute il résultera de cet examen quelque utile enseignement.

C'est ce que nous avons fait dans ce qui précède, et de l'ensemble de ces recherches il est résulté d'abord que l'imaginaire n'est ni un nombre, ni une quantité, ni une convention; c'est une opération algébrique définie par sa forme même. Si donc la présence de cette forme est une cause d'obscurité dans la science, ce n'est pas sur l'idée de nombre, sur l'idée de quantité, que ces obscurités devront rejaillir, c'est sur la seule idée d'opération ; cette première conséquence est de tout point rationnelle, car l'algèbre ne fait pas le nombre, mais elle fait sur lui des opérations, ou, pour mieux dire, elle indique celles qu'il y a à faire, et elle n'a pas d'autre mission à remplir.

Ce premier point éclairci, nous avons constaté que mettre un problème en équation, c'est établir que des nombres connus ou inconnus, soumis à certaines opérations préalables, doivent satisfaire à une condition imposée. Nous avons constaté, en outre, que toutes les transformations algébriques qu'on fait subir à ce premier énoncé doivent nécessairement lui être équivalentes et représenter comme lui un ensemble de nombres et d'opérations ; qu'il en sera par conséquent de même de la transformation finale qui forme la solution ; de sorte qu'il est indispensable de voir dans cette solution, outre le nombre, les opérations ; la présence de celles-ci étant donc justifiée dans le résultat, si $\sqrt{-1}$, qui est une opération, devient la cause que l'intelligence de ce résultat se trouve obscurcie, nous serons de plus en plus confirmés dans cette pensée que ce n'est pas sur l'idée de nombre que nous devrons faire rejaillir ces obscurités, mais sur l'idée seule d'opération.

Nous arriverons ainsi, non pas à une incompréhension, mais à une opération impossible, ce qui est bien différent ; il y aura échec pour les moyens de réalisation, il n'y en aura pas pour la raison. Mais, s'il existe des impossibilités dans un résultat qui est la conséquence de déductions toutes logiques, il serait déraisonnable d'admettre qu'il n'y en a pas dans les prémisses. Nous ne saurions donc nous refuser à reconnaître qu'à l'impossibilité dans la réponse doit correspondre une impossibilité dans la demande : impossibilité existant au fond dans l'une et dans l'autre, mais manifeste, quant à la forme, dans la solution, dissimulée dans la demande.

La définition algébrique de $\sqrt{-1}$ rend d'ailleurs parfaitement compte de cette sorte d'antagonisme dans les apparences. En effet, toutes les puissances paires de $\sqrt{-1}$ étant réelles, il suffit, pour faire disparaître toute idée de contradiction, d'admettre que les nombres qui dans la solution sont affectés de $\sqrt{-1}$ se trouvent dans l'énoncé élevés à des puissances paires. Nous pouvons même nous borner à la considération des carrés; car la conséquence la plus immédiate de la définition de $\sqrt{-1}$ étant que le carré du nombre auquel il est accolé doit être négatif, il en résulte que toutes les fois qu'une quantité a figurera dans un énoncé par son carré et que de l'introduction de ce carré avec un certain signe il résultera une impossibilité dans la demande, nous pourrons affirmer que l'impossibilité de la réponse devra être figurée par $a\sqrt{-1}$; et, à l'inverse, la présence de $a\sqrt{-1}$ dans une solution sera l'indice que dans l'énoncé le carré de a a été introduit avec un signe qui rend cet énoncé impossible. Tel est le fait arithmétique le plus immédiat et parfaitement concevable de la manifestation de $\sqrt{-1}$ dans une solution; à l'impossibilité de changement de signe du carré par le réel, l'algèbre répond par l'impossibilité tout à fait équivalente de l'imaginaire de la racine; ce qui établit une analogie entre le point de départ et la conclusion.

En outre de cette cause de la manifestation de l'imaginaire dans une réponse, il y en a une autre qui consiste en ce que, l'unité ayant plusieurs racines pour chaque degré, toute élévation aux puissances aura pour effet inévitable, soit dans la préparation algébrique de l'équation qui exprime l'énoncé, soit dans les procédés employés pour résoudre celle-ci, l'introduction de ces racines de l'unité qui, inapparentes sous le voile de ces puissances, se manifesteront à la fin sous leur forme naturelle qui est celle de l'imaginaire. Cette introduction, résultant en fait dans l'abstrait des propriétés reconnues comme appartenant à certaines expressions algébriques, sera parfaitement expliquée dans ses causes premières, et sa nécessité deviendra manifeste lorsque nous nous occuperons dans le concret des directions en géométrie.

II

En résumé, nous pouvons dire :

L'imaginaire $\sqrt{-1}$ n'est pas une incompréhension, c'est une impossibilité de calcul.

Sa présence n'affecte en rien l'idée de nombre, mais uniquement celle d'opération.

L'imaginaire est une opération algébrique indiquant une impossibilité d'une espèce particulière de satisfaire à une question avec du réel.

Il est la conséquence obligée de l'introduction d'une impossibilité dans une demande; de plus cette dernière impossibilité, pour correspondre avec celle de l'imaginaire $a\sqrt{-1}$, consiste en ce que dans un énoncé le carré du nombre a est affecté d'un signe qui rend cette demande incompatible avec les propriétés des nombres réels.

Par conséquent il nous sera toujours possible de savoir comment un énoncé doit être redressé pour que l'impossibilité finale disparaisse.

Voilà l'indication nette, précise, mathématique de ce qu'est l'imaginaire et des services qu'il peut nous rendre. Sans doute cette indication ne réalise pas cette forme pour le nombre, mais elle rationalise sa conception; non-seulement elle nous débarrasse de ces considérations si répulsives au sujet de certains êtres qui, tout chimériques qu'on a voulu les faire, ne pouvaient pas être mis hors de cause, mais elle nous permet à la fois et de comprendre la présence de ces formes dans les calculs et d'expliquer les causes premières, nécessaires, logiques de cette présence. Nous verrons plus tard combien il devient facile avec ces explications d'obtenir pour certaines quantités la réalisation physique de la forme imaginaire.

Indépendamment de l'imaginaire, il y a aussi d'autres sortes d'impossibilités pour le nombre, par exemple : la forme fractionnaire et radicale, mais nous avons expliqué comment il résulte de l'habitude dans laquelle on est de confondre l'étude des quantités avec celle du nombre, qu'on s'est peu à peu familiarisé avec ces formes tout inconciliables qu'elles sont avec les propriétés du nombre. C'est un sujet que nous allons reprendre dans l'étude du concret. Quant au positif et au négatif, nous avons expliqué comment ils correspondent aux deux attributs qu'il nous est possible d'associer avec l'idée nombre, savoir celui d'être augmentatif et celui d'être diminutif, et cette considération nous a conduit fort simplement à la démonstration des règles des signes.

III

Après avoir ainsi passé en revue l'ensemble des formes qui constituent le contingent de l'algèbre, nous avons remarqué que, s'il en est quelques-unes propres à résoudre les questions proposées pour le nombre, il en est un plus grand nombre encore qui accusent des impossibilités de réalisation; de sorte que, si on voulait s'occuper exclusivement des premières, le recueil des propriétés relatives à l'algèbre du nombre abstrait se réduirait à fort peu de chose. Mais n'est-il pas naturel de se demander pourquoi on se bornerait à la seule étude du possible, et n'est-il pas évident que, si nous avons intérêt à connaître ce qui concerne cette partie de la science, il nous importe aussi d'être renseignés sur ce qui ne se peut pas? N'avons-nous pas vu que la recherche des causes de ces empêchements est un moyen très-efficace de nous faire reconnaître et de redresser certaines erreurs de nos propositions? c'est là une fonction incontestablement utile. On a pu se convaincre, en outre, que c'est précisément parce qu'on n'était pas suffisamment entré dans cette voie qu'on a été conduit à introduire dans la science exacte par excellence les idées les plus inexactes, les plus singulières bizarreries sur des choses dont on fait usage continuellement malgré tous les interdits lancés contre leur compréhension.

Or, maintenant que nous savons que ces choses ne sont pas des empêchements pour notre raison, et qu'il ne faut plus les considérer que comme des entraves dans les moyens d'agir, n'y a-t-il pas lieu de se demander si ces entraves qui existent pour le nombre existeront pour toutes les quantités? Si la réponse à cette question doit être négative (et ce que nous savons déjà du fractionnaire nous autorise à dire qu'elle l'est du moins en partie), il devient évident qu'il y aura un incontestable intérêt à étudier toutes les formes de rapports possibles ou impossibles pour le nombre, puisqu'il nous sera permis d'entrevoir que, dans certaines circonstances, les unes et les autres pourront être utilisées pour des réalisations.

La question ainsi posée nous a conduit à donner à l'étude de l'algèbre une tout autre étendue que celle qui se bornerait à la connaissance des propriétés seulement applicables au nombre abstrait. Elle devient une recherche générale de tous les rapports que cette science est susceptible de mettre à jour, sans s'inquiéter de la possibilité de la réalisation, et en se préoccupant seulement de la justification de leur vérité.

Ceci bien compris, lorsqu'abandonnant l'étude du nombre nous aborderons celle d'une quantité, nous n'aurons plus qu'à rechercher parmi ces divers rapports quels sont ceux qui, eu égard à la nature particulière de cette quantité, aux propriétés qu'elle possède, sont susceptibles de passer pour elle dans la phase de la réalisation ; cela une fois fait, nous reconnaîtrons immédiatement ce que nous avons à prendre dans l'algèbre générale pour en former l'algèbre particulière de cette quantité.

C'est ce dont nous allons maintenant nous occuper ; mais pour marcher sûrement dans cette voie, il est nécessaire que nous nous rendions compte de la manière dont on peut représenter les quantités dans la science du calcul.

IV

Qu'est-ce d'abord qu'une quantité? On a dit que c'est tout ce qui est susceptible d'augmentation et de diminution. Nous n'irons pas à l'encontre de cette définition, mais il faudra bien remarquer qu'à ce compte, presque tout doit être réputé quantité : non-seulement les objets matériels et les propriétés diverses dont ils peuvent être doués, mais encore tous nos actes personnels, qu'ils soient physiques, moraux ou intellectuels, car il n'est pas une seule de ces choses à laquelle je ne puisse appliquer les attributs du plus ou du moins; l'idée seule de Dieu est exclusive de celle de supériorité. Les classements que nous faisons à la suite d'examens, de concours, d'expositions; les appréciations diverses que nous portons sur les œuvres de l'esprit, sur les vertus privées ou publiques, etc., sont une preuve que toutes ces choses, sous les mêmes espèces, ne sont pas égales les unes aux autres, et que, dans notre esprit, elles sont classées comme valant tantôt plus, tantôt moins.

Tout cela sera-t-il donc susceptible d'être soumis aux spéculations de l'algèbre? Non, sans doute, car l'algèbre ne s'occupe pas de ce qui est plus ou moins grand d'une manière quelconque; elle possède un moyen particulier à elle pour évaluer ce plus ou ce moins; et ce moyen, c'est l'augmentation ou la diminution par la voie de la pluralité, par le nombre, par la répétition. Lorsque nous aurons acquis la conviction qu'une chose peut être ainsi augmentée ou diminuée par le procédé que nous appellerons numérique, les supputations relatives à ces augmentations et diminutions pourront être algébriques; mais il n'en est pas ainsi pour un grand nombre d'objets. D'ailleurs, nous ne voulons pas prétendre que des choses, aujourd'hui inabordables à l'algèbre, parce que nous n'avons pas les moyens d'évaluer par les nombres leurs variations en plus ou en moins, ne seront pas un jour ses tributaires. A cet égard, il n'est pas possible de se prononcer. Pour répondre péremptoirement à ces questions, il faudrait avoir, ce qui nous manquera toujours, une connaissance anticipée du progrès des sciences.

Ce n'est pas que, dès à présent, pour certaines choses, quoiqu'elles ne soient pas algébriques, nous ne puissions, à certains égards, introduire en elles la considération du nombre; ainsi, il est bien certain que le développement de l'intelligence chez les individus est une fonction du temps qu'ils consacrent à l'étude, de l'importance des ressources bibliques et orales qu'ils ont à leur disposition : voilà des éléments pour lesquels, jusqu'à un certain point, l'évaluation numérique peut intervenir; mais que dire de ce qui concerne la force de volonté, la tension d'esprit, les facultés naturelles? Il nous serait fort difficile de concevoir comment le nombre pourrait intervenir dans leur appréciation, et dès lors nous ne saurions les considérer comme susceptibles d'être algébriquement exprimées. Cependant, malgré tout ce qu'il y a d'incertain quelquefois dans l'application du procédé numérique, c'est celui auquel nous sommes obligés de recourir lorsque nous voulons procéder au classement des intelligences; par exemple, dans les examens, les appréciations des réponses sont généralement faites par des nombres, quoique nous n'ignorions pas que ce n'est pas là un moyen rigoureux, et nous en dirons tout à l'heure la raison, mais parmi ceux que nous pourrions employer, c'est celui qui nous a paru le meilleur pour nous faire approcher le plus près possible de la vérité.

Par conséquent, puisque le nombre est le moyen exclusivement employé par l'algèbre pour exprimer les augmentations et les diminutions, il est nécessaire que la propriété de l'augmentation et de la diminution des choses soit exprimée par des nombres pour que l'étude algébrique de ces choses puisse être faite. Il y a donc un intérêt évident à rechercher à l'aide de quels moyens on reconnaîtra que ces augmentations et diminutions peuvent être numériquement représentées. Or ce moyen existe, il est simple et facile, et il consiste à s'assurer que l'égalité peut exister entre deux choses de même espèce. S'il en est ainsi, tout ce qui concerne le plus ou le moins de cette espèce pourra être exprimé par des nombres et par conséquent par l'algèbre, ainsi que nous le verrons tout à l'heure.

V

Mais disons d'abord quelques mots de la constatation de ces égalités.

Considérée au point de vue le plus général, la rigoureuse égalité de deux choses est aussi facile à concevoir en principe, que difficile à réaliser en pratique, parce qu'il n'est pas d'objets qui ne possèdent une foule d'attributs et que l'égalité absolue entraîne la nécessité que tous ces attributs aient simultanément la même valeur; or cette condition est déjà très-difficile à réaliser pour un seul. Prenez deux sphères de même rayon, elles seront égales en volume et en surface, mais à la condition que la substance qui les compose ne sera pas poreuse; car, dès l'instant qu'elle est poreuse, l'obligation première, celle de l'égalité du rayon, pour tous les points d'une même sphère, cesse d'exister et vous ne pouvez plus conclure. Ces deux sphères, si elles sont de même rayon et formées de même matière, devront avoir le même poids, mais à la condition que cette matière sera parfaitement homogène et parfaitement semblable dans les deux sphères. Or, dans la nature, l'absence de porosité est aussi impossible que l'existence d'une homogénéité parfaite. A ces premières causes de dissemblance, il faudra joindre celles de la couleur, de la température, de l'état électrique.

On voit donc que non-seulement l'égalité d'ensemble pour les attributs sera une chose vraiment impossible à réaliser, qu'il en sera encore de même si on fait abstraction de tous les autres attributs pour ne s'occuper que d'un seul; mais il n'y aura aucun inconvénient à cela, pourvu que les différences d'égalité ne dépassent pas ce dont l'imperfection de nos sens nous oblige nécessairement à ne pas tenir compte. On sait d'ailleurs que l'étude des sciences met à notre disposition divers moyens de suppléer en partie à cette imperfection naturelle, et nous y aurons recours toutes les fois que la nécessité d'une plus grande rigueur dans les évaluations se fera sentir. Nous ne nous arrêterons donc pas à ces insuffisances, qui sont une dépendance de la nature même des choses, et qui n'empêchent pas d'ailleurs notre pensée d'arriver à la conception de l'égalité vraiment parfaite.

Comment maintenant ces égalités pourront-elles être constatées? De plusieurs manières différentes suivant la nature des objets dans lesquels nous nous proposerons de les considérer. Mais il y a une méthode générale pour procéder à ces constatations; elle consiste à s'assurer que, dans les mêmes circonstances, les effets produits par les choses qu'on suppose devoir être égales sont les mêmes. Or les moyens pourront être variables à l'infini.

Par exemple, dans la géométrie, lorsqu'il s'agit de la forme des figures, il faudra que ces figures puissent se superposer directement dans toutes leurs parties; si ce résultat est obtenu, il sera évident pour nous que l'égalité existe.

Pour les poids, il faudra que mis l'un et l'autre dans les plateaux d'une balance qui se tient naturellement en équilibre, cet équilibre persiste.

Pour les températures, deux sources de chaleur seront égales lorsqu'agissant à la même distance sur un même corps et dans le même temps, elles augmenteront les températures initiales de ce corps d'un même nombre de degrés; et encore cela suppose-t-il que l'on n'a pas égard aux variations que la chaleur spécifique peut éprouver suivant les températures.

Quoi qu'il en soit, ce dont on aura à s'enquérir avec soin, ce sera de faire agir les quantités dont on veut vérifier l'égalité dans des circonstances et dans des conditions identiques, et, si alors les effets obtenus sont exactement les mêmes, notre raison acceptera la conséquence que les deux quantités qui ont agi jouissent de la propriété d'être égales.

Il convient en outre de remarquer que les objets dont nous pouvons avoir à nous occuper jouissent généralement de la propriété de posséder simultanément plusieurs attributs ; lorsque nous voudrons spécialement nous occuper d'un seul de ces attributs, il ne sera pas nécessaire que l'égalité générale de ces objets existe, il suffira qu'elle soit reconnue pour celui de ces attributs dont nous faisons actuellement l'étude : alors au point de vue de ces attributs, nous pourrons considérer les objets comme égaux, mais nous exprimerons mieux encore cette circonstance en disant qu'ils sont équivalents.

Par exemple, dans la géométrie, deux parallélogrammes de même base et de même hauteur peuvent, au point de vue de leur figure, être très-dissemblables, mais ils jouissent de la propriété commune que la surface enfermée dans leurs contours variés est constante ; de sorte qu'au point de vue des surfaces il faut les considérer comme équivalents, quelle que soit la variété de leur forme. Que si, satisfaisant aux conditions ci-dessus de base et de hauteur, ils sont en même temps superposables, ils seront égaux à tous les points de vue.

Il résulte de tout ce qui précède que la constatation de l'égalité entre deux choses de même espèce n'est pas aussi simple qu'on pourrait être disposé à le croire au premier abord, et ce n'est qu'après une étude quelquefois très-approfondie des propriétés de ces choses, qu'on parvient à trouver les moyens de déterminer sous quelles conditions et dans quelles circonstances leur égalité doit être affirmée ; ce n'est que lorsque cela a été reconnu que l'étude algébrique de ces quantités peut être entreprise ; aussi la théorie mathématique de beaucoup de quantités n'a-t-elle pu être constituée que fort tard et après un assez grand nombre de recherches physiques et expérimentales, ayant pour objet de nous donner la connaissance de leurs principales propriétés. Tant que ces recherches n'ont pas été suffisamment développées, l'algèbre reste muette sur les lois de leurs augmentations et de leurs diminutions.

VI

Supposons maintenant que l'égalité de deux choses de même espèce soit constatée, et voyons comment de ce premier fait résultera la possibilité d'exprimer toutes les choses de cette espèce à l'aide du nombre tel que nous l'avons défini.

A cet effet, prenons arbitrairement une de ces choses que, pour simplifier le discours, nous désignerons par a, et comparons-la à toutes les autres de la même espèce ; il y en aura de plus grandes et de plus petites qu'elle ; supposons-les d'abord plus grandes et considérons-en une que nous appellerons b ; si en ajoutant a avec a je trouve que cette réunion est précisément égale à b, je pourrai dire que celle-ci peut être représentée par 2 fois a ; si cette réunion de a avec a n'est pas suffisante pour donner b, j'ajouterai encore une fois a, et si le nouveau résultat est égal à b, je pourrai dire que celle-ci est représentée par 3 fois a. Je pourrai continuer ainsi indéfiniment et j'obtiendrai, chemin faisant, une collection de choses de l'espèce en question dont les grandeurs successives seront $2 a$, $3 a$, $4 a$, $5 a$,.... jusqu'à ce qu'enfin le nombre de fois que j'aurai répété a soit tel qu'il y ait égalité entre le résultat de cette répétition et la quantité considérée b.

On voit comment, à l'aide de ce procédé, l'idée du nombre s'introduit comme représentation des grandeurs, et c'est à tel point que, sous la réserve mentale, mais très-expresse, que a est censé devoir être accolé au nombre de fois qu'il a fallu le prendre pour former les diverses grandeurs, je pourrai dire que celles-ci sont respectivement représentées par les nombres $2, 3, 4, 5$.....

Hâtons-nous de faire remarquer que, pour que ce procédé puisse être appliqué, il est indispensable que, dans chaque cas, nous sachions comment il faut s'y prendre pour ajouter a avec a, avec $2 a$, avec $3 a$.... que nous sachions en un mot faire l'addition de deux choses de l'espèce considérée. Si cette connaissance nous manquait, la formation des grandeurs $2 a$, $3 a$, $4 a$,.... ne pourrait être réalisée. C'est là une opération que l'algèbre sait faire sur les nombres, mais qu'elle n'a aucun moyen de pratiquer sur les quantités elles-mêmes, et dont nous devrons rechercher les procédés dans l'étude directe des propriétés de ces quantités, ce qui, d'ailleurs, en général, ne saurait présenter de sérieuses difficultés.

Ainsi, pour les longueurs, l'addition se fait en portant ces longueurs à la suite l'une de l'autre et suivant une ligne droite.

Pour les angles, elle s'exécute par une juxtaposition en faisant coïncider leurs sommets et un de leurs côtés.

Pour les forces, en les appliquant à un même point et de manière qu'elles se confondent dans une même direction, et ainsi de suite.

Si maintenant la grandeur b se trouve être moindre que celle a qu'on a d'abord choisie, il ne sera pas possible, même en prenant celle-ci une fois, de représenter la première ; mais, comme je ne dois satisfaire pour le choix de a à aucune obligation, je n'ai qu'à supposer que je le prends beaucoup plus petit que b et je pourrai, avec ce nouveau choix, arriver à une expression numérique de b, c'est-à-dire au nombre de fois qu'il faudrait ajouter l'échantillon adopté avec lui-même pour obtenir b.

Ce que nous venons de dire suppose qu'on pourra toujours reproduire une grandeur quelconque en ajoutant un certain nombre de fois à elle-même celle qui a été primitivement prise pour type commun de toutes les évaluations. Or l'esprit conçoit que quel que soit ce type il pourra toujours y avoir des grandeurs comprises entre elle et son double, entre son double et son triple et ainsi de suite, et que par conséquent toutes les grandeurs ne pourront être représentées par ce moyen. Toutefois, on conçoit en même temps qu'en prenant le type de plus en plus petit, le nombre des grandeurs représentables par ce procédé deviendra de plus en plus considérable ; de telle sorte que si la petitesse du type était de l'ordre des choses dont l'imperfection de nos sens, aidés même des appareils propres à suppléer à leur insuffisance, nous force à ne pas tenir compte, il n'y aurait pas de grandeur utile qui ne pût être exprimée par le nombre tel que nous l'avons défini. Nous nous en tiendrons pour le moment à cette conception dont il ne faudrait pas se dissimuler les embarras pratiques, mais parfaitement acceptable au point de vue rationnel, ce qui est suffisant pour l'exposition logique des idées. Nous verrons plus tard les simplifications que la nature même de certaines quantités permet d'introduire dans leur représentation numérique.

VII

Ce type qu'on prend pour servir de commune mesure à toutes les grandeurs de même espèce, et à l'aide duquel on

peut toujours parvenir à les représenter avec des nombres, a
reçu un nom dans la science, on l'a appelé *unité;* c'est là une
très-fâcheuse détermination et il est facile de le comprendre;
car nous aurons ainsi le même mot pour exprimer une foule
de choses différentes, la confusion pourra s'en suivre et nous
verrons qu'en effet elle s'est introduite à cet égard dans nos
conceptions. L'unité jusqu'à présent a été pour nous l'indice
que la pluralité se réduit à la considération d'un seul objet quel
qu'il soit, elle veut dire qu'on prend cet objet une fois seulement, et, dans cet état, notre esprit, faisant abstraction de tous
les attributs que les choses peuvent posséder, se borne à la
seule impression que lui fait éprouver la propriété qu'ont ces
choses d'être dans une situation particulière au point de vue
de la pluralité. Dans la nouvelle acception du mot unité, il n'en
est plus ainsi, ce mot ne signifie plus *une fois,* il exprime *une
chose,* et une chose déterminée avec toutes ses propriétés quelles
qu'elles soient; cette chose changera d'ailleurs de nature avec
les espèces considérées; il s'en suit que le mot unité va s'appliquer à autant d'objets différents qu'il nous sera loisible d'en
soumettre aux spéculations de l'algèbre.

Or, d'après leur définition même, ces deux sortes d'unités
possèdent des propriétés fort différentes, et c'est parce qu'elles
ont en effet porté la confusion dans les esprits qu'on a pu, par
exemple, s'adresser la question de savoir s'il y avait quelque
chose de plus petit que un. Il est évident que si le mot unité
avait été exclusivement réservé pour exprimer *une fois,* on
n'aurait jamais songé à se poser cette question; car à ce point
de vue on ne peut passer que de un à zéro, sans intermédiaire.
Mais puisqu'on appelle aussi unité un certain objet de chaque
espèce, il est clair que je pourrai parfaitement comprendre ce
qu'est une partie de cet objet, c'est-à-dire quelque chose qui
est plus petit que lui. Nous aurons occasion de citer d'autres
exemples des désordres que cette manière de procéder a introduits dans nos conceptions.

Les inconvénients d'un même mot pour désigner des choses
si différentes ont été compris. Dans nos études sur la science
du calcul, nous les avons signalés il y a une trentaine d'années.
Pour y remédier, nous avons proposé de réserver exclusivement le mot unité pour tous les cas dans lesquels il sera ques-

tion du nombre abstrait, et de donner un autre nom à ces unités qui servent de type pour procéder à l'évaluation numérique des quantités. Or, parce que ces types sont la véritable quantité même avec toutes les propriétés qui constituent son mode particulier d'existence, il nous avait paru rationnel de les appeler modules. La convenance et l'utilité de cette modification, quel que fût d'ailleurs le nouveau mot qu'on voudrait finalement adopter, nous paraissaient des motifs suffisants pour la faire adopter; mais nous étions jeune alors, et nous ne nous doutions pas que l'habitude est tyrannique à ce point que, plutôt que de céder à la raison, elle a le pouvoir de la tenir en échec et de lui imposer silence. On a donc continué d'avoir plusieurs unités; mais si l'habitude avec ses droits usurpés est une puissance, ce n'est pas un motif pour que la raison renonce à faire valoir ses droits légitimes, et ne devienne pas à son tour une autorité. Voilà pourquoi nous persistons; seulement, dans ce conflit, comme dans tous ceux qui peuvent se produire, il ne peut être qu'avantageux de se faire de mutuelles concessions. Nous concéderons donc à l'habitude le mot, en lui demandant de vouloir bien consentir à son tour à ce qu'il reçoive un qualificatif caractéristique pour chacun de ses deux usages; qu'on veuille bien, en conséquence, appeler unité numérique la première espèce d'unité, et unité module la seconde. Nous concéderons même, en faveur des esprits qui n'acceptent pas sans quelque répulsion l'introduction de dénominations nouvelles, que la seconde espèce d'unité soit appelée unité concrète; peut-être cela dérangera-t-il moins les habitudes prises. Toutefois, nous ne cacherons pas que le premier qualificatif nous paraît préférable au second, parce que le mot concret en mathématiques s'entend assez spécialement des quantités de l'ordre matériel, et qu'on étudie en algèbre des quantités de l'ordre intellectuel : tels sont les degrés des puissances, la forme des fonctions, les probabilités, les lois du mouvement de la population, etc... A ce point de vue, le mot module, qui rappelle le mode d'existence des quantités, quel que soit ce mode, physique ou intellectuel, nous paraît plus général et en même temps plus caractéristique que le mot concret; c'est celui que nous adopterons pour notre part, et même pour abréger le discours, au lieu de dire unité module, il nous arrivera souvent de dire simplement le module.

VIII

De l'ensemble des explications précédentes résulte ce point capital, et qu'il ne faut jamais perdre de vue, que la représentation d'une quantité est essentiellement complexe; qu'elle se compose de deux choses très-distinctes, savoir : 1° une quantité de la même espèce qu'elle, destinée à faire connaître de quoi on s'occupe et qu'on peut appeler unité concrète, unité module, ou simplement module; 2° un nombre indiquant combien de fois doit être répété le module pour reproduire exactement la quantité.

Nous savons déjà ce qu'est le nombre, et l'algèbre nous a fait connaître les divers rapports possibles ou impossibles qui le concernent. Nous savons aussi ce qu'est le module, puisque les propriétés fondamentales de l'espèce à laquelle il appartient ont été nécessairement étudiées lorsque nous avons voulu reconnaître si cette espèce peut être soumise aux spéculations de l'algèbre.

Au point de vue de l'écriture, il n'y a aucun inconvénient, il y a même une utile simplification, à supprimer l'indication du module dans les formules; mais, au point de vue de la conception, il n'en saurait être ainsi : d'abord parce que le raisonnement nous montre que les choses ne peuvent pas se passer autrement, et, en second lieu, parce qu'autre chose est de faire une opération sur le nombre, ou de faire la même opération sur une quantité. Si, lorsqu'on se borne à représenter les quantités par le nombre, ainsi que nous venons de l'expliquer, on perdait de vue la considération essentielle qu'un module doit toujours être mentalement accolé à ce nombre, les possibilités et impossibilités d'opérer sur les quantités seraient exactement les mêmes que celles d'opérer sur le nombre, et dès lors les résultats de l'algèbre seraient identiques pour toutes les espèces. Mais si, dans un résultat, on restitue à côté du nombre, et quoiqu'elle n'y figure pas ostensiblement, la considération du module, il y aura lieu alors de s'enquérir si les opérations indiquées dans le résultat, qui doivent s'appliquer nécessairement à la quantité, quoiqu'impraticables sur le nombre considéré isolément qui figure dans la représentation de cette quantité, mais qui n'est qu'une partie, ne sont pas susceptibles

de s'appliquer sur le nombre module qui en est la représentation complète, c'est-à-dire, puisque le nombre est déjà éliminé,
sur le module qui est la seconde partie de cette représentation.
Or, s'adresser cette question, c'est déjà, je n'hésite pas à le dire,
se donner les moyens de mettre à néant toutes les obscurités
de la science, tout en laissant à l'idée de nombre la simplicité
primitive de sa conception, c'est-à-dire l'indivisibilité de son
unité. En outre, trouver à cette question une réponse convenable,
c'est faire entrer par une porte largement ouverte les rapports
algébriques quels qu'ils soient dans le domaine des réalisations.

La remarquable fécondité de cette idée n'enlève rien à la
simplicité de sa conception et les plus vulgaires exemples sont
aptes à en rendre évidente toute l'importance. C'est ce que
nous allons voir : en tant qu'il ne s'agit que du nombre abstrait, 13 ne sera jamais divisible par 5 ; pour que l'opération de
la division par 5 soit possible, il faut que le nombre à diviser
soit constitué de manière à ce qu'il se trouve naturellement
formé par une collection de groupes contenant chacun 5 unités ; le nombre de ces collections sera évidemment la cinquième
partie du nombre primitif. L'esprit conçoit cependant qu'il y
aurait un autre moyen de satisfaire à cette question ; en effet,
13 étant la collection générale de 13 unités, s'il était possible de
prendre la cinquième partie d'une de ces unités, en accolant
à 13 cette cinquième partie j'aurais évidemment réalisé l'opération demandée. Mais il s'agit ici de l'unité numérique et nous
savons que le caractère essentiel de cette unité est d'être indivisible. Or si 13, au lieu de représenter le nombre abstrait, représente une quantité, et s'il arrive que cette quantité jouisse,
en vertu de ses propriétés naturelles, du privilége de pouvoir
être indéfiniment divisible, il en sera de même en particulier
pour l'unité module dont il aura pu me convenir de faire
choix. Restituant alors à 13 cette unité module pour représenter la quantité en question, je remarquerai que ce que je
ne pouvais pas faire pour l'unité numérique qui est indivisible,
je pourrai le pratiquer parfaitement sur l'unité module et que
j'aurai par ce moyen, non pas le cinquième du *nombre* 13,
mais le cinquième de la quantité dont 13 représente la grandeur, parce qu'alors 13 ne s'appliquera plus à l'unité module
primitive, mais à une unité cinq fois plus petite.

10

Or il y a un très-grand nombre de quantités qui jouissent de la propriété de pouvoir être divisées en tant de parties qu'on voudra, et nous verrons dans les chapitres suivants que ce sont celles qui jouissent du principe de la continuité. Mais, sans nous arrêter en ce moment à l'examen des lois naturelles qui conduisent notre esprit à la conception de la divisibilité indéfinie des choses, il nous suffit d'invoquer la possibilité pratique de cette division pour faire bien comprendre que, si certaines opérations impraticables sur un nombre sont cependant praticables sur la quantité que ce nombre exprime, c'est parce que, dans la représentation de cette quantité, il faut toujours voir à côté de ce nombre une unité module, de même espèce qu'elle, et qu'alors la réalisation des opérations à exécuter sur la quantité dépendra non-seulement de celles que nous pourrons accidentellement faire sur le nombre, mais encore de celles que la nature du module nous donnera les moyens de pratiquer sur lui.

De là ressort encore une fois cette conséquence importante que, dans l'étude de l'algèbre abstraite, nous ne devons pas nous arrêter dans nos recherches lorsque nous nous trouvons en présence de rapports ou d'opérations impossibles pour le nombre, car l'exemple ci-dessus nous montre que ce qui est irréalisable pour lui peut ne pas l'être pour la quantité; de sorte que ces rapports qui, pour des conclusions purement abstraites, correspondent à des impossibilités équivalentes dans des demandes qui concerneraient le nombre abstrait, peuvent entrer dans la phase de réalisation lorsque les mêmes demandes s'appliquent à la quantité.

On voit donc que borner les recherches abstraites à la seule considération des rapports possibles pour le nombre serait se priver des moyens de procéder à l'étude complète des quantités, puisque celles-ci, mieux douées que lui par la nature, ont des propriétés de réalisation beaucoup plus complètes que n'en a le nombre, et que ces propriétés pourront être utilisées dans la représentation des quantités à l'aide du module qui fait partie intégrante de cette représentation.

En résumé, nous sommes en droit d'affirmer que, dans l'étude algébrique des quantités, l'impossibilité d'un rapport en abstrait cessera d'en être une toutes les fois que les opérations dont se composera ce rapport seront praticables sur l'unité module.

Ce n'est pas le rôle de l'algèbre de nous apprendre comment ces opérations doivent se faire sur les quantités ; sa mission exclusive se borne à nous indiquer, quand cela se peut, comment elles s'exécutent sur le nombre. C'est dans l'étude de ces quantités mêmes que nous devons chercher les procédés d'exécution, et cela montre de nouveau la nécessité d'obtenir au préalable la connaissance des propriétés diverses dont peuvent jouir les quantités, non-seulement afin de savoir si les lois de leurs augmentations et diminutions peuvent être formulées par la science du calcul, mais encore afin de donner à cette étude tous les avantages qu'il est permis d'en retirer pour la plus grande utilisation possible des rapports algébriques connus.

Par exemple, pour les longueurs, c'est la géométrie qui nous apprendra comment il faut s'y prendre pour en faire la division, pour en extraire les racines carrées, et cette connaissance une fois acquise, ces diverses opérations, quoique toujours impossibles pour le nombre deviendront physiquement réalisables pour les longueurs. C'est ce qui sera expliqué dans la suite de cet écrit.

IX

En présentant les observations qu'on vient de lire, nous n'avons pas eu certainement la prétention de produire des idées nouvelles ; quel est l'esprit réfléchi qui n'a pas la conscience de toutes les choses que nous venons d'exposer et qui, en son temps et en son lieu, n'ait pas interprété chaque principe comme nous pensons nous-même qu'ils doivent être compris ? Mais ce qui nous manque très-certainement en général, c'est de les bien voir dans leur ensemble ; ce que nous pourrions reprocher à l'enseignement, c'est de se borner à en dire quelques mots, suivant les occasions, incidemment et sans suite suffisante, sans y ajouter toutes les justifications nécessaires. Les développements que nous venons de présenter n'ont donc pas pour objet d'apprendre quoi que ce soit aux esprits qui depuis longtemps sont familiarisés avec les études algébriques; telle n'a pas été notre pensée. Mais nous les avons cru propres à impressionner utilement tous ceux qui, à divers titres, sont appelés à exercer une action sur le choix et le perfectionnement des méthodes d'enseignement. Nos élèves manquent de notions suffisantes sur les principes de la science; on ne leur fait pas assez comprendre l'importante distinction qui existe entre le nombre exprimant uniquement la pluralité et le nombre employé comme représentation des grandeurs; on ne leur dit pas assez qu'à côté de ce dernier nombre il faut toujours voir l'unité module ou concrète; on ne distingue pas suffisamment cette unité de l'unité numérique; on n'indique pas avec toute l'affirmation nécessaire les facilités de réalisation que permet la considération de l'unité module ; on ne montre pas combien, en même temps qu'elle facilite la pratique, elle rationalise les conceptions; on n'insiste pas dans une mesure convenable sur les secours qu'il faut emprunter à d'autres sciences étrangères à l'algèbre, pour légitimer dans tous ses détails une application quelle qu'elle soit de la science du calcul à la recherche des lois qui régissent les augmentations et diminutions des quantités. Et parce que dans ces applications on ne dit pas assez quelle est cette part qui doit revenir aux diverses branches des connaissances humaines, on accoutume les esprits à s'imaginer que chaque science reste isolée dans son domaine, et on laisse s'effacer cette grande et belle pensée qu'elles sont les rameaux d'un même arbre; qu'elles ont par conséquent d'intimes relations, d'inévitables points de contact, et que la source commune qui les alimente toutes, l'intelligence humaine, ne peut pas augmenter dans l'une d'elles le principe de vie sans le développer dans les autres.

Tout cela serait pourtant aussi facile à pratiquer que c'est simple à comprendre ; quant aux conséquences, nous croyons qu'elles seraient des plus grandes et que les quelques leçons consacrées à ces explications auraient, outre l'immense mérite de donner à l'intelligence satisfaction et rectitude, celui de la diriger plus sûrement et plus vite dans la voie du progrès.

CHAPITRE VIII

DE L'ATTRIBUT DE CONTINUITÉ.

SOMMAIRE. — I. Des attributs des quantités et de leur étude. — II. Définition de la continuité. — III. Comment on doit comprendre la continuité
en algèbre. — IV. Toutes les espèces continues sont susceptibles d'être
algébriquement étudiées. — V. Du passage de la pluralité à la continuité,
accord des lois naturelles avec nos conceptions. — VI. Les quantités
continues sont susceptibles d'être indéfiniment divisées. — VII. Extension
de l'idée de nombre aux expressions fractionnaires. — VIII. De l'addition
et de la soustraction des nombres fractionnaires. — IX. De la multiplication et de la division des fractions. — X. Du rapport fractionnaire. —
XI. Des expressions puissancielles et radicales. — XII. De la représentation
algébrique des quantités irrationnelles ; cette représentation exige une série
infinie de divisions. — XIII. Des opérations de calcul sur les expressions
irrationnelles. — XIV. L'infiniment petitesse de l'unité module conduit à la
considération des limites de la continuité. Pour les longueurs on arrive
à la conception que le point géométrique est cette limite. — XV. Sous
quelles conditions on conçoit qu'on passe de la longueur au point et réciproquement ; ces passages ne peuvent se faire sans la considération de
l'infini. — XVI. Point de départ de l'introduction du calcul infinitésimal
dans la science. — XVII. Observations et détails justificatifs. — XVIII. Le
calcul infinitésimal constitue en algèbre le procédé à l'aide duquel nous
passons d'une espèce à une autre lorsque d'ailleurs les espèces sont liées
entre elles par des lois naturelles.

I

Les différents objets qui tombent sous nos sens ou sous les
spéculations de notre intelligence n'existent pas toùs de la même
manière : ils sont diversifiés soit par des propriétés naturelles
lorsqu'ils sont du domaine physique, soit par des fonctions plus
ou moins nombreuses qu'ils ont à remplir, lorsqu'ils sont de
l'ordre intellectuel.

Ces différentes propriétés ou fonctions qui appartiennent aux objets sont ce que nous appellerons leurs attributs, et leur ensemble dans un objet constitue le mode général d'existence de cet objet.

Tous ces attributs sont de natures tellement diverses, les lois qui les régissent sont si variables qu'il nous serait impossible de procéder à leur étude simultanée. Notre raison conçoit cependant qu'il doit y avoir certains liens entre les unes et les autres, qu'il doit exister quelque cause en vertu de laquelle un objet possède tel ensemble d'attributs plutôt que tel autre; mais ces sortes de questions, qui dès l'abord viennent se présenter à l'esprit, ne peuvent être immédiatement traitées, et nous ne saurions avoir l'espoir de parvenir à les résoudre que lorsqu'au préalable nous serons en possession de la connaissance des lois principales qui régissent en particulier chaque attribut; ce n'est qu'après ce premier travail qu'il pourra être permis d'établir des comparaisons utiles entre les uns et les autres, et de s'élever jusqu'à la conception des causes nécessaires à leur association sur un même objet.

Le besoin de simplifier les études et de venir ainsi en aide aux opérations de l'esprit nous porte donc à envisager séparément chaque attribut, à rechercher par conséquent, et à déterminer quelle est la part particulière que prend chacun d'eux dans le mode d'existence des objets.

C'est ce dont nous allons nous occuper pour celui qui a reçu le nom de continuité. Disons d'abord en quoi consiste l'idée qu'il faut attacher à ce mot.

II

Considérons deux quantités quelconques A et B de même espèce, dont l'une B est plus grande que l'autre, leur différence sera B-A ; or, si l'espèce considérée est telle qu'il nous soit permis de concevoir que cette différence peut devenir aussi petite qu'on voudra le supposer sans que A et B cessent d'être des quantités distinctes de la même espèce, on dit que l'espèce en question jouit de la propriété d'être continue.

Il résulte de là qu'il n'y a aucun état D susceptible d'être conçu pour cette quantité entre A et B, qu'on ne trouve nécessairement parmi les valeurs intermédiaires qui existent de l'une de ces limites à l'autre ; car si l'on disait, par exemple, que dans la série graduée de ces valeurs, D' étant moindre que D, et D'' étant plus grand que lui, on passe sans intermédiaire de D' à D'', la différence entre ces deux états serait une quantité finie $D''-D'$, et il n'aurait pas été vrai de dire que cette différence peut devenir aussi petite qu'on voudra. Le principe de la continuité exclut donc toute idée de lacune dans la conception des valeurs qui, plus grandes que A et moindres que B, peuvent exister entre ces deux termes.

III

Il y a un grand nombre de quantités qui jouissent du principe de la continuité. Ainsi parce qu'une longueur quelconque étant donnée, mon esprit conçoit que quelque petite que soit une longueur qu'on ajouterait, ou qu'on retrancherait à la première, on aurait de nouvelles longueurs distinctes de celle-ci, je dirai que ces longueurs jouissent du principe de la continuité.

Parce que je conçois que l'équilibre obtenu à l'aide d'un poids appliqué à une machine sera troublé par l'addition ou la soustraction à ce poids d'un autre poids, quelque petit qu'il soit, il me sera permis de considérer les poids comme jouissant du principe de la continuité.

Il est évident qu'il n'en est pas de même de la pluralité, car celle-ci est complétement indépendante de la grandeur des objets qui en donnent l'idée, elle reste la même quelle que soit cette grandeur, et ce n'est que par la suppression complète d'un de ces objets qu'elle se modifie.

Par exemple, un livre peut être considéré soit au point de vue de son volume ou de son poids, soit au point de vue du nombre de ses feuillets.

Dans le premier cas, l'esprit conçoit que la plus petite coupure faite à un feuillet fera subir, soit au poids soit au volume total, une diminution égale au poids ou au volume de cette coupure : tandis que le même retranchement laissera intacte la valeur de la pluralité des feuillets.

Il est d'ailleurs très-important de se faire une idée nette et précise de la manière dont ces augmentations ou diminutions doivent être conçues; il faut, d'une part, que les espèces ainsi comparées soient les mêmes, et il n'est pas nécessaire d'autre part que les objets dans lesquels ces espèces existent le soient. Cette distinction est importante, et quelques exemples la feront comprendre.

Lorsque nous considérons un arbre depuis la plus profonde de ses racines jusqu'à la plus élevée de ses feuilles, nous pouvons passer de l'extrémité de l'une à l'extrémité de l'autre sans lacune, et en restant toujours sur le corps de l'arbre; l'examen d'un arbre donne donc à notre esprit la conception d'un être continu. Mais il y a ici plusieurs sortes de continuités, et la définition que nous en avons donnée dès le début ne s'applique pas à toutes indistinctement.

En effet, s'il est vrai de dire que la plus petite diminution opérée sur le branchage ou le feuillage de l'arbre ne détruit pas en moi l'idée d'arbre, il faut remarquer en même temps que cette diminution ne s'exécuterait pas suivant les conditions imposées par la définition, parce qu'il est indispensable que le retranchement soit fait à l'aide d'une quantité de même espèce que l'objet considéré, et qu'une branche, une écorce, une feuille ne sont pas des arbres. Mais si faisant abstraction, soit pour l'arbre, soit pour ses diverses parties, de toutes les propriétés qui se rapportent à l'organisme, je me borne à la seule considération des *volumes* qu'ils représentent, le retranchement d'une feuille, d'une branche, sera un véritable retranchement de volume, et à ce point de vue nous rentrons dans les conditions de la continuité telle que nous l'avons définie.

On voit par cet exemple que pour apprécier la continuité dont nous parlons, il pourrait être aussi erroné de comparer les diverses parties d'un même objet qu'il serait inutile de s'assujettir à ce que ces objets fussent les mêmes. Ce qu'il faut dans ces comparaisons, c'est qu'elles soient établies, quelle que puisse être la nature des choses dont on voudra faire usage, entre les attributs de même espèce dont celles-ci peuvent jouir. Pour les poids, par exemple, dans l'étude que je voudrai faire de cet attribut, la nature des objets que j'emploierai importera peu pourvu que, dans ma pensée, l'intervention de ces objets ait exclusivement lieu en vertu de la propriété qu'ils ont d'être pesants. Par ce moyen, je maintiens dans mes conceptions l'invariabilité de l'espèce considérée, et je ne sors pas des conditions définies.

IV

Il est facile de se convaincre que toutes les espèces qui jouissent de l'attribut de continuité sont susceptibles d'être soumises aux spéculations de l'algèbre. Il suffit pour cela de s'assurer que de la définition de la continuité résulte la possibilité de concevoir que l'idée d'égalité se réalise dans ces espèces. En effet, prenons-en deux quelconques, et supposons qu'elles soient inégales; diminuons celle qui est la plus grande, nous approcherons ainsi de la plus petite, et parce que nous pourrons le faire de manière que la différence entre les deux soit aussi petite qu'on pourra le désirer, nous arrivons ainsi à la conception de deux choses égales; d'où il résulte, d'après ce qui a été expliqué au sujet de la représentation des quantités, que nous pourrons employer les nombres pour la supputation de toutes les espèces continues.

V

Arrêtons-nous maintenant un instant sur quelques circonstances relatives à ce rapprochement auquel nous venons d'être conduit entre la pluralité et la continuité; puisque l'idée de l'une peut s'associer avec l'idée de l'autre, nous devons nécessairement admettre que ce qui se trouve infailliblement lié dans nos conceptions doit l'être également dans l'ordre naturel, et ce n'est pas une chose indifférente de chercher à reconnaître comment les choses se passent à cet égard.

Pour cela, il est nécessaire de se rendre compte des conditions sous lesquelles nous concevons que la représentation de la continuité peut devenir numérique; nous verrons ensuite si dans la nature nous trouverons les mêmes conditions.

Or, d'après tout ce qui a été exposé sur la représentation des quantités, on a vu qu'après en avoir pris une pour module de cette espèce, nous cherchons combien de fois celle-ci doit être répétée pour produire les autres, et ce nombre de fois joint au module représente la quantité. Mais il se produit ici cette circonstance particulière que le choix du module est tout à fait arbitraire ; nous avons même vu que, pour satisfaire à tous les cas, nous pourrions être forcé de prendre pour ce module des quantités de plus en plus petites.

Il faut conclure de là que, dans la représentation d'une quantité, l'élément numérique n'est pas une chose fixe, il deviendra d'autant plus petit que le module sera plus grand et inversement. Il y a donc, dans l'application de la pluralité à la continuité, quelque chose d'arbitraire ; nous devrons, par conséquent, dans l'ordre naturel, retrouver le même arbitraire, et, s'il en est ainsi, il y aura accord parfait entre cet ordre et nos conceptions.

Examinons maintenant comment il peut nous être permis de comprendre que nous passons en fait de la pluralité à la continuité.

Comme dans la continuité nous ne sortons pas de la même espèce, considérons aussi la pluralité de choses semblables. Pour simplifier les idées, prenons des longueurs toutes rectilignes ; nous en aurons un nombre quelconque n ; faisons varier à volonté la position respective de ces longueurs, nous aurons toujours la même pluralité. Chacune de ces longueurs rectilignes possède séparément la propriété qu'elle est située tout entière sur une même ligne droite ; or, comme notre but actuel est de reconnaître si la pluralité qui s'applique à toutes ces longueurs peut nous conduire à une idée de continuité qui serait également applicable à leur ensemble, tâchons de nous approcher, autant que possible, de cette condition de continuité générale à toutes, et pour cela imaginons que nos diverses longueurs sont situées sur une même ligne droite, mais séparées les unes des autres. Dans cet état, l'idée de la même pluralité n reste dans notre esprit, car jusqu'à présent nous nous sommes borné à opérer un arrangement particulier plus favorable qu'un autre à la réalisation d'une continuité générale, et nous savons qu'un arrangement quelconque ne change pas la pluralité.

Cela fait, si nous supposons que sur la ligne en question nos diverses longueurs se rapprochent de plus en plus, pendant que ce rapprochement s'effectue, la pluralité n subsistera toujours telle qu'elle était à l'origine. Mais au moment même où toutes les longueurs se seront rapprochées jusqu'à se toucher, où la continuité générale se sera établie, l'idée de pluralité aura instantanément éprouvé une modification profonde; cette idée n'aura pas sans doute cessé de faire partie de nos conceptions, mais tout moyen de la préciser aura disparu, toute raison d'affirmer qu'elle est encore ce qu'elle était d'abord, qu'elle doit par conséquent continuer d'être désignée par le nombre n, nous aura échappé. Cette pluralité pourra être quelconque, parce qu'à la simple vue des longueurs, ainsi confondues par leur intime rapprochement, il sera complétement impossible d'affirmer que la quantité continue qui en résulte est la conséquence nécessaire de la réunion d'un nombre particulier de longueurs plutôt que de tout autre.

Il y a donc, comme on voit, un lien naturel entre la pluralité et la continuité, et, en outre, nous retrouvons exactement dans ce lien les conditions mêmes auxquelles nous a conduits la conception théorique du rapprochement qu'il est possible de faire entre ces deux ordres de considérations. Qu'on suppose en effet, maintenant, pour que tout soit semblable de part et d'autre, que les longueurs ajoutées sont égales, chacune d'elles pourra être prise pour module, et comme l'idée de la longueur particulière de ce module aura disparu au moment où la fusion s'est opérée, on voit qu'en fait comme en raison il sera possible d'adopter un module quelconque, et, par suite, d'assigner une valeur variable, et même tout à fait arbitraire, à l'élément numérique qui doit figurer dans la représentation de la quantité. L'analogie est donc à tous égards aussi complète que possible.

VI

Une conséquence importante du principe de la continuité est que toute quantité qui possède cet attribut peut être considérée comme divisible en tant de parties égales qu'on voudra; car si après avoir pris arbitrairement une quantité moindre que la première comme représentant le quotient probable de cette division et l'avoir ajoutée à elle-même autant de fois que l'indique le diviseur, il arrive que le résultat de cette opération diffère en plus ou en moins de la première, je pourrai, en vertu du principe de la continuité, substituer, suivant les cas, à cette première représentation, une suite d'autres qui seront des diminutions ou des augmentations telles que la diffé-

rence primitivement constatée s'atténue et devienne aussi petite que je le voudrai. Je parviendrai ainsi à la conception d'une
quantité qui réalisera la condition qu'elle soit une division
exacte de la proposée. Quant au point de vue pratique, il n'y
aura d'autres limites à l'exactitude de l'opération que celle
résultant de l'imperfection de nos sens.

D'ailleurs, au point de vue de la pratique, chacune des sciences qui s'occupe de déterminer les lois naturelles relatives aux
espèces considérées pourra nous donner des moyens plus ou
moins simples à concevoir, plus ou moins faciles à réaliser,
mais toujours certains, pour exécuter ces opérations : c'est
ainsi que la géométrie nous apprendra à faire la division des
longueurs, des surfaces et des volumes, la statique nous indiquera comment nous devons nous y prendre pour faire celle
des forces, etc., etc. Mais alors même que ces moyens nous
manqueraient, nous n'en concevrions pas moins la possibilité
de leur existence, et cela nous suffit pour que, dans les études
sur la continuité, l'intelligence de la division, qui nous manque
si souvent pour le nombre, ne nous fasse jamais défaut pour
les quantités.

VII

Nous allons voir maintenant comment ce nouvel élément
d'interprétation va nous conduire à une extension de l'idée de
nombre qui, indépendamment de plusieurs autres services,
nous rendra celui d'introduire plus de simplicité dans la représentation des grandeurs.

Nous avons fait remarquer, en parlant de cette représentation, que dans certaines circonstances nous pourrions être
obligé de faire choix d'un module très-petit; or, si cette petitesse est un avantage dans ces cas particuliers, elle pourrait
être un grand inconvénient pour les autres, parce que, plus
le module sera petit, plus il faudra le répéter de fois pour se
rendre compte des grandeurs, ce qui sera long et pénible
dans la pratique, dans l'écriture et dans le langage. Or, voici
comment cette difficulté pourra être aplanie.

On commencera par faire choix d'un module qui ne soit ni
trop grand ni trop petit, eu égard aux grandeurs les plus ha-
bituelles dont on aura à s'occuper, et on répétera ce module

autant de fois que ce sera nécessaire pour reproduire ces grandeurs. On aura ainsi en nombres entiers une première représentation de celles-ci, mais généralement elle ne sera qu'approchée. On sera certain toutefois que ce qui restera après cette répétition pour atteindre une grandeur quelconque sera inférieur à la grandeur d'un module. Alors, pour exprimer ce reste, on aura recours au procédé suivant : on divisera le module en un certain nombre de parties égales, on considérera une de ces divisions comme un nouveau module dont on se servira pour apprécier la grandeur du reste, on déterminera en conséquence combien de fois il faut le répéter pour avoir celui-ci, et ce nombre de fois sera inscrit à la suite du premier, en ayant bien soin de l'en distinguer, puisqu'il s'applique à un module différent. Si après avoir fait cette seconde opération, il y a encore un reste, on créera un troisième module à l'aide d'une division exacte du second; on fera usage de ce troisième module comme on a fait usage des deux autres, et on obtiendra un nouveau nombre qu'on inscrira à la suite des précédents, en ayant encore soin de l'en distinguer par quelque signe conventionnel ; on continuera ainsi l'application de ce procédé et, comme les restes successifs vont en diminuant de plus en plus, puisqu'ils sont toujours moindres que des modules qui sont eux-mêmes de plus en plus petits, on arrivera enfin à un reste de si peu d'importance qu'on pourra le négliger ; cette importance sera d'ailleurs déterminée chaque fois d'après la nature des questions qu'on se sera proposé de résoudre.

Si par exemple dans une opération de ce genre μ_1, μ_2, μ_3,... sont les différents modules adoptés, si en même temps a_1, a_2, a_3,... sont les nombres indiquant combien de fois chacun d'eux a été répété, l'expression de la grandeur considérée sera
$$a_1 \mu_1 + a_2 \mu_2 + a_3 \mu_3 + \ldots$$
On voit que tout est parfaitement concevable dans ces opérations; on n'y emploie que des nombres entiers, ce qui est conforme à la notion du nombre; on y pratique des divisions de modules, ce qui est toujours possible pour les grandeurs continues.

Quant au nombre de divisions en lesquelles on partage les modules, il n'y a aucune prescription absolue à faire; ce nombre est arbitraire et son choix se détermine uniquement par des considérations de commodité. Or, comme ce que nous dirions de l'un s'appliquerait exactement à tout autre, et que la division décimale est certainement la plus conforme à l'esprit de notre système de numération, nous admettrons que c'est elle que nous avons adoptée.

Cela posé, supposons d'abord que deux modules ont suffi ; l'expression de la grandeur sera : $a_1\,\mu_1 + a_2\,\mu_2$. Si un seul avait dû être employé, cette expression se serait réduite à $a_1\,\mu_1$. En cet état on peut, ainsi que nous l'avons fait remarquer, supprimer l'indication du module et dire que le nombre a_1 exprime la grandeur considérée. Mais lorsque l'emploi de deux modules est nécessaire, on ne voit pas immédiatement comment il sera possible, sans introduire de confusion, d'en supprimer l'indication écrite ; car si on le faisait il ne resterait plus aucune trace des deux modules employés, de la relation qui les lie l'un à l'autre, et il serait impossible de rien voir de déterminé dans la somme $a_1 + a_2$. Si donc on peut, sans inconvénient réel, supprimer la mention ostensible d'un module, on ne saurait le faire pour deux parce que le second pouvant être une dépendance du premier d'une foule de manières, il est nécessaire que la nature de cette dépendance soit connue pour être bien fixé sur la chose que représente a_2.

Or, dans le cas que nous considérons, μ_2 est la dixième partie de μ_1, de sorte que nous préciserons parfaitement ce qu'est μ_2 par rapport à μ_1 en écrivant que sa valeur est $\dfrac{\mu_1}{10}$ et alors l'expression de la grandeur sera $a_1\,\mu + a_2\,\dfrac{\mu_1}{10}$. Cela fait, si l'on supprime maintenant μ_1, cette expression de la grandeur devient $a_1 + a_2\,\dfrac{1}{10}$. Or, il résulte évidemment de cette forme que supprimer μ_1 revient exactement à substituer l'unité numérique à l'unité module. A la vérité l'unité numérique n'est pas divisible, mais sous la réserve expresse que mentalement μ_1 devra être accolé à cette expression, et que les divisions impossibles soit pour le nombre, soit pour l'unité numérique, s'effectueront sur le module, on ne sera pas exposé à se tromper en adoptant la forme ci-dessus pour la représentation de la grandeur.

Si on avait dû faire usage d'un troisième module μ_3, qui aurait été la dixième partie de μ_2, on aurait eu évidemment la relation $\mu_3 = \frac{\mu_2}{10}$ et par suite $\mu_1 = \frac{\mu_1}{100}$, de sorte que l'expression de la grandeur serait devenue :

$$a_1 \, \mu_1 + a_2 \frac{\mu_1}{10} + a_3 \frac{\mu_1}{100},$$

qui, lorsqu'on supprime μ_1, se réduit à

$$a_1 + a_2 \frac{1}{10} + a_3 \frac{1}{100},$$

et, sous les réserves ci-dessus, cette forme pourra sans inconvénient être adoptée comme représentation de la quantité.

Ainsi, tandis qu'en abstrait, si les nombres a_2 et a_3 ne sont pas directement divisibles par 10 et par 100, une expression de cette forme ne saurait être réalisée, il n'en est plus ainsi en concret, parce que l'idée de division doit être reportée sur le module, bien qu'il ne soit pas écrit, et que dès lors ces opérations sont toujours possibles.

Il suit de là que, pour toutes les espèces douées de l'attribut de continuité, la forme fractionnaire seule ou combinée avec la forme entière sera parfaitement compréhensible pour la représentation des quantités; dès lors, il devient nécessaire de rechercher, à l'aide du raisonnement, le sens qu'il faudra attacher aux différentes opérations de calcul appliquées à ces formes, et d'indiquer, en outre, quand ce sens aura été déterminé, les diverses règles qu'on devra suivre pour que l'exécution algébrique des opérations soit en parfaite concordance avec celle des mêmes opérations si elles étaient directement pratiquées sur les grandeurs.

VIII

Nous ne saurions procéder ici à l'exposition des nombreux détails que ces recherches comportent, mais il ne sera pas inutile d'indiquer, à l'aide de quelques exemples, dans quel esprit elles doivent être entreprises.

Je suppose, par exemple, qu'il s'agit de procéder à l'addition de deux grandeurs continues représentées par $\frac{3}{7}$ et $\frac{2}{7}$. Si nous restituons le module, cette représentation deviendra $\frac{3}{7}$ μ_1 et

$\frac{2}{7}\mu_1$, et, d'après ce que nous avons dit, l'idée de division devant se reporter sur le module, la véritable représentation de ces grandeurs sera $3\frac{\mu_1}{7}$, $2\frac{\mu_1}{7}$, ce qui veut dire que le module principal ayant été divisé en sept parties, on en a pris 3 pour former la première grandeur et 2 pour former la seconde. Leur addition donnera donc 3 fois plus 2 fois le septième du module, ce qui s'écrira $(3+2)\frac{\mu_1}{7}$. Voilà certainement ce qu'en réalité donnera l'addition des deux grandeurs, et, par la suppression du module, cela se réduit à $\frac{3+2}{7}$. Cette constatation établie, on voit qu'on peut tout à fait se dispenser, dans les calculs relatifs à l'addition des fractions, de faire intervenir le module, et ériger en règle que le résultat de cette opération est une nouvelle fraction, ayant même dénominateur que les fractions données, et ayant pour numérateur la somme de leurs numérateurs.

Dans cet exemple, les fractions ont même dénominateur, mais elles pourraient les avoir différents. Supposons, par exemple, qu'il faut ajouter $\frac{8}{11}$ à $\frac{13}{17}$. La restitution du module nous apprendra que la première grandeur a été obtenue en divisant le module principal en 11 parties et en en prenant 8, que la seconde l'a été en divisant le module en 17 parties et en en prenant 13. Cette différence dans les nombres diviseurs compliquant la question, il y aurait intérêt à la faire disparaître. Or, on y parvient à l'aide de la remarque précédemment faite que pour la représentation des grandeurs l'emploi d'un module particulier n'est pas obligatoire et que nous pourrons, sans apporter aucune altération à une grandeur donnée, la représenter par un module qui serait un certain nombre de fois plus petit que le premier, à la condition de prendre le même nombre de fois plus de parties que précédemment. Profitant de cette ressource, il me sera loisible de substituer au module $\frac{\mu_1}{11}$ un module 17 fois plus petit, ce qui s'écrira $\dfrac{v_1}{11 \times 17}$, et il faudra, pour que je n'altère pas la valeur de la première grandeur, que je prenne 17 fois plus de ces parties devenues 17 fois plus petites, ce qui s'écrira 8×17. Dans ces circonstances, la première grandeur aura pour représentation $8 \times 17 \dfrac{\mu_1}{11 \times 17}$; passant maintenant à la seconde grandeur, je remarquerai que si je rends son module 11 fois plus petit, il deviendra $\dfrac{\mu_1}{17 \times 11}$ et sera par conséquent égal au précédent; d'ailleurs, en répétant le même raisonnement que précédemment, on se convaincra que la représentation de la seconde grandeur avec ce nouveau module devient $13 \times 11 \dfrac{\mu_1}{17 \times 11}$. J'ai ainsi ramené les deux représentations à être faites avec le même module; supprimant alors celui-ci, je rentre dans le cas précédent, et de là je déduis les règles connues pour l'addition des fractions lorsqu'elles n'ont pas le même dénominateur.

Ce que nous venons de dire pour l'addition, nous le répéterions exactement pour la soustraction, et il est inutile d'insister sur ce point.

La conséquence générale à déduire de l'ensemble de ces considérations c'est que finalement, pour les deux premières opérations de l'arithmétique, on se trouve autorisé à supprimer l'inscription du module, que cette suppression revient, comme nous l'avons vu, à substituer l'unité numérique à l'unité module, en attribuant mentalement à la première toutes les propriétés de la seconde; mais en ne perdant pas de vue qu'en réalité ce n'est pas à cette unité que s'appliqueront des opérations qui le plus souvent seraient impraticables avec elle, et que c'est sur l'unité module que la conception et la réalisation des calculs devront être définitivement reportées.

Il ne saurait donc y avoir de difficulté dans cette manière de voir les choses pour l'addition et la soustraction; mais, lorsqu'on passe à la multiplication, les analogies sont loin de paraître aussi évidentes, et il est nécessaire d'entrer à cet égard dans quelques explications.

IX

Si l'on réfléchit à la nature de la multiplication, et si l'on se rappelle sa définition en abstrait, on reconnaîtra que le multiplicande étant un nombre qu'on répète, qu'on ajoute avec lui-même, peut-être, soit un nombre abstrait, soit un nombre concret, puisqu'on peut se proposer d'ajouter plusieurs fois avec elle-même soit une pluralité, soit une quantité. Quant au multiplicateur, il ne saurait être qu'un nombre de fois; il est nécessairement abstrait, car il n'est pas possible de se rendre compte de ce que pourrait être l'opération qui consisterait à multiplier une chose par une autre chose. Si donc on demandait quelle est, par exemple, la valeur de 5 mètres d'étoffe dont chacun coûte 7 francs, je verrais que ce qu'il s'agit de trouver ici est une somme d'argent, que par conséquent la considération du module monétaire doit être maintenue. Quant à celle du module des longueurs, elle est ici tout à fait indifférente, non-seulement quant à la valeur numérique du résultat, mais encore quant à sa nature, de telle sorte que si, au lieu de parler d'étoffe et de mètre, on avait demandé d'une manière générale quel est le prix de cinq choses égales à une autre qui coûte 7 francs, la réponse dans ce cas général aurait indistinctement convenu à tous les cas particuliers.

Il suit de là qu'en ce qui concerne le multiplicande, son module, quoique sous-entendu, doit toujours être restitué au produit, et qu'en ce qui concerne le multiplicateur, alors même qu'un module figurerait dans sa représentation, il ne faudrait y avoir aucun égard, et qu'on ne doit voir dans cette représentation que le nombre de fois qui y figure.

Telle est, au point de vue des modules, la distinction essentielle qu'il faut voir entre le multiplicande et le multiplicateur.

Cela posé, si on demande quel est le prix de cinq choses dont chacune coûte $\frac{2}{3}$ de franc, restituant à $\frac{2}{3}$ la conception du module que je désignerai par φ, je reconnaîtrai que cela veut dire qu'on l'a divisé en trois parties et qu'on en a pris deux pour obtenir le prix d'une chose; le prix total s'obtiendra donc en répétant cinq fois ces deux parties du tiers de φ, ce qui donnera $5 \times 2\frac{\varphi}{3}$. Supprimant ensuite l'indication du module, j'aurai $\frac{5 \times 2}{3}$, et bien que la division de 5×2 par 3 ne puisse pas se faire, je n'en comprendrai pas moins que ce résultat sera réalisable, parce que la division par 3 pourra toujours s'effectuer sur le module, lorsque celui-ci sera connu.

Mais, au fond, on voit qu'ici il y a autre chose qu'une multiplication, il y a en même temps une division. En effet, la multiplication de 2 par 5 ne suffirait pas à elle seule pour obtenir le résultat; il faut encore y joindre la division du module en trois parties. On a cependant continué de donner à cette double opération l'unique désignation de multiplication.

Supposons maintenant que, sachant que le prix d'une chose est de 11 francs, on demande quel sera le prix des $\frac{5}{7}$ de cette chose, voilà certainement une question qui rentrerait encore moins que la précédente dans l'opération de la multiplication, car, tandis que là le multiplicateur est un nombre de fois, ici il ne l'est plus, de sorte que le caractère essentiel de la multiplication manque tout à fait. Recherchons néanmoins comment la question pourra être résolue. Je remarquerai que puisque le prix d'une chose est de 11 francs ou 11 φ, le prix du septième de cette chose sera $\frac{11\,\varphi}{7}$, ou pour mieux dire $11\frac{\varphi}{7}$, parce que la division par 7, qui ne peut pas se faire sur le nombre 11, peut toujours être exécutée sur le module; dès lors, les cinq septièmes coûteront cinq fois plus, le prix cherché sera donc $5 \times 11\frac{\varphi}{7}$, dont la forme, en supprimant l'indication du module, se réduit à $\frac{5 \times 11}{7}$, résultat toujours compréhensible, en ne perdant pas de vue que la division par 7 se fera sur le module.

Nous trouvons donc encore ici la combinaison d'une multiplication et d'une division; cependant, dans ce cas comme dans le précédent, on a continué de donner à cet ensemble le nom de multiplication.

Comme notre intention n'est pas de faire un ouvrage d'enseignement, mais d'indiquer seulement l'ordre d'idées suivant lequel un pareil ouvrage devrait être conçu, nous ne pousserons pas plus loin l'examen des procédés à suivre pour exécuter sur les fractions les diverses règles de calcul qu'on peut concevoir sur elles. Ce qu'il y a d'important dans tout ceci, c'est de bien remarquer que toutes les divisions impossibles à exécuter sur les nombres et sur l'unité numérique sont toujours reportées sur des modules jouissant de la propriété d'être divisibles à volonté, ce qui fait disparaître l'obstacle et l'impossibilité résultant pour notre raison de concevoir que ces opérations doivent être pratiquées sur des nombres.

Il est toutefois nécessaire de faire observer qu'en prenant la résolution d'appeler multiplication une opération ou, pour mieux dire, un ensemble d'opérations autre que celle à laquelle on a primitivement réservé ce nom, il devient nécessaire, pour éviter toute confusion, de donner de la multiplication une définition nouvelle qui, en même temps qu'elle comprendra la première, sera applicable aux nouveaux cas qu'on se propose de considérer désormais comme des multiplications. C'est ce qu'on a fait en disant que c'est une opération qui consiste à trouver un résultat qui se compose avec le multiplicande comme le multiplicateur se compose avec l'unité, étant bien entendu que cette unité sera l'unité numérique en abstrait et l'unité module en concret.

Il est maintenant important de remarquer que de cette définition, parfaitement convenable à tous égards, il résulte que le résultat ou produit sera nécessairement de même nature que le multiplicande : abstrait lorsque celui-ci sera un nombre abstrait, et de même espèce que le multiplicande lorsque celui-ci sera une quantité. Quant au multiplicateur il ne saurait jamais être concret, car, d'après la définition, il n'est autre chose que *la manière* dont il se compose avec l'unité, c'est-à-dire l'ensemble des nombres et des opérations seulement qui concourent avec cette unité à définir l'espèce qui a donné lieu à son concours ; cette considération doit toujours être présente à l'esprit.

Résumant maintenant, dans une considération unique, toutes celles qui ont dû être exposées ci-dessus en détail, nous pouvons dire que l'expression d'une fraction $\frac{a}{b}$ doit toujours être considérée comme une collection de a unités ayant reçu la fonction d'entraîner la nécessité d'une division par b dans toutes les opérations où ces a unités devront figurer. On pourra donc employer le nombre a de ces unités, suivant les règles connues de l'arithmétique des nombres, sauf, après coup, à leur restituer la condition qui leur appartient d'être divisives par b.

C'est là une règle générale qui ne saurait tromper, parce qu'elle est une conséquence nécessaire de la définition aussi simple que juste que nous venons de donner du nombre fractionnaire; il n'y aura plus qu'à examiner, dans chaque cas, comment s'exercera sur le résultat l'influence des conditions divisives auxquelles chaque numérateur est soumis.

Par exemple, si je dois ajouter $\frac{a}{b}$ avec $\frac{a'}{b'}$, les numérateurs a et a', exonérés chacun de la condition d'être respectivement divisés par b et b', donneraient pour somme $a+a'$; restituant maintenant les conditions qui appartiennent à chacun, cela se change évidemment en $\frac{a}{b}+\frac{a'}{b'}$.

Si je dois multiplier $\frac{a}{b}$ par $\frac{a'}{b'}$, l'opération de la multiplication faite sur les numérateurs serait aa'; mais, en vertu des conditions divisives de a et de a', cela deviendra nécessairement $\frac{a\,a'}{b\,b'}$.

Si je dois diviser $\frac{a}{b}$ par $\frac{a'}{b'}$, l'opération de la division effectuée sur les numérateurs sera $\frac{a}{a'}$; mais d'abord, parce que a est divisif par b, je devrai lui restituer cet attribut, et j'aurai ainsi $\frac{a}{ba'}$; en second lieu, parce que a' est divisif par b', et qu'en l'employant comme diviseur j'obtiens nécessairement un résultat b' fois trop faible, je devrai, pour avoir égard aux conditions auxquelles il est soumis, multiplier ce résultat par b', et j'obtiendrai ainsi $\frac{ab'}{ba'}$.

Toutes les opérations sur les fractions se comprendront avec la même facilité ; il suffira, dans chaque circonstance, d'apprécier sainement quel devra être sur le résultat l'influence finale des attributs divisifs ; et, quant à celles de ces divisions qui pourront se maintenir dans la valeur de ce résultat, on en exonérera le nombre pour en charger le module sur lequel elles produiront tout leur effet.

Mais ceci n'implique pas tout ce qu'il y a à dire sur le nombre fractionnaire, et nous devons ajouter ici une observation qui ne saurait être passée sous silence, si l'on tient à avoir l'intelligence complète de tous les cas qui peuvent se présenter.

X

Rien de plus facile à concevoir que ce que signifie le nombre fractionnaire $\frac{a}{b}$ lorsqu'il a pour destination de représenter une quantité. Nous savons que dans ce cas cette quantité sera celle qu'on obtient en prenant a fois le module primitif préalablement divisé par b. Mais $\frac{a}{b}$ ne représente pas toujours une quantité, il peut être employé comme indication du rapport qui existe entre deux quantités de même espèce.

Si, par exemple, p et q sont deux pluralités, et si on dit que leur rapport est le nombre m, cela signifiera que la première est égale à m fois la seconde ; de sorte que si p n'était pas connu il suffirait pour l'obtenir de répéter q un nombre de fois égal à m. Si maintenant on prétend que le rapport est égal à $\frac{a}{b}$, la pluralité p devrait être égale à $\frac{a}{b} q$; or, s'il arrive que q ne soit pas divisible par b, l'existence de la pluralité b sera irréalisable ; en conséquence, sauf les seuls cas où q sera de la forme nb, il y aura impossibilité de résoudre la question.

Il n'en est pas de même lorsqu'il s'agit des quantités continues parce que, dans ce cas, les divisions peuvent s'exécuter sur elles ; supposons, par exemple, qu'une longueur L' étant donnée, on propose d'en former une autre qui soit avec elle dans le rapport de a à b : on divisera à cet effet L' par b, ce qui peut toujours se faire, et en répétant a fois la longueur λ de ce quotient on aura une longueur $a\lambda$ dont le rapport avec L′ sera évidemment $\frac{a}{b}$, puisque L′ pourra alors être exprimé par $b\lambda$.

Ce qui est toujours possible, c'est de constituer deux pluralités qui soient dans un rapport donné, lorsqu'on a le choix des deux; il suffit alors de prendre l'une égale à un multiple du numérateur de ce rapport, et l'autre au même multiple du dénominateur; mais lorsque ce double choix n'est pas permis et qu'une des pluralités est déterminée d'avance, la question qui est le plus souvent insoluble en abstrait peut toujours être résolue pour les quantités concrètes.

Constatons donc en résumé que le nombre fractionnaire $\frac{a}{b}$ peut exprimer soit une quantité, soit un rapport entre deux quantités de même espèce; et qu'il résulte de ce qui vient d'être dit que, dans un cas comme dans l'autre, lorsque la quantité en question jouira de la propriété d'être continue, il sera toujours possible d'avoir l'intelligence de cette expression.

Il n'est pas inutile de remarquer, au sujet de cette double espèce de nombres fractionnaires, qu'elle est une conséquence du double point de vue auquel on peut considérer la division de a par b, car cela peut signifier ou qu'on divise une quantité a en b parties égales, auquel cas le quotient est concret, ou bien qu'on cherche combien de fois la quantité a contient la quantité b, auquel cas le quotient ne saurait être concret. On est conduit à la même conclusion en considérant que la division étant l'inverse de la multiplication, on peut se proposer avec le produit de déterminer soit le multiplicande qui peut être concret, soit le multiplicateur qui ne l'est jamais. Toutes ces considérations sont donc en parfait accord les unes avec les autres.

XI

Occupons-nous maintenant des expressions puissancielles et radicales.

On est souvent conduit, dans les questions qu'on a à traiter, à employer la considération de l'élévation aux puissances et celle de l'extraction des racines.

La première de ces opérations est toujours réalisable en abstrait, il n'en est pas de même de la seconde. L'intervalle qui sépare les puissances de deux nombres consécutifs n et $n + 1$ est en général très-considérable. Par exemple, les cinquièmes puissances des cinq premiers nombres sont 1, 32, 243, 1024, 3125 ; cela suffit pour faire comprendre que les nombres qui sont des puissances exactes constituent une très-grande exception, et que le plus souvent l'extraction des racines sera une impossibilité. Ces nombres dont on ne saurait extraire les racines sont ceux qu'on appelle irrationnels.

Présentons une première observation sur ce qu'il faut entendre lorsqu'on dit qu'on élève une quantité à une puissance. Si μ est l'unité module de cette quantité, sa représentation sera de la forme $a\mu$.; et il semblerait au premier abord que sa $n^{\text{ième}}$ puissance devrait être $(a\mu.)^n$ ou $a^n\mu.^n$; mais, d'une part, si on se demande ce que c'est que d'élever un module à une puissance, ce que ce peut être par conséquent que de multiplier μ. par μ, une chose par une chose, de l'eau par de l'eau, un arbre par un arbre, non-seulement notre raison se refusera à comprendre ce que pourrait être une pareille opération, mais elle ajoutera qu'alors même qu'il serait permis de concevoir ce qu'elle est, elle ne rentrerait pas dans la catégorie de celles que nous avons définies, puisque nous avons fait remarquer qu'une des conditions essentielles de cette définition est que le multiplicateur ne saurait être concret. En outre, comme $\mu.^n$ ne serait plus ou une partie ou un multiple du module μ, tels que nous les entendons en algèbre, on voit que l'espèce considérée aurait disparu de la représentation de la quantité, et s'y trouverait remplacée par une autre espèce inconnue et non définie.

En fait d'opérations algébriques à exécuter sur les modules mêmes, il ne saurait nous être permis de concevoir et de pratiquer que celles qui dépendent de leurs propriétés constitutives. Pour l'unité numérique c'est la répétition, pour les unités modules des quantités continues c'est la répétition et la division, et nous ne connaissons que celles-là.

Il suit de là que c'est une locution très-vicieuse que de dire qu'on élève une quantité à une puissance, puisque multiplier une quantité par une quantité est une chose qui n'a pas de sens; il faut toujours entendre, lorsqu'on emploie cette manière de s'exprimer, que ce qu'on élève à la puissance est seulement la partie numérique qui, dans la représentation de la quantité, accompagne le module.

A cette première observation il convient d'en ajouter une autre, qui a pour objet de bien préciser le sens de certaines opérations. En général, si μ est un certain module et que $A\,\mu$ représente une quantité de la même espèce que μ, lorsqu'à la place de μ on prendra une de ses divisions $\dfrac{\mu}{b}$, l'expression de la même quantité deviendra $b\,A\left(\dfrac{\mu}{b}\right)$; car il faudra évidemment, pour obtenir le même résultat avec un module b fois plus petit, que la répétition de ce module soit b fois plus considérable que précédemment. Cela sera vrai, quelle que soit la valeur de A. Si par exemple cette valeur est un carré m^2 et que je veuille changer le module des *carrés* μ en $\dfrac{\mu}{b}$, le nombre de fois qu'il faudra répéter le module sera $b\,m^2$, de sorte que changer le module une fois que le carré m^2 est calculé, c'est multiplier m^2 par le nombre b dont on a fait usage pour diviser le module.

Mais il n'en serait pas de même si ce changement de module se faisait avant la formation du carré, c'est-à-dire sur la racine. Dans ce cas, la quantité dont on veut exprimer le carré serait $b\,m\left(\dfrac{\mu}{b}\right)$, et le nombre répétiteur indiquant comment la même quantité se compose avec l'unité actuelle sera $b\,m$, le résultat devra donc nécessairement être $b^2\,m^2\left(\dfrac{\mu}{b}\right)$.

Que si, au lieu du carré, il s'agit d'une puissance quelconque n, on s'assurerait par un raisonnement analogue que le résultat serait $b^n\,m^n\left(\dfrac{\mu}{b}\right)$. Cette conséquence est d'ailleurs indépendante du nombre qu'on aura voulu adopter pour la division du module, de sorte que, quel que soit le module, quelles que soient les fractions de ce module qu'on voudra lui substituer, il est impossible que la partie numérique de la $n^{\text{ième}}$ puissance d'une quantité soit autre chose qu'une $n^{\text{ième}}$ puissance exacte d'un nombre entier. Il suit nécessairement de là que si $M \mu$ est la représentation d'une quantité, et si M n'est pas une puissance exacte du degré n, il sera impossible que sa racine $n^{ième}$ soit exprimable par une fraction quelconque du module μ.

Les nombres irrationnels ne sont donc pas susceptibles d'être ramenés à la forme fractionnaire; si cela se pouvait, leur réalisation pour les quantités continues serait obtenue par cela même; or, puisque ce moyen nous fait défaut, il devient nécessaire de chercher à résoudre directement la question.

XII

Ces choses ainsi entendues, voyons si l'expression $\sqrt[k]{\overline{M}}$, impossible en abstrait et même en concret sous forme fractionnaire, ne sera pas cependant susceptible d'être réalisée pour les quantités continues. A cet effet, remarquons que, quel que soit M, on trouvera toujours des puissances entières du degré k plus petites que lui; soit m^k celle de ces puissances qui est la plus voisine de M, on pourrait donc prendre m comme première approximation de $\sqrt[k]{\overline{M}}$, et par suite, s'il s'agit de longueurs et si λ en est le module, on pourrait dire que $m \lambda$ est la valeur de $\sqrt[k]{\overline{M}} \lambda$.

Supposons maintenant que λ est divisé en dix parties égales, et considérons la suite des longueurs fournies en ajoutant à $m \lambda$ successivement une fois, deux fois, trois fois, etc., la longueur $\dfrac{\lambda}{10}$; comme la racine cherchée est comprise entre $m \lambda$ et $(m + 1)\lambda$, on sera certain qu'avant d'arriver à ajouter 10 fois $\dfrac{\lambda}{10}$ on aura passé par des valeurs qui seront les unes moindres, les autres plus grandes que la racine cherchée. Si, par exemple, c'est entre trois fois et quatre fois que cette circonstance se manifeste, nous pourrons dire que la longueur $m \lambda + 3 \dfrac{\lambda}{10}$ ou $\left(m + \dfrac{3}{10}\right) \lambda$ est une seconde approximation de la racine cherchée, et ce résultat différera du véritable de moins de $\dfrac{\lambda}{10}$.

Parvenu à ce point, divisons de nouveau le module en dix parties, de manière à le faire devenir $\dfrac{\lambda}{100}$ et ajoutons, à la précédente valeur de la racine, une fois, deux fois cette nouvelle partie du module. Comme la racine cherchée est comprise entre $\left(m + \dfrac{3}{10}\right)\lambda$ et $\left(m + \dfrac{4}{10}\right)\lambda$, on sera certain qu'avant d'ajouter dix fois $\dfrac{\lambda}{100}$ on aura passé par des valeurs qui seront les unes moindres, les autres plus grandes que la racine cherchée. Si, par exemple, c'est entre sept et huit fois que cette circonstance se manifeste, nous pourrons dire que $\left(m + \dfrac{3}{10}\right)\lambda + 7\,\dfrac{\lambda}{100}$ ou $\left(m + \dfrac{3}{10} + \dfrac{7}{100}\right)\lambda$ est une troisième approximation de la racine cherchée, et ce résultat différera du véritable de moins de $\dfrac{\lambda}{100}$.

Il n'est pas nécessaire d'insister pour comprendre qu'en poursuivant le cours de ces opérations on passera par une suite d'approximations toutes de plus en plus voisines de la véritable valeur de $\sqrt[K]{\overline{M}}$, et qui finiront par jouir de la propriété d'en différer d'une quantité aussi petite qu'on voudra.

On pourra donc ainsi parvenir à réaliser, avec tel degré d'approximation qu'on se sera imposé, une longueur dont l'expression algébrique sera $\sqrt[K]{\overline{M}}$.

Le lecteur comprendra que, dans ce que nous venons de dire, nous n'avons pas eu pour objet d'exposer le procédé pratique usuel pour extraire les racines; notre but a été seulement d'indiquer un moyen simple de conduire l'esprit à la conception de leur réalisation pour les grandeurs continues.

Puisqu'un nombre irrationnel ne peut pas être égal à un nombre fractionnaire, le procédé que nous venons d'indiquer, et tout autre plus abréviatif comme recherche, ne sera pas susceptible d'avoir de terme. Il résulte de là, au point de vue des conceptions théoriques, qu'il y a des quantités continues qui, de quelque manière qu'on s'y prenne, ne seront pas susceptibles d'être exprimées par la division en parties égales d'une quelconque d'entre elles, et qui par conséquent n'auront pas de commune mesure avec d'autres. Ces quantités, par rapport aux autres, sont appelées incommensurables.

Il ne faudrait pas croire qu'il n'y a que les questions dans lesquelles figurent des nombres irrationnels qui possèdent la propriété d'exiger une série indéfinie d'opérations. Il en est d'autres dans lesquelles n'entrent pas les extractions de racines et qui peuvent également y conduire. Mais il ne faudrait tirer de ce fait aucune conséquence d'incommensurabilité ; cette dernière propriété doit toujours être directement établie.

Par exemple, je suppose qu'on a pris le neuvième d'une longueur, et qu'on se propose d'exprimer ce $\frac{1}{9}$ par des divisions successives en treizièmes de la même longueur.

On s'assurera par un calcul fort simple que les trois premières fractions qui figureront dans la valeur $\frac{1}{9}$ seront $\frac{1}{13}+\frac{5}{13^2}+\frac{10}{13^3}$, et qu'arrivé à ce terme on aura encore à évaluer par le même procédé un reste égal à $\frac{1}{13^3.9}$. Or, ce reste peut être écrit $\frac{1}{13^3}\cdot\frac{1}{9}$; il ne différera donc du nombre $\frac{1}{9}$ qu'on veut évaluer que par le coefficient $\frac{1}{13^3}$; les mêmes fractions que ci-dessus vont donc se reproduire avec le facteur commun $\frac{1}{13^3}$, ce qui donnera $\frac{1}{13^3}\left(\frac{1}{13}+\frac{5}{13^2}+\frac{10}{13^3}\right)$ et on aura évidemment un nouveau reste qui ne pourra être que $\frac{1}{13^3}\times\frac{1}{13^3.9}$ ou $\frac{1}{13^6}\times\frac{1}{9}$. On comprend, d'après cela, que par la continuation de ce procédé on reproduira successivement les trois fractions ci-dessus, disposées en groupes, qui seront multipliés, savoir: le premier par 1, le second par $\frac{1}{13^3}$, le troisième par $\frac{1}{13^6}$, et ainsi de suite indéfiniment. Or, il serait inexact d'inférer de là que le $\frac{1}{9}$ et le $\frac{1}{13}$ d'une même longueur sont incommensurables, puisqu'ils peuvent l'un et l'autre être évalués par un certain nombre de parties de la fraction $\frac{1}{13.9}$ ou $\frac{1}{117}$ de la longueur proposée.

XIII

Revenons maintenant à l'irrationnalité.

Nous voyons que de même que la considération de la division nous a conduit à une espèce de nombre appelé fractionnaire qui, quoique impossible en abstrait, se réalise pour les grandeurs continues en vertu de la propriété dont elles jouissent de pouvoir être indéfiniment divisées, de même la considération de l'extraction des racines nous conduit à une nouvelle espèce de nombres également réalisable pour ces grandeurs, mais par un procédé moins simple.

En effet, tandis que pour les expressions fractionnaires il suffit d'un nombre toujours limité de divisions, il n'en est pas ainsi pour les expressions irrationnelles qui en exigent un nombre illimité, et qui même, malgré cette ressource, ne peuvent pas être exactement évaluées. A la vérité, cela n'a aucun inconvénient pour la pratique, puisqu'elle peut toujours conduire à une évaluation aussi approchée qu'on voudra, de sorte qu'en négligeant des restes tellement petits qu'il sera permis de les considérer comme nuls, on pourra dire que les nombres irrationnels rentrent dans la catégorie de ceux qui sont commensurables, et il n'y aura rien là qui répugne à nos conceptions.

Les calculs à faire, avec et sur les nombres irrationnels, ne sauraient présenter de sérieuses difficultés; il suffira d'avoir toujours présente à la pensée la propriété qui les caractérise, et qui consiste en ce que ces nombres entraînent la nécessité dans toutes les expressions où ils figureront d'extraire la racine d'un certain degré. C'est ce que nous proposons, pour abréger, d'exprimer en disant que $\sqrt[N]{\overline{A}}$ indique que A est extractif du degré n. Ce qu'il y aura donc lieu de rechercher dans les calculs où figureront des nombres irrationnels consistera à se rendre compte des effets que leur propriété d'être extractifs du degré n doit produire sur les résultats successifs de ces calculs; c'est ainsi que nous avons procédé pour les nombres négatifs

et pour les nombres divisifs. Quant au résultat final, sa réalisation pourra toujours être conçue, ainsi que nous l'avons
expliqué, à l'aide d'une série de divisions.

Les développements relatifs à ce sujet concernent plus spécialement les ouvrages d'enseignement, et nous devons nous
borner ici à l'indication du principe qui sera le fil directeur
de ces recherches.

XIV

Après avoir expliqué comment le principe de la continuité
permet d'exprimer algébriquement les diverses quantités qui
en jouissent, revenons au principe en lui-même, tâchons de
nous rendre compte des circonstances naturelles qui s'y rattachent, et d'en déduire toutes les conséquences qui peuvent
nous intéresser, soit au point de vue du calcul, soit au point
de vue des conceptions.

On a vu, d'après les explications précédentes, qu'on était
obligé, pour exprimer certaines quantités, de prendre de très-
petits modules; que même quelques-unes de ces quantités ne
pouvaient être introduites dans l'algèbre qu'à la condition
qu'on exécuterait une série illimitée de divisions du module,
et que, quelque petits que fussent les modules ainsi successivement introduits, on ne parviendrait jamais à l'expression
théoriquement rigoureuse de ces quantités.

Cette idée de divisions indéfiniment poursuivies nous conduit naturellement à celle d'un module de plus en plus petit
et même infiniment petit; notre raison est donc en droit de se
demander ce que peut être, par exemple, une longueur infiniment petite, avec le caractère exclusif et absolu dont le mot
infini porte l'empreinte. Un tel objet ne saurait être une longueur, car s'il en était ainsi, je pourrais concevoir qu'on en
prend une fraction, et dès lors il n'aurait pas été vrai de dire
qu'elle est *infiniment* petite; d'où nous sommes obligé de
conclure que s'il existe quelque chose qui puisse être réputé
longueur infiniment petite, cette chose est nécessairement
indivisible. D'un autre côté, ce ne peut être le néant, car le
néant, répété tant de fois qu'on voudra, ne pourra pas produire
quelque chose. Cependant, comme en partant d'un module

quelconque, nous sommes obligé d'admettre, dans l'ordre de nos conceptions, que nous devons parvenir, par une suite infinie de divisions, à un module infiniment petit, il faut bien en conclure inversement que par la répétition infinie de cette chose infiniment petite, nous pourrons reproduire la longueur primitive; cette chose, encore une fois, ne saurait donc être le néant.

Finalement, dans l'ordre rationnel, nous sommes forcé d'accepter l'idée que ce qu'on appelle longueur infiniment petite n'est pas le néant, que ce n'est pas non plus une longueur, et que c'est un être indivisible. Y a-t-il dans l'ordre naturel quelque chose qui réalise ces conditions, et que nous soyons autorisé à considérer comme leur équivalence? Nous pouvons répondre à cette question que la conception du point géométrique correspond exactement à toutes ces propriétés. D'abord ce n'est pas le néant, en second lieu ce n'est pas une longueur : c'est en outre un objet indivisible, et enfin c'est à sa conception que nous sommes conduit par une série infinie de divisions de la longueur.

X V

Il suit de là que nous sommes autorisé à considérer la génération de la longueur comme pouvant être faite par le point. Mais ici semble se présenter une difficulté nouvelle, car une longueur étant faite, et quelque petite qu'elle soit, puisque nous avons la conviction que nous ne pouvons arriver de cette longueur au point que par une série infinie de divisions, par contre il nous sera impossible d'arriver du point à la longueur autrement que par la considération d'une répétition infinie. Cette considération est certainement de nature à jeter du trouble dans notre esprit. Voilà, en effet, un moyen de réalisation qui, tout acceptable qu'il est comme conception, est par le fait irréalisable, de sorte que s'il s'agissait avec le point de créer de toutes pièces une longueur, il nous faudrait être plus initié que nous ne le sommes dans les secrets de la nature pour pratiquer cette opération d'infini qui se trouve placée entre l'une et l'autre. Or, nous ferons observer que l'essentiel dans ceci, ce n'est pas une pareille pratique, car nous trouvons des longueurs toutes faites qui la réalisent, et nous pouvons en créer tant que nous voudrons au moyen d'autres longueurs, avec une approximation suffisante pour nos besoins; mais ce qui importe, c'est de bien savoir à quelles conceptions nous serons sûrement conduits par les diverses considérations que nous pourrons faire volontairement ou que nous serons obligés de faire sur les longueurs, dans toutes les circonstances où nous pourrons nous trouver à la suite de recherches algébriques. Or, nous allons voir que cette opération d'infini à l'aide de laquelle nous concevons que, dans l'ordre naturel, on peut passer du point à la longueur n'a nullement besoin d'être praticable pour que nous ayons l'intelligence des choses auxquelles elle s'applique. Ce que nous ne devons pas ignorer, c'est que entre la longueur et le point, dont nous faisons si fréquemment usage en géométrie, vient se placer cette considération de l'infini; que nous ne pouvons aller de l'un à l'autre sans passer irrévocablement par cette considération; qu'il y a ici et nécessairement deux infinis qui viennent se juxtaposer; que ces deux infinis ne sont pas de même nature, l'un étant l'infiniment grand ou l'infiniment répété de l'opération, l'autre l'infiniment petit de la chose; qu'impossibles l'un et l'autre séparément comme réalisation, ils conduisent cependant par leur association à la conception des choses que notre raison accepte sans hésitation, parce que la nature nous les offre comme une conséquence de ce qu'elle sait, elle, réaliser avec un être et des moyens inaccessibles pour nous à toute autre faculté que celle de l'entendement.

Or, de là, il nous est possible d'inférer instinctivement, et c'est ce qui sera confirmé par des explications ultérieures que si, dans nos procédés de calcul, nous parvenons à obtenir un facsimile de ces deux opérations, nous reproduirons par cela même les choses et les fonctions de la nature, et alors si nous convenons que dx représente une longueur infiniment petite ou le point, que le signe $\int$ représente une série infinie de répétitions, nous comprendrons spontanément que $\int dx$ doit représenter la longueur, puisque cette expression est la reproduction même des moyens par lesquels nous concevons qu'on passe du point à la longueur.

XVI

Pour le moment, nous nous bornons à cette simple observation, qui sera développée plus tard; mais on peut, dès à présent, comprendre quelle est l'origine rationnelle de l'introduction en algèbre du calcul appelé avec raison infinitésimal, de ce calcul qui, sans être l'opération même par laquelle dans l'ordre naturel on passe d'une quantité à sa limite et réciproquement, en est la représentation équivalente dans l'ordre de nos conceptions; de ce calcul qui, sans parti pris, sans plan arrêté, sans aucun but proposé d'avance, s'est introduit dans les recherches algébriques et a pu simultanément, diversifié dans sa forme, mais toujours le même dans son principe, germer dans plusieurs intelligences, parce que c'est le propre de la vérité de se faire jour et de s'imposer à nous, même alors qu'elle ne nous est pas complétement connue dans l'ensemble de ses coordinations, qu'elle n'est entrevue que par ces soupçons qui sont les éclairs dont le génie illumine la science.

On voit donc qu'il suffisait d'analyser dans tous ses détails le principe de la continuité, pour avoir la perception claire et précise du calcul infinitésimal; et que, si toutes ces considérations d'infini qui s'y rattachent ont souvent troublé notre intelligence, c'est que nous n'avons pas assez remarqué qu'elles se retrouvent dans les liens naturels qui rattachent certaines choses à d'autres; de sorte que si en cette circonstance nous devions éprouver quelque étonnement, ce serait au contraire que nous eussions pu dans nos calculs supprimer ces idées d'infini sans lesquelles la dépendance relative de certains faits naturels ne serait plus compréhensible.

Mais revenons à cette idée de la répétition du point en nombre infini pour former une longueur, et montrons d'abord qu'elle ne vient apporter aucun trouble dans celle que nous nous sommes faite de la représentation des longueurs à l'aide d'une d'elles et du nombre. Sans doute, nous le répétons, s'il nous fallait, avec un point et une infinité d'opérations, produire une longueur, nous serions dans l'impossibilité de le faire, par le double motif que nous ne pouvons pas plus saisir le point que nous ne pouvons mettre un terme à une opération infinie.

12

Mais si nous prenons une longueur toute faite, c'est-à-dire quelque chose qui est le résultat même de cette opération pratiquée avec le point, nous échappons ainsi à toutes les difficultés matérielles de l'exécution, sans porter aucune atteinte ni à la clarté ni à l'intégralité de nos conceptions. Nous avons alors quelque chose qui se trouve naturellement être l'intégration de $\int dx$, faite depuis zéro jusqu'à la longueur même qu'il nous aura convenu de choisir, et, avec cet outil entre les mains, nous reproduirons, ainsi que nous l'avons expliqué, toutes les longueurs possibles depuis les plus grandes jusqu'aux plus petites. D'un autre côté, si la génération intellectuelle $\int dx$ de la longueur se trouve pratiquement réalisée par une longueur λ, ce que nous pourrions représenter par $\int_0^\lambda dx$, ceci va devenir désormais l'équivalent de notre module, de sorte que tout ce que nous avons dit des modules et des longueurs qu'ils peuvent représenter comportera, sous la désignation λ, les conceptions d'infini et de point auxquelles nous sommes naturellement conduit par l'étude du principe de la continuité. Par conséquent si, à l'inverse, dans les recherches que nous pourrons nous proposer de faire sur les longueurs, les considérations d'opérations en nombre infini ou d'une longueur infiniment petite viennent se présenter et s'imposer à nous, nous saurons que l'une et l'autre de ces choses se trouvent déjà dans le module, et nous n'aurons plus à exercer de pression sur notre intelligence pour lui demander des justifications ou des explications que la nature nous offre elle-même.

A ne considérer que l'expression $\int dx$ en elle-même, il ne faut pas y voir une détermination particulière des longueurs, elle est uniquement la représentation symbolique de la formation de toutes les longueurs par le point, elle veut dire seulement que, dans l'ordre naturel, les choses sont tellement constituées que la répétition infinie du point conduit à la conception de la longueur, et qu'il est impossible d'en admettre une quelconque, même la plus petite, sans qu'elle soit le résultat d'une infinité de répétitions. Or, je conçois sans difficulté que cette infinité de répétitions une fois faite pour produire une certaine longueur doit être ensuite reproduite une fois, deux fois, trois fois, etc., pour obtenir des longueurs doubles, triples, quadruples de celle-là, et que je pourrai ainsi avec des multiplications ou des divisions en nombre fini de cette répétition première, toute infinie qu'elle soit, représenter toutes les longueurs exactement comme nous le faisons avec le module. Mais il faut nécessairement en prendre une toute faite, qui réunit par elle-même les deux infinis, qui en est la représentation matérielle et qui nous permet ainsi d'échapper à la difficulté, à l'impossibilité même de les mettre nous-mêmes en jeu l'une et l'autre. C'est ainsi que le chimiste qui veut agir sur un corps n'a pas besoin d'en prendre isolément les éléments constitutifs, de pratiquer sur eux cette infinité d'opérations à l'aide desquelles il conçoit que le but qu'il poursuit peut être obtenu, parce qu'il trouve dans la nature des forces tellement constituées qu'elles possèdent tout ce qu'il faut pour s'appliquer directement sur les éléments mêmes, quelque insaisissables qu'ils soient pour nous, et pour y exercer cette infinité d'actions nécessaires à la production des résultats qu'il se propose de réaliser.

XVII

En un mot, parce que dans l'ordre physique nous avons la conception de la longueur et du point, parce que, dans le même ordre, nous reconnaissons qu'il doit y avoir nécessairement une relation obligée de l'un à l'autre, nous avons été naturellement porté à nous demander s'il n'y a pas moyen de nous renseigner sur ce que peut être cette relation. Or, l'étude de la continuité nous fait clairement comprendre que dans cette relation doit se trouver la considération d'une répétition infinie dont le côté pratique nous échappe sans doute, mais dont la conception rationnelle nous est clairement acquise et peut devenir un puissant auxiliaire de nos raisonnements.

Il n'est pas d'ailleurs nécessaire d'insister sur ce point que ce que nous venons de constater ne concerne pas seulement la longueur, car nous n'avons pris celle-ci pour exemple que dans le but de simplifier notre exposition. Ce que nous avons dit de cette quantité résultant des principes généraux de la continuité s'appliquera indistinctement à toutes les autres.

S'il s'agit par exemple des poids, la division infinie des poids me conduira à la conception de l'élément matériel pesant dont on fait à tout instant usage dans la mécanique, et par suite on comprend pourquoi, lorsqu'on voudra passer de la considération de cet élément à un poids quelconque, il sera nécessaire de faire intervenir une répétition infinie, opération à laquelle nous avons donné le nom d'intégration.

S'il s'agit du temps la division infinie du temps nous conduira à la conception de l'instant indivisible, dont on fait un usage non moins fréquent. Dans ce cas encore, lorsque dans nos recherches nous serons conduits à passer de la considération de l'une à la considération de l'autre, nous ne pourrons le faire que par le passage de l'infini.

En résumé, lorsque, dans les recherches algébriques sur les quantités continues, on est conduit à la considération de la limite extrême de ces quantités, l'idée du module de ces quantités s'efface alors; elle se trouve remplacée par une conception nouvelle qui n'est plus la quantité même, mais qui a un rapport nécessaire avec elle, rapport qui entraîne avec lui l'inévitable nécessité d'une division infinie.

Lorsque inversement on doit, en partant de la limite, être ramené vers la quantité dont elle peut être conçue comme l'élément générateur, le module de cette quantité sous la condition d'une infinie répétition doit apparaître dans nos recherches et vient se substituer à la considération primitive de l'élément.

XVIII

Plus généralement, si différentes espèces continues, en tel nombre qu'on voudra, sont naturellement liées entre elles par certaines lois physiques, de telle sorte qu'elles puissent être considérées comme formant une série dans laquelle ces espèces sont les limites successives des unes par rapport aux autres, le passage d'une de ces espèces à l'autre sera nécessairement l'objet d'une division ou d'une répétition infinie à la suite desquelles les modules des unes viendront prendre la place des modules des autres, soit dans l'ordre ascendant lorsqu'il s'agira d'intégration, soit dans l'ordre descendant quand il s'agira de différentiation.

Tant que l'infini n'intervient pas, il est certainement impossible que nous passions d'une espèce à l'autre et cela se conçoit, puisqu'alors des répétitions ou des divisions en nombre fini ne sont susceptibles que d'augmenter ou de diminuer l'espèce considérée; elles la maintiennent donc dans ses divers états et sont tout à fait impropres à la faire disparaître.

La considération seule de l'infini peut nous permettre de concevoir le changement des espèces, et réciproquement lorsque cette considération intervient pour le module d'une espèce, il y a changement nécessaire de module; celui-ci en effet, sous la condition d'être infiniment grand ou infiniment petit, ne saurait être réalisé par aucun cas particulier de l'espèce considérée, car si l'on prétendait que cela se peut, il nous serait toujours permis de concevoir quelque chose de plus grand et de plus petit que ce qu'on prétend devoir résoudre la question, et, dès lors, les conditions d'infinie grandeur et d'infinie petitesse ne seraient pas satisfaites.

La branche de calcul, appelée infinitésimale, doit donc être considérée comme celle au moyen de laquelle nous cherchons à passer d'une espèce à une autre, lorsque d'ailleurs il existe entre les espèces pour lesquelles la transition doit s'opérer une relation naturelle à l'aide de laquelle notre intelligence conçoit qu'il y a des dépendances nécessaires des unes aux autres.

Ainsi, lorsque je prends pour point de départ une longueur parcourue par un mobile, je conçois que cette longueur a pu être franchie dans plus ou moins de temps, c'est-à-dire avec plus ou moins de vitesse; je conçois, en outre, que la vitesse peut être plus ou moins grande suivant l'intensité de la force. Voilà donc différentes espèces : la longueur, la vitesse, la force qui sont loin d'être les mêmes, mais entre lesquelles il existe des relations nécessaires, puisque dans la nature elles sont des déductions inévitables les unes des autres.

Je conçois, en outre, qu'il peut être utile pour nos besoins de passer de la considération des unes à la considération des autres; que, par conséquent, il y a intérêt à rechercher si la science du calcul offre des moyens d'effectuer ces passages. Or, ce que nous venons de dire doit faire comprendre que, lorsqu'il s'agira de se reporter d'une espèce à une autre, il faudra nécessairement arriver à un changement de module, ce que l'on n'obtiendra jamais en restant dans le fini, et ce qu'on ne pourra parvenir à réaliser que par la considération de l'infini : mais, qu'on le remarque bien, d'un infini reliant entre elles des choses qui, quoique non semblables, ont été constituées par la nature dans un état de mutuelle dépendance les unes par rapport aux autres, par conséquent d'un infini relatif, véritable fonction par laquelle l'objet créé se rattache à l'élément générateur, et non de cet infini absolu que la raison ne comprendra jamais : parce que la raison, cette faculté donnée à l'homme de rechercher et de connaître les relations de toutes choses, ne saurait avoir rien à faire là où la fatalité de l'absolu vient exclure les idées de dépendance logique et de rapports naturels nécessaires qui lient entre eux soit les objets créés, soit nos spéculations intellectuelles.

Telle est, nous le répétons, la véritable origine du calcul infinitésimal, tel est son objet essentiel, telle est sa conception première, qui nous vient, ainsi que nous l'avons expliqué, des considérations relatives à la continuité. Nous n'exposerons pas ici les conséquences diverses qui peuvent se déduire de cette conception, car c'est surtout dans son principe que nous nous sommes proposé de le mettre à jour. C'est cette intervention de l'infini que nous tenions à signaler, comme une conséquence rationnelle de la constitution même des choses, comme représentant, dans l'ordre de nos conceptions, l'équivalence parfaite de ce qui se passe dans l'ordre de la nature.

CHAPITRE IX

DE L'ATTRIBUT DE DIRECTION.

I

Le nouvel attribut que nous nous proposons maintenant d'é-tudier occupe un rang important dans les considérations géométriques, et l'on peut affirmer que c'est à ces considérations qu'il faut exclusivement attribuer son introduction dans la science du calcul. Nous ajouterons même que c'est à la géométrie qu'il a emprunté sa dénomination ; toutefois il ne faudrait pas croire qu'il ne se rencontre que dans la science de l'étendue. Il appartient aussi à celle de la mécanique, dans certains cas à celle même de la pluralité, et il n'est pas douteux qu'il s'en présentera plus tard de nouvelles applications. Mais, comme c'est là un sujet très-neuf dans les études algébriques, nous conserverons à cet attribut la dénomination de *directif* qui dérive de certaines propriétés de la ligne droite. Jusqu'à présent, il n'en a pas été question dans l'enseignement en tant qu'il s'agit de l'exposition des doctrines et des principes qui le concernent. On s'occupe bien des formes algébriques qui le caractérisent ; mais à un tout autre point de vue que celui qui consiste à montrer qu'elles sont les véritables représentants d'une classe particulière de propriétés géométriques. Ces formes qui sont celles dites imaginaires interviennent si souvent dans les calculs que, quoiqu'on les déclare incompréhensibles, force est bien d'en dire quelques mots, mais toujours sous la réserve qu'on ne les interprète pas et qu'on les considère uniquement comme des instruments de calcul.

Or, la géométrie se prête si merveilleusement à l'intelligence de ces formes, les analogies qui existent entre elles et certains attributs de la ligne droite sont si complètes et si saisissantes, et d'ailleurs la géométrie occupe un rang si important dans les sciences mathématiques, qu'il y a tout à gagner à recourir à elle pour faciliter l'introduction des idées nouvelles que nous allons exposer, et pour en préparer l'installation définitive dans le domaine de la science. Nous verrons d'abord très-clairement, à mesure que nous avancerons dans notre exposition, à quels caractères on peut reconnaître qu'une quantité autre que la ligne droite possède un attribut équivalent à celui qui, pour elle, est appelé directif, et sous quelles conditions, par conséquent, les formes algébriques qui conviennent à celui-ci deviendront au même titre les représentants de celui-là.

L'attribut de direction consiste en ce que les quantités qui en sont douées possèdent la propriété que toutes les valeurs qu'elles peuvent recevoir en vertu du principe de la continuité, et même quelquefois de celui de la pluralité, peuvent être considérées comme susceptibles d'exister, suivant différentes directions, et plus généralement d'exercer leurs effets suivant des modes d'action qui présentent une complète analogie avec les directions en géométrie.

Disons à cet effet qu'un point étant donné sur un plan, et une longueur rectiligne d'ailleurs arbitraire étant portée à partir de ce point sur ce plan, nous concevons que cette longueur peut être appliquée sur une quelconque des directions qui passent par ce point et sont contenues dans ce plan. De telle sorte que les diverses positions que cette longueur peut ainsi prendre sont figurées par l'ensemble des directions des rayons d'une circonférence quelconque, ayant ce point pour centre. Or, ce que nous nous proposerons de chercher sera de savoir s'il existe des expressions algébriques susceptibles d'être dans les calculs les représentants de ces directions géométriques, et de déterminer les règles auxquelles ces expressions devront être soumises, pour qu'en vertu de ces règles il soit possible d'obtenir des relations algébriques entre ces formes tout à fait équivalentes à celles que les directions ont entre elles en géométrie. Mais, afin d'aller du simple au composé et de familiariser les idées avec ce nouveau point de vue, nous examinerons d'abord un cas particulier de cet attribut, celui dans lequel les directions considérées sont opposées l'une à l'autre.

II

Supposons qu'on trace une ligne droite indéfinie sur un plan; rien ne s'oppose à ce que nous concevions que cette droite a été engendrée par le mouvement d'un point se dirigeant de droite à gauche, ou au contraire par celui d'un point qui marcherait de gauche à droite. Les diverses longueurs que l'on pourra prendre sur cette droite jouiront donc de la propriété que leur génération est susceptible d'être considérée à ces deux points de vue très-distincts, et l'on comprend sans peine qu'il peut y avoir utilité, nécessité même, dans les diverses considérations géométriques auxquelles on pourra se livrer, de distinguer l'un de l'autre ces deux modes de génération. Or, ce qui se présente de prime abord à l'esprit, pour éviter toute confusion à cet égard, c'est d'affecter des indices différents à la représentation de chacun de ces modes d'existence des longueurs. Par exemple : si λ est le module adopté pour représenter la grandeur des unes et des autres, je pourrai conserver λ pour exprimer l'un de ces modes et faire usage de l'accentuation de λ pour exprimer l'autre, de sorte que a étant le nombre de fois qu'il a fallu répéter le module λ pour obtenir une certaine longueur, $a\,\lambda$ pourra être employé pour indiquer que cette longueur est dirigée dans un des sens ci-dessus, et $a\,\lambda'$ pour indiquer que la même longueur est dirigée dans l'autre sens. Il est évident qu'à l'aide de cette convention il ne sera pas possible de se tromper sur celle des deux directions qu'on entendra attribuer aux diverses longueurs dont on aura à s'occuper. Mais une accentuation n'étant pas une opération algébrique ne pourra être employée que comme signe représentatif d'une distinction à faire entre deux choses considérées à des points de vue différents, et ne nous apprendra rien sur les augmentations ou diminutions qui pourront être le résultat des diverses combinaisons qu'on aura à faire entre ces choses. Et en effet, avant d'appliquer à un indice conventionnel une opération quelconque de calcul, il faut avoir défini ce que peut être, dans ce cas, une semblable opération; c'est là une nécessité qui s'imposera toujours lorsque, dans la science algébrique, on emploiera un signe pour représenter non une opération de l'arithmétique, non une quantité, mais une convention. Tant que la relation qui peut exister entre les procédés du calcul et l'ordre de considérations auquel s'applique cette convention n'aura pas été soumise à de sérieuses investigations, il sera impossible de conclure. Or, il ne faudra pas chercher la relation dont je parle dans quelques artifices de calcul, dans le jeu souvent abusif de quelques formules, dans le rapprochement peu fondé de quelques résultats plus exclusivement algébriques que rationnellement comparatifs. Mais il faudra la déduire de la nature même de l'ordre de faits considérés, de l'essence et de la constitution de ces faits directement comparée avec celle des opérations diverses dont se compose la science du calcul, de l'analogie complète qui peut exister entre les résultats que ces recherches mettront à jour sur les quantités auxquelles elles s'appliquent, et ceux que les opérations de calcul produiront à leur tour sur les nombres qui représentent ces quantités. Si dans cette comparaison on trouve une équivalence complète entre les uns et les autres, alors, mais alors seulement, on sera en droit de conclure que les lois naturelles qu'on étudie ont un représentant algébrique, et que le signe conventionnel peut être représenté par une opération de calcul. Appliquons ces principes à ce qui concerne les directions opposées.

Sur la droite indéfinie que nous avons tracée dans un plan arbitrairement choisi, prenons un point fixe. Si l'on considère les longueurs successives qui, partant de ce point, sont situées à droite, elles progressent dans un des deux sens dont nous nous occupons; et, si l'on considère celles qui, partant de ce même point, sont situées à gauche, elles progressent en sens inverse. Les premières seront donc désignées, en vertu de ce qui précède, par $a\lambda$, et les secondes par $a\lambda'$. En conséquence, si j'ai à ajouter deux longueurs $a\lambda$ et $b\lambda$ de la première espèce, je porterai d'abord la première à partir du point fixe sur le côté droit de notre ligne, et puis la seconde à la suite à partir de l'extrémité de la première : j'obtiendrai ainsi une longueur qui sera la somme des deux proposées, qui se compose du module λ répété $a + b$ fois, et dont la représentation algébrique sera $(a + b)\lambda$. Évidemment on en pourrait dire autant des longueurs $a\lambda'$ et $b\lambda'$, qui seraient toutes deux de la seconde espèce.

Considérons maintenant deux longueurs, $a\lambda$ et $b\lambda'$, d'espèces différentes, et cherchons ce que pourra produire leur réunion matérielle et physique en ayant égard au sens suivant lequel chacune est dirigée.

Je commencerai, comme précédemment, à porter du côté droit à partir du point fixe la longueur $a\lambda$; mais, lorsqu'après cette opération je porterai à l'extrémité de $a\lambda$ la seconde longueur, en lui attribuant le sens qu'elle doit avoir de se diriger vers la gauche, alors l'extrémité de cette longueur, bien loin de se placer au-delà du point fixe à une distance supérieure à $a\lambda$, viendra tomber entre l'extrémité de celle-ci et le point fixe, ou même au-delà de ce point fixe, vers la gauche. L'addition $a\lambda + b\lambda'$, bien loin de me donner quelque chose de plus grand que $a\lambda$, me donnera donc au contraire quelque chose de plus petit, et il est évident que cette chose sera précisément celle que j'aurais obtenue si, considérant la seconde longueur comme de même espèce que la première, je l'avais soustraite de celle-ci au lieu de l'ajouter. Cela posé, si je l'avais considérée comme étant de même espèce, elle aurait eu pour représentation $b\lambda$; si je l'avais soustraite, l'expression algébrique du résultat aurait été $a\lambda - b\lambda$, et, puisqu'il doit y avoir équivalence dans les deux manières d'opérer, on devra avoir $a\lambda + b\lambda' = a\lambda - b\lambda$, d'où résulte la relation $b\lambda' = -b\lambda$. Or, ceci nous apprend que la propriété que nous avons voulu caractériser par l'accentuation conventionnelle de λ produit physiquement les mêmes effets que la soustraction en algèbre; qu'il y a, par conséquent, équivalence entre cette propriété et l'opération soustractive, qui en devient ainsi le représentant légitime, de sorte que l'on se trouve autorisé à dire que ce qu'on avait voulu distinguer par l'accentuation de λ le sera d'une telle manière par le signe —, que tous les résultats matériels qui sont des conséquences de la propriété que nous considérons se trouveront exactement reproduits dans les calculs algébriques. En résumé, si le module λ représente les longueurs dirigées dans un sens, le module $-\lambda$ sera la représentation algébrique équivalente des longueurs dirigées dans un sens opposé, et, si comme on est dans l'habitude de le faire on veut supprimer dans l'écriture des formules la considération du module, reportant sur le nombre qui l'accompagne dans la représentation algébrique des quantités les effets du signe soustractif, on pourra dire que, pour avoir égard à l'opposition dans le mode d'existence de la longueur, relativement à son conjugué, il faut considérer comme diminutif le nombre de fois qui le représente. On voit que, dans le cas particulier où les deux longueurs $a\lambda$ et $b\lambda'$ seraient égales, leur addition ramènerait au point fixe. De sorte qu'en ce qui concerne le *quantum* de longueur obtenu, le résultat de l'opération serait zéro. C'est aussi ce qui arrivera dans le calcul, puisque dans ce cas b étant égal à a, l'une sera représentée par $a\lambda$, l'autre par $-a\lambda$, et que ces deux expressions s'annulent par leur réunion.

III

Il est d'ailleurs évident que la nature des développements que nous venons d'exposer est telle que tous nos raisonnements, bien que se rapportant aux longueurs, sont généraux et susceptibles de s'appliquer à toutes les quantités pour lesquelles on aura constaté les deux modes d'existence opposés. Or, pour parler d'une manière générale, nous dirons que l'opposition dans le mode d'existence entre deux quantités se reconnaît au caractère suivant : c'est que deux quantités, entre lesquelles cette opposition existe, s'anéantissent, relativement à l'un des effets qu'elles peuvent produire et qu'on étudie actuellement, par leur réunion, par leur addition matérielle et physique, lorsque d'ailleurs ces quantités ont la même valeur absolue.

Ainsi, parce que le mouvement qu'un poids placé dans le plateau d'une balance communique à cet instrument autour d'un axe fixe est anéanti par l'addition d'un poids égal au premier placé dans l'autre plateau, je dirai que les modes d'existence ou d'action de ces poids sont opposés l'un à l'autre.

Parce que les phénomènes électriques produits par un corps qui possède une certaine quantité d'électricité vitrée s'anéantissent et disparaissent complétement lorsqu'on *ajoute* à ce corps une quantité égale de fluide résineux, je dirai que les deux modes d'existence ou d'action de ces deux fluides sont opposés l'un à l'autre.

Parce que dans le phénomène des interférences la clarté produite par un rayon lumineux se trouve sur certaines bandes anéantie par l'*addition* d'un rayon lumineux venant de la même source que le premier et qui lui est par conséquent égal, je dirai que les deux modes d'existence ou d'action de ces deux rayons sont opposés l'un à l'autre.

L'on voit ainsi successivement découler d'un même principe et se rattacher à un même point de départ l'existence de cette classe de propriétés qui, dans les diverses branches des mathématiques appliquées à l'étude des quantités, ont dû ou devront être un jour considérées sous les points de vue positif ou négatif.

Ici vient d'ailleurs se placer une observation qui ne saurait être passée sous silence.

Il est évident *à priori*, et nous avons eu soin de le mentionner dans la définition qui précède, que ce ne sont pas les quantités elles-mêmes qui doivent s'anéantir et disparaître par leur réunion, mais que ce sont les effets qu'elles sont susceptibles d'engendrer séparément et dont on fait actuellement l'étude qui cessent d'être produits.

Ainsi, relativement aux longueurs et à leurs directions, ce ne sont pas les longueurs proprement dites, les chemins qu'elles représentent qui ont disparu; mais ce sont les effets du déplacement par rapport au point de départ qui se sont compensés; un mobile qui aurait suivi les deux longueurs aurait réellement marché, mais cette marche, relativement au point de départ, n'aurait définitivement produit aucun déplacement.

De même les deux poids qu'on place dans les plateaux de la balance ne s'anéantissent pas comme poids, et sous ce rapport, au contraire, ils agissent de toute leur énergie sur le point d'appui qui supporte ces plateaux, mais relativement au mouvement que chacun d'eux isolément imprimerait au fléau, leur réunion, leur existence simultanée sur le même appareil a pour objet de produire le repos.

De sorte que, dans le premier cas, au point de vue du déplacement définitif, les deux longueurs peuvent être considérées comme si elles n'avaient pas existé, tandis qu'au point de vue du chemin parcouru, il faut tenir compte de l'une et de l'autre.

Dans le second cas, au point de vue du mouvement du fléau de la balance, l'instrument est exactement dans la même situation que s'il n'y avait pas de poids, tandis qu'au point de vue de la résistance du point d'appui, de la pression qu'il supporte, il faut reconnaître que ce point est soumis à la fois à l'action des deux poids.

En suivant cette analogie pour les phénomènes des interférences, on ne dira pas que l'obscurité des bandes est un indice de l'absence de la force lumineuse, mais on comprendra que les mouvements producteurs de la lumière doivent être tels que l'un des rayons sollicitant la rétine dans un certain sens, l'autre rayon la sollicite dans un sens opposé, d'où résulte le repos de l'organe, et en même temps, pour le dire en passant, la conception de la théorie des ondulations.

Pour l'électricité, on ne dira pas non plus que ce que nous appelons fluide vitré et fluide résineux s'anéantissent par leur addition, par leur réunion sur un même corps ; mais on sera conduit à penser que ce que nous appelons électricité vitrée n'est autre chose que le développement d'une force qui, relativement à celle qui se développe par l'électricité dite résineuse, a un mode d'existence complétement opposé, de sorte que lorsque ces forces seront telles qu'elles produiront séparément sur un même corps des effets d'égale intensité, elles jouiront de la propriété que le résultat de leur action simultanée sera l'équilibre.

Faisons remarquer, avant d'abandonner ce sujet, que toutes les quantités qui jouissent de la propriété de l'opposition dans le mode d'existence nous offrent le moyen physique d'exécuter par leur addition matérielle de véritables soustractions ; nous verrons qu'il en sera de même pour des opérations autrement compliquées que la soustraction : toutes les fois, en effet, qu'un rapport algébrique quelconque conviendra à une quantité, celle-ci sera susceptible de réaliser ce rapport, dont nous pourrons ainsi obtenir une représentation physique. Le concret

nous viendra ainsi en aide pour interpréter l'abstrait et faciliter sa compréhension dans les circonstances où ses expressions
se présentent à nous sous des formes énigmatiques.

IV

Après cet examen des directions opposées, passons à celui
des directions perpendiculaires, et disons d'abord en quoi consiste la loi physique de la perpendicularité.

Supposons qu'on trace sur un plan une ligne droite quelconque sur laquelle on prend un point fixe que nous désignerons
constamment par la lettre O. La partie de la ligne qui est à
droite du point O considérée comme indéfinie sera appelée OD,
celle qui est à gauche de ce point considérée à son tour comme
indéfinie sera appelée OG. Les longueurs qui à partir de ce
point O seront respectivement portées sur OD et sur OG jouiront, par rapport à ce point, de la propriété d'être opposées,
de sorte que, λ étant le module des longueurs, si celles qui
sont situées sur OD sont représentées par $a\lambda$, celles qui le sont
sur OG le seront par $-a\lambda$; les premières sont dites positives,
les secondes négatives.

Supposons maintenant que nous construisions un angle droit
dont le sommet soit en O et dont l'un des côtés soit OD, l'autre
côté de cet angle sera une ligne passant par O et perpendiculaire à OD. Nous appellerons OP cette perpendiculaire.

Cela posé, construisons à la suite un second angle droit dont
le sommet soit encore en O et dont l'un des côtés soit OP : il
est établi en géométrie que l'autre côté de ce second angle
vient se confondre avec la partie OG de la droite primitive,
c'est-à-dire avec la direction négative. Si ensuite on construit
un troisième angle droit dont le sommet soit encore en O, et
dont l'un des côtés soit OG, l'autre côté de cet angle sera l'opposé de OP, c'est-à-dire la direction négative de OP ; enfin un
quatrième angle droit construit à la suite des trois précédents
nous fera exactement retomber sur la direction primitive OD.

De cet examen, il résulte que la loi géométrique de la perpendicularité consiste en ce qu'étant donnée une direction
quelconque considérée comme positive, la direction perpendiculaire reproduite deux fois à la suite l'une de l'autre, à partir

de la positive, conduit à la direction négative, et que reproduite quatre fois elle fait retomber sur la direction première; il y a donc dans l'ordre naturel une relation nécessaire entre les directions positive, négative et perpendiculaire, en vertu de laquelle la première de ces directions étant donnée, les autres en sont des dépendances obligées.

La question à résoudre maintenant sera de savoir s'il n'existe pas en algèbre certaines formes et certaines opérations à exécuter sur ces formes jouissant de la propriété d'être l'équivalence, quant aux résultats successifs qu'elles donneront, de ceux auxquels on est conduit par l'emploi géométrique de la perpendicularité.

Ce qui s'offre d'abord à l'esprit, c'est de voir si une expression algébrique encore inconnue que je représenterai par x est susceptible, par ses répétitions successives, de produire les mêmes effets que les répétitions d'angle droit.

S'il en était ainsi, ayant pris une longueur a située sur la direction positive, cette même longueur située sur la perpendiculaire devrait avoir pour expression algébrique $a+x$, puisque j'admets l'hypothèse que x doit être employé par voie d'addition. La seconde perpendiculaire serait donc représentée par $a+2x$, et puisque celle-ci se confond avec la direction négative, je devrais avoir $-a=a+2x$, d'où $x=-a$; x changerait donc pour chaque valeur particulière de la longueur et ne posséderait pas par conséquent le caractère d'invariabilité en vertu duquel nous concevons que la perpendicularité est tout à fait indépendante de la considération des longueurs; d'un autre côté, comme la quatrième perpendiculaire doit se confondre avec $+a$, j'aurais $a=a+4x$, d'où $x=0$, valeur différente de la première; et comme elle indique d'ailleurs qu'il n'y aurait rien à faire sur a, nous concevrons qu'à tous les points de vue cet ordre de considérations est impropre à nous conduire au but que nous nous sommes proposé.

Nous insisterons d'ailleurs sur cette considération que la conception des directions est telle que cet attribut ne saurait apporter aucune altération à une longueur quelconque a; elle a seulement pour objet de nous indiquer que cette longueur existe dans une certaine situation plutôt que dans une autre, et cela sans apporter aucune modification à l'expression numérique de cette quantité qui doit toujours être a; c'est ce qui a lieu pour la représentation des directions positive et négative, car dans $+a$ comme dans $-a$ la pluralité a reste la même. Or, il serait bien difficile de comprendre ce que devrait être x pour que la forme $a+x$ n'altérât pas la pluralité exprimée par a.

Ayant échoué de ce côté nous sommes conduit à recourir à d'autres moyens. Or, nous allons voir que l'examen de ce qui concerne les directions positive et négative va nous mettre sur la voie de ce qu'il peut être permis de faire pour la direction perpendiculaire. Il est évident que l'attribut de direction ne devant pas changer la pluralité qui représente les longueurs, nous ne pouvons guère concevoir que cette condition soit remplie autrement que par quelque signe d'opération qui par lui-même n'entraîne ni augmentation ni diminution de cette pluralité et qui n'aura d'autre objet que de lui faire remplir, sans l'altérer, telle ou telle autre fonction; de même que l'opération de faire un angle droit fait remplir à une longueur, tout en la laissant la même, la fonction d'être perpendiculaire à la direction primitive.

C'est ce qui existe pour les deux directions opposées, ainsi que nous l'avons fait remarquer; on voit évidemment que dans ce cas le signe négatif ne change pas la pluralité et qu'il se borne à l'indication d'un usage particulier qu'il en faudra faire; il satisfait donc à tous égards aux conditions définies: or, dans nos usages algébriques, par suite de ce qui a été démontré au sujet de la règle des signes, le signe soustractif, appliqué à une pluralité, peut être considéré comme l'équivalent de la multiplication de cette pluralité par le facteur -1, et comme ce même facteur algébrique -1 appliqué à son tour à la direction négative nous fait retomber, ainsi que cela doit être, sur son opposée, puisque -1 multiplié par -1 donne $+1$, nous voyons que, pour ces deux directions tout au moins, c'est par la voie de facteurs que la coïncidence entre les faits algébriques et les faits naturels se trouve établi.

Enfin, parce que ces deux directions ne sont que des cas particuliers des quatre évolutions que la perpendiculaire doit faire pour qu'en partant d'une direction on s'y trouve ramené, il s'ensuit qu'il n'y a rien que de naturel à admettre que l'expression algébrique générale de la perpendiculaire, si elle est possible, doit se faire par les mêmes formes et les mêmes moyens que ceux qui conviennent à deux de ses cas particuliers.

Nous sommes ainsi finalement conduit à prévoir que c'est par la voie de facteurs qu'il nous sera possible d'obtenir la solution de la question que nous nous sommes proposée.

Ces choses ainsi entendues, si x représente dans cet ordre d'idées le facteur de la première perpendicularité, x^2 devra représenter celui de la perpendicularité double, c'est-à-dire la direction négative ou -1, x^3 celui de la perpendicularité triple, c'est-à-dire l'opposé de la première perpendicularité ou $-x$, enfin x^4 devra être l'équivalent de la direction primitive ou $+1$.

Or, exprimer de tels résultats, c'est évidemment énoncer les propriétés essentielles et caractéristiques de l'expression $\sqrt{-1}$, et de là nous concluons qu'en algèbre cette expression représentera par ses diverses puissances les évolutions mêmes auxquelles on est conduit en géométrie par les répétitions successives et juxta-posées de l'angle droit.

Nous sommes ainsi ramené à ce point de doctrine que $\sqrt{-1}$ n'est pas autre chose qu'un signe d'opération. A cet égard, les considérations concrètes viennent ajouter le remarquable appui de leur autorité à celles qui se sont présentées à nous comme la conséquence nécessaire de nos premières études théoriques. Si, en effet, $\sqrt{-1}$ est l'équivalent algébrique de la perpendicularité géométrique, c'est-à-dire de l'*opération* qui consiste à faire un angle droit, n'est-on pas obligé de reconnaître qu'il ne peut être lui-même qu'une opération?

La question que nous nous étions proposée est donc résolue, et nous sommes maintenant en mesure d'étudier les diverses conséquences qui en résultent pour la conception de la représentation algébrique d'une direction quelle qu'elle soit.

V

Toutefois, avant d'aborder ce sujet, nous ne devons pas négliger de faire observer que les raisonnements que nous venons d'exposer, bien qu'appliqués aux longueurs, sont susceptibles de convenir à toutes les quantités qui, comme les longueurs, auront des modes d'existence définis par des conditions analogues à celles de la perpendicularité; nous dirons donc dans un sens général :

« Lorsqu'une espèce de quantité possédera entre les deux « états opposés qu'on appelle positif et négatif un troisième « état intermédiaire, et lorsque ce troisième état sera tel que si « après avoir fait, pour l'obtenir, certaines opérations sur l'état « positif, il arrive qu'en répétant sur cet état intermédiaire les « mêmes opérations et dans le même ordre, on passe à l'état « négatif, ce troisième état, disons-nous, devra être repré- « senté dans l'algèbre par l'expression $\sqrt{-1}$. »

Par ce moyen nos principes se généralisent, et l'on voit que ce n'est pas une interprétation seulement géométrique des expressions imaginaires que nous présentons ici, mais une interprétation également applicable à toutes les quantités dont les divers modes d'existence sont définis par des conditions analogues à celles qui régissent entre elles les directions soit opposées, soit perpendiculaires.

A ce point de vue nos explications ne se bornent pas à une simple considération de géométrie analytique, leur portée devient aussi générale que possible ; elles ne sont pas le résultat d'une coïncidence observée peut-être par hasard entre une figure de géométrie et quelques expressions algébriques; elles prennent leur origine dans cette idée préconçue, aussi féconde qu'elle est simple, qu'il y a lieu de se demander et de rechercher si ce qui est lié par la nature n'est pas susceptible de l'être par les opérations de calcul, proclamant d'avance que tout ce qui sera lié de la même manière devra certainement avoir pour expression analytique les mêmes symboles d'opérations, les mêmes rapports.

Occupons-nous maintenant de la représentation générale des directions.

VI

Dans l'étude de cette nouvelle question, comme dans celles qui l'ont précédée, nous commencerons par déterminer les diverses relations géométriques qui existent entre les données; nous examinerons ensuite si l'algèbre nous donne les moyens d'exprimer analytiquement les mêmes relations.

A cet effet revenons à notre ligne fixe sur laquelle nous avons pris arbitrairement un point O et dont les deux parties à droite et à gauche de ce point ont été désignées par OD et OG. Nous l'appellerons ligne de base.

Considérons une nouvelle direction OC passant par le point O et faisant un angle α avec la première.

Si d'un point quelconque A, de la nouvelle direction OC, on abaisse une perpendiculaire AA′ sur la ligne de base, ce sera un fait géométrique patent que les deux longueurs OA′ et A′A, ajoutées ensemble, *en ayant égard tant à leurs longueurs qu'à leurs directions,* conduiront au point A, comme on y serait arrivé, en suivant la longueur OA sur la direction OC.

Or, nous savons déjà que pour avoir égard à la direction perpendiculaire de AA′ sur la ligne de base, il faut que la longueur AA′ soit accompagnée du facteur $\sqrt{-1}$, de sorte que le chemin dirigé OA′A a pour expression analytique $OA' + A'A\sqrt{-1}$.

Ecrivons donc maintenant que cette expression doit être égale à celle du chemin OA pris sur la direction OC.

Dans l'état d'incertitude où nous nous trouvons sur la forme analytique qui doit servir à représenter cette dernière direction, relativement à celle de la ligne de base, nous admettrons, pour un instant, ainsi que nous l'avons pratiqué dans les recherches précédentes, que cette forme consiste en un certain facteur inconnu que nous représenterons par x, de sorte que OA sera représenté tant en longueur qu'en direction par le produit algébrique OA.x. Nous devrons donc avoir, en vertu des précédentes remarques, $OA.x = OA' + A'A\sqrt{-1}$, équation de laquelle nous déduirons $x = \dfrac{OA'}{OA} + \dfrac{A'A}{OA}\sqrt{-1}$, telle est la valeur de x, telle est la forme de l'expression analytique qu'on peut appeler le coefficient de direction d'une ligne faisant un angle α avec celle de base.

Mais il est évident que rationnellement, puisque cette forme doit dans les recherches algébriques représenter la direction de la ligne OC, il est évident, disons-nous, qu'elle doit convenir à tous les points de cette ligne et, par conséquent, ne pas dépendre de la considération particulière de l'un de ses points A.

Tel est en effet le caractère propre à l'expression ci-dessus, car si le point A y figure, ce n'est qu'en apparence. C'est en effet une vérité géométrique dépendant de la nature de la ligne droite et de l'angle que les rapports $\dfrac{OA'}{OA}$, $\dfrac{A'A}{OA}$ restent invariables quel que soit le point A qu'il aura plû de prendre sur OC ; de telle sorte qu'en représentant, comme on est dans l'usage de le faire, les valeurs constantes de ces rapports par cos α et sin α, il vient définitivement $x = \cos\alpha + \sqrt{-1}\,\sin\alpha$, forme sous laquelle l'indépendance de la valeur de x, par rapport au point A ou à tout autre de la direction OC, devient manifeste.

Il est donc bien établi que les directions des droites, les unes par rapport aux autres, ont une expression analytique ; de telle sorte qu'à l'aide de cette expression on pourra soumettre ces directions au calcul avec les mêmes facilités qu'on y soumet les longueurs représentées par les nombres. On voit encore qu'on pourra dans ces calculs reproduire la marche même de la géométrie qui, dans ses procédés, met à la fois en œuvre les longueurs et les directions, puisque l'expression multiple $r(\cos\alpha + \sqrt{-1}\,\sin\alpha)$ représente collectivement une ligne dont la longueur est r, et qui fait un angle α avec la direction prise pour point de départ.

Par conséquent, si l'on a tracé une portion de contour polygonal rectiligne dont les côtés font avec la ligne de base les angles $\theta_1, \theta_2, \theta_3, ..., \theta_n$, et qui ont pour longueurs respectives $a_1, a_1, a_3, ..., a_n$, l'expression analytique de ce contour sera

$$a_1(\cos\theta_1 + \sqrt{-1}\sin\theta_1) + a_2(\cos\theta_2 + \sqrt{-1}\sin\theta_2) + ...$$
$$+ a_n(\cos\theta_n + \sqrt{-1}\sin\theta_n),$$

de sorte que par ce moyen il n'est pas de tracé de figure géométrique composé de lignes droites qu'on ne puisse immédiatement traduire et interpréter en algèbre. Nous nous expliquerons plus tard sur ce qui concerne les courbes.

Il est à peine besoin de faire remarquer que toute expression de la forme $p + q\sqrt{-1}$ peut être ramenée à celle

$$r(\cos\alpha + \sqrt{-1}\sin\alpha)$$

et exprime, par conséquent, une longueur dirigée, car on peut l'écrire

$$\sqrt{p^2+q^2}\left(\frac{p}{\sqrt{p^2+q^2}} + \frac{q}{\sqrt{p^2+q^2}}\sqrt{-1}\right);$$

alors $\dfrac{p}{\sqrt{p^2+q^2}}$ et $\dfrac{q}{\sqrt{p^2+q^2}}$ peuvent être considérés comme représentant respectivement les cosinus et sinus d'un même angle α, tandis que $\sqrt{p^2+q^2}$ représente une longueur r.

Il y a donc dans tout binôme imaginaire association des deux éléments de longueur et de direction, et il est utile de pouvoir les désigner l'un et l'autre ; à cet effet, on a proposé d'appeler l'un le *module,* l'autre l'*argument.* Ces deux dénominations ne nous paraissent pas convenablement choisies parce qu'elles ne rappellent ni l'une ni l'autre les propriétés essentielles de la longueur et de la direction. Il nous semble qu'il serait préférable à tous égards d'appeler l'élément de longueur le *continu* et l'élément de direction le *directif.* Il y aurait à cela l'avantage de rappeler ce qu'est chaque chose en la nommant ; le mot continu n'offre pas d'ailleurs l'inconvénient de rappeler une espèce particulière, il peut ainsi se prêter à des désignations de quantités autres que les longueurs et pour lesquelles, d'après une remarque précédente, l'imaginaire serait réalisable.

VII

Avant d'exposer les conséquences du fait important que nous venons d'établir, nous croyons devoir présenter quelques observations sur les quantités positives et négatives par rapport aux imaginaires et sur le passage du réel à l'imaginaire.

Quand il s'est agi sur une même droite de considérer des directions opposées, les géomètres ont vu d'abord et prouvé ensuite l'intervention nécessaire des signes $+$ et $-$, mais ils ne sont pas allés au delà. En adoptant pour la représentation analytique des courbes le système des coordonnées rectangulaires, ils ont affecté le facteur $+1$ aux abscisses positives et le facteur -1 aux abscisses négatives, parce qu'ils ont reconnu qu'il y a entre ces deux directions opposées une relation obligée. Quant aux ordonnées, ils les ont aussi reliées entre elles par une relation de même espèce. Mais entre les ordonnées et les abscisses ils n'ont rien vu de commun que l'équation même de la courbe, c'est-à-dire la fonction qui lie la grandeur de l'ordonnée à celle de l'abscisse.

Aussi les quantités positives et négatives forment-elles une classe à part tout à fait distincte des quantités imaginaires ; jusqu'à ce jour on a si peu vu dans les unes et dans les autres des membres d'une même famille, que les premières sont rangées dans la classe des choses réelles, tandis que les secondes appartiennent à un monde réputé imaginaire.

Le calcul cependant, avec sa rigoureuse logique, enseignait qu'entre $+1$, -1 et $\cos\alpha + \sqrt{-1}\sin\alpha$, il y a une liaison nécessaire, puisque les deux premières expressions ne sont que des cas particuliers de la troisième ; mais cette circonstance, loin d'éclairer la question, l'obscurcissait encore, tant on se croyait obligé de trancher entre le réel et l'imaginaire ; et le passage de l'un à l'autre, employé comme un puissant auxiliaire dans les recherches purement analytiques, est resté pour notre intelligence, et sous le point de vue philosophique, une circonstance incomprise.

« Les passages du positif au négatif, dit Laplace, et du réel à « l'imaginaire, *dont j'ai le premier fait usage,* m'ont conduit « encore aux valeurs de plusieurs intégrales définies singu- « lières, *que j'ai ensuite démontrées directement.* On peut donc « considérer ces passages comme un moyen de découverte pa- « reil à l'induction et à l'analogie, employées depuis longtemps « par les géomètres, d'abord avec une grande réserve, ensuite « avec une entière confiance, un grand nombre d'exemples en « ayant justifié l'emploi ; *cependant, il est toujours nécessaire* « *de confirmer par des démonstrations directes les résultats* « *obtenus par ces divers moyens.* » (Théorie analytique des probabilités. Introduction.)

On voit donc que les passages du réel à l'imaginaire, que Laplace déclare avoir employés pour la première fois, et dont les géomètres actuels font un fréquent usage, ont été des moyens de découverte fondés, non sur une théorie rationnelle, mais seulement sur la sanction de l'expérience. Aussi Laplace ne les considère-t-il nullement comme emportant avec eux leur justification qui doit être établie par des moyens directs, ce que malheureusement on ne fait pas toujours.

Mais actuellement que nous venons de prouver que l'expression $\cos\alpha + \sqrt{-1}\sin\alpha$ n'est autre chose que celle d'une direction, et que les relations qui existent entre les directions posi-

tives, négatives, perpendiculaires et angulaires, sont pour ainsi
dire le résultat d'un coup-d'œil jeté sur une des plus simples
figures de géométrie, la liaison qui existe entre $+1$, -1, $\sqrt{-1}$
et $\cos \alpha + \sqrt{-1} \sin \alpha$ se trouve par cela même établie non plus
seulement comme une conséquence purement analytique, mais
comme une nécessité que le raisonnement constate *à priori*, et
dont le principe est indépendant de toute vérification ultérieure.

On conçoit ainsi, avec la plus grande facilité, que le passage
mystérieux du réel à l'imaginaire va devenir une des plus simples conceptions mathématiques, et qu'il n'y faudra voir autre
chose que le simple changement de la ligne de base primitivement prise pour point de départ de la supputation des directions.

Ces considérations fort simples, entrevues au commencement
de ce siècle, et que nous avons nous-même développées il y a
une trentaine d'années, n'ont cependant fait en France que d'in-
signifiants progrès; c'est qu'à notre avis nous nous sommes encore plus appliqués à rechercher des effets qu'à étudier des
causes, à courir après des séries et des formules, nous conten-
tant souvent de quelques apparences, sans nous rendre compte
de l'étendue, de la portée, de la véritable interprétation des résultats obtenus. Nous avons trop oublié cette sage recomman-
dation de Laplace : « Que les résultats transcendants du calcul
« sont, comme toutes les abstractions de l'entendement, des
« signes généraux dont on ne peut connaître la véritable éten-
« due qu'en remontant, par l'analyse métaphysique, aux idées
« qui y ont conduit. »

C'est là le défaut de notre époque; nous voulons avancer, et
toujours avancer, sans remarquer que, si ce que nous cherchons
se trouve au point de départ, nous ne ferons en marchant que
nous écarter du but; que ce ne sera que par voie de retour,
comme le dit l'illustre géomètre que nous venons de citer, qu'il
nous sera possible de bien connaître la route que nous devons
suivre et d'avoir l'intelligence des diverses circonstances qui
s'offriront à nous pendant ce parcours.

VIII

Le principe de la représentation algébrique des directions
par les formes imaginaires offre une analogie trop remarquable
avec celle des grandeurs continues par le nombre pour que,

avant de passer à l'étude des conséquences, nous n'entrions pas dans quelques détails à ce sujet.

Si λ est le module que l'on convient d'adopter pour les longueurs, les diverses longueurs qu'on pourra produire avec ce module restant entier seront exprimées par λ, 2λ, 3λ, ..., $p\lambda$.

Si α est un angle convenu d'avance, pour compter une série de directions, toutes les directions qu'on pourra produire avec cet angle restant entier seront exprimées par

$$\cos\alpha+\sqrt{-1}\sin\alpha, \quad \cos 2\alpha+\sqrt{-1}\sin 2\alpha,$$
$$\cos 3\alpha+\sqrt{-1}\sin 3\alpha, ..., \quad \cos p\alpha+\sqrt{-1}\sin p\alpha.$$

Si on divise le module λ des longueurs en un nombre n de parties égales, les diverses longueurs qu'on pourra produire avec la $n^{ième}$ partie de ce module seront $1\frac{\lambda}{n}$, $2\frac{\lambda}{n}$, $3\frac{\lambda}{n}$, ..., $p\frac{\lambda}{n}$.

Si on divise l'arc α qui a d'abord servi à compter les directions en un nombre quelconque n de parties égales, les diverses directions qu'on obtiendra avec la $n^{ième}$ partie de cet arc seront

$$\cos\frac{\alpha}{n}+\sqrt{-1}\sin\frac{\alpha}{n}, \quad \cos 2\frac{\alpha}{n}+\sqrt{-1}\sin 2\frac{\alpha}{n}, ...,$$
$$\cos p\frac{\alpha}{n}+\sqrt{-1}\sin p\frac{\alpha}{n}.$$

Or, de même que les expressions de la longueur en y faisant $\frac{\lambda}{n}=\lambda'$ reviennent à la forme primitive λ', $2\lambda'$, $3\lambda'$, ..., $p\lambda'$, de même aussi celles des directions, en y faisant $\frac{\alpha}{n}=\alpha'$, revêtent la première forme.

Nous sommes ainsi conduit à cette conséquence que, dans la théorie de l'algèbre, ce n'est pas un seul système de supputation qu'il faut avoir en vue, si l'on veut arriver à la connaissance complète de tout ce qui intéresse les quantités; il est nécessaire d'avoir égard à deux systèmes : l'un représenté dans ses éléments par la série des nombres 1, 2, 3, ..., pour représenter les grandeurs, les intensités des quantités, tout ce qui, en un mot, se rattache à leur continuité; l'autre figuré par la série des nombres imaginaires que nous venons de faire connaître pour représenter l'ordre, la situation, les différents modes d'existence ou d'action de ces quantités; le premier qui pourrait être appelé système de numération quantitative, le second système de numération ordinale.

IX

Ainsi se trouve solidement appuyée sur sa base et toute prête à être étudiée dans ses conséquences, cette théorie de l'ordre et de la situation des choses, sans aucune considération de la grandeur entrevue et signalée par Poinsot il y a un demi-siècle et qui, jusqu'à ce jour, n'a pas été constituée faute d'avoir su chercher et reconnaître dans les principes tout ce qui s'y trouve.

« La théorie des angles, dit ce géomètre, n'appartient pas
« seulement à la géométrie, comme on pourrait le croire au
« premier abord ; mais c'est encore une partie essentielle de
« l'analyse mathématique. Ces quantités remarquables, ou
« plutôt ces rapports auxquels la géométrie donne naissance
« et qu'on nomme des angles, se présentent en algèbre d'une
« manière aussi naturelle et aussi nécessaire que les exposants
« et les logarithmes; par leurs propriétés toutes semblables,
« elles en sont même inséparables, car, si la division du loga-
« rithme en parties égales répond à l'extraction de la racine
« d'une quantité réelle, la division de l'angle en parties égales
« répond de même à l'extraction de la racine d'une quantité
« imaginaire. Or ces quantités réelles et celles qu'on nomme
« imaginaires se présentent également toutes deux dans nos
« transformations analytiques; elles se mêlent pour ainsi dire
« à tous nos calculs, et c'est même dans cette combinaison de
« symboles réels et imaginaires que consistent la nature propre
« et le caractère distinctif de l'algèbre. On voit donc que cette
« science, pour l'exécution actuelle des opérations qu'elle in-
« dique, exige à la fois la considération des angles et celle des
« logarithmes. »

Il faut convenir que, pour un esprit qui ne savait pas ce qu'est l'imaginaire en lui-même, il y a dans ces phrases une remarquable intuition de ce qu'il devait être un jour ; ce passage n'est-il pas une véritable prédiction du rôle que le progrès des sciences lui assurerait dans l'avenir, et ce que nous venons d'exposer sur la représentation des directions par l'imaginaire n'est-il pas la vérification complète des idées mises à jour, il y a cinquante ans, par le génie de Poinsot?

C'est que cet illustre géomètre avait profondément réfléchi sur toutes ces choses; qu'il voyait la science plus encore dans ses bases que dans ses formules, et que ce qui l'intéressait le plus dans ces dernières, c'étaient les rapports nécessaires qu'elles doivent avoir avec les principes. Aussi ajoute-t-il avec autant de raison que de vérité : « Je ne présente en passant ces ré- « flexions que dans l'intérêt de la philosophie de la science, « partie trop négligée par la plupart des auteurs et peut-être la « plus digne d'être cultivée, car nos formules et nos théorèmes « les plus remarquables sont bien moins utiles et moins pré- « cieux en eux-mêmes que cette sorte de métaphysique qui « les domine et les éclaire et qui seule peut rendre à l'esprit « de nouvelles forces quand il faut se conduire et s'avancer « plus loin dans les sciences. »

Nous le disons avec regret, ces recommandations de Poinsot paraissent être tombées de plus en plus dans l'oubli. C'est à tel point qu'aujourd'hui on ne répute pas mathématicien celui dont le bagage modeste n'est pas hérissé de formules, d'interminables séries, de dénominations et de fonctions nouvelles. Ce n'est pas que nous ayons l'intention de dénier à ces recherches, entreprises dans les parties les moins accessibles de la science, le mérite du talent des combinaisons, mais ne serons-nous pas en droit de dire que tant qu'il subsistera des obscurités dans les bases mêmes de la science, tant qu'il y aura des choses qu'on déclare ne pas comprendre, mieux vaudrait consacrer toutes les ressources de l'intelligence à les faire disparaître au profit de tous, qu'à poursuivre au prix de tant d'efforts des déductions qui, un jour, se présenteront peut-être d'elles-mêmes comme les conséquences faciles les plus immédiates de quelque principe trop négligé, ou dont ce même principe proclamera l'évidente impossibilité. Ce qu'on fait n'est pas un travail d'utilité générale ; et, pour satisfaire en France une vingtaine d'esprits spécialistes et curieux de certains exercices d'analyse, on condamne les jeunes intelligences qui veulent étudier et s'instruire à la permanence du doute, à la fatalité de l'incompréhension.

CHAPITRE X

DES PRINCIPALES LOIS QUI RÉGISSENT LES DIRECTIONS, ET DE LA RE-
PRÉSENTATION DE CES LOIS EN ALGÈBRE. OBSERVATIONS INCIDENTES
SUR LES DÉVELOPPEMENTS EN SÉRIES.

SOMMAIRE. — I. La conception de la direction ne nous permet pas de la
considérer comme divisible, accord de cette conception avec les formes
algébriques qui représentent la direction. — II. Le passage d'une direction à une autre se fait en algèbre par la voie de facteurs de la forme
$\cos \alpha + \sqrt{-1} \sin \alpha$. — III. Interprétation géométrique des racines de
l'unité pour tous les degrés.. — IV. Explications sur l'ordre à suivre pour
la supputation des directions. — V. Les angles sont les logarithmes des
directions. — VI. Recherche de la base de ce système de logarithmes ;
observations à ce sujet sur les développements en série. — VII. Exemples des inexactitudes auxquelles conduit l'application des séries qu'on
considère comme donnant les valeurs des puissances du binôme pour les
cas où l'exposant est négatif ou fractionnaire. — VIII. De la constitution
du développement du binôme lorsque l'exposant est entier et positif, et
des différences essentielles qui existent entre ce cas et tous les autres.
—IX. Vices des raisonnements par lesquels on cherche à démontrer la
généralité de la formule du binôme. — X. Recherche de la valeur du
binôme pour les puissances entières et négatives, et nécessité de faire
suivre le développement ordinaire d'une fonction finale. — XI. Nature et
détermination de cette fonction finale. — XII. Avec la fonction finale
toutes les inexactitudes ci-dessus signalées disparaissent. — XIII. De la
fonction finale lorsque l'exposant du binôme est fractionnaire ; concordance entre ce cas et celui où l'exposant entier est positif ou négatif.
— XIV. Généralité pour toutes les fonctions des faits ci-dessus exposés.
— XV. Conséquences qui en résultent, soit pour la pratique, soit pour
la théorie, soit pour le principe de l'indépendance et de l'invariabilité
des formes des fonctions.—XVI. La base du système des logarithmes des
directions ne saurait être déduite de la formule $e^{\alpha \sqrt{-1}} = \cos \alpha + \sqrt{-1} \sin \alpha$.
—XVII. Discussion à ce sujet et fausses applications à des valeurs imagi-
naires de propriétés qui ne sont démontrées que pour des valeurs réelles.

—XVIII. Nouvelle formule à substituer à celle d'Euler, et conséquences à en déduire pour la base du système de logarithmes des directions.

I

La conception naturelle que nous avons de la direction ne nous permet pas de comprendre qu'elle soit divisible; il nous est impossible de nous rendre compte de ce que serait une fraction d'une direction donnée. L'angle qui la détermine est évidemment susceptible d'être divisé; mais ce que nous obtenons alors par ces divisions, ce sont des directions nouvelles. Ce ne sont plus les diverses parties de la première. Une direction forme donc un tout unique et indéfini qui ne saurait être dépouillé de cette considération de l'infini, ce qui ne permet pas de pouvoir en prendre une partie; du moment où nous voudrions lui imposer une limite, ce ne serait plus la notion seule de la direction que nous aurions dans l'esprit, ce serait son association avec celle de longueur, et c'est sur celle-ci que devrait s'appliquer la conception du fractionnement. Toute idée d'augmentation ou de diminution de la direction est donc antipathique à la raison; on ne peut que passer d'une direction à une autre, on ne les fractionne pas plus qu'on ne les multiplie. Il résulte de là qu'il devait être impossible que la représentation algébrique de la direction fût numérique, car, s'il en avait été ainsi, en divisant le nombre, nous aurions divisé la direction, ce qui est impossible. Aussi, dans cette représentation, tout est rapport et opération; $\cos \alpha$ est un rapport, $\sin \alpha$ est également un rapport, $\sqrt{-1}$ est une opération. En outre, ces deux rapports sont nécessairement liés l'un à l'autre; enfin tous ces rapports et opérations, pour une même direction, sont invariables et conviennent au même titre à tous les points en nombre infini qui appartiennent à cette direction; ils ne changent que lorsqu'on passe de l'une à l'autre. Il ne faudrait pas d'ailleurs dire qu'on peut cependant concevoir qu'on prend la moitié, le tiers, le quart de $\cos \alpha$ et $\sin \alpha$; cela n'est pas impossible, sans doute, mais ce qu'on aurait alors ne serait plus une direction, car le caractère essentiel de la représentation de celle-ci consiste en ce que les deux parties réelles du bi-

nôme qui y est employé doivent être les cosinus et sinus d'un
même angle; or, si cos α et sin α jouissent de cette propriété,
$\dfrac{\cos α}{m}$ et $\dfrac{\sin α}{m}$ n'en jouissent jamais, quel que soit m, puisque
la somme de leurs carrés ne peut devenir égale à 1 que lors-
que m est lui-même égal à l'unité.

Il y a donc complet accord entre la conception que nous nous
faisons de la direction et les formes algébriques qui la représentent : la première, par le prolongement infini de la direction, nous défend d'admettre qu'elle soit divisible, et les secondes à leur tour, lorsque nous voulons y introduire la division, perdent le privilége d'être le représentant des directions.

La seule idée raisonnable qui vienne à l'esprit, lorsque dans
ce champ infini de la direction nous voulons introduire des
limites, est celle de la longueur, et nous avons ainsi la complète
intelligence de ce qu'est une longueur placée sur une direction : ce que nous appellerons, pour abréger, longueur dirigée;
nous formons ainsi un être complexe dont une partie jouira
des propriétés inhérentes à l'attribut de continuité, dont
l'autre possédera celles qui appartiennent à l'attribut de direction qui, par conséquent, dans son ensemble, sera mieux
doué que ne le sont isolément les éléments qui le constituent
et possédera, par suite, une plus grande puissance de réalisation. C'est ce que nous expliquerons dans le chapitre suivant;
mais avant de passer à cet examen nous devons nous édifier sur
les propriétés principales des directions considérées indépendamment de toute idée de longueur.

Il résulte de ce que nous venons de dire que les seules spéculations à faire sur les directions consisteront à déterminer
les moyens de passer des unes aux autres et à tâcher de connaître le rapport qui peut exister entre une direction quelconque et l'angle qui la détermine.

Or, le fait essentiel duquel doivent dépendre les études dont
nous allons maintenant nous occuper consiste en ce qu'une
droite qui fait un angle α avec la ligne de base détermine
une direction qui est algébriquement représentée par l'expression
$$\cos α + \sqrt{-1}\,\sin α.$$
Il est d'abord évident que cette expression renferme comme

cas particulier tout ce que nous savons déjà des directions positives, négatives et perpendiculaires. Pour la première, l'angle α est nul et l'expression se réduit à + 1 ; remarquons, en outre, que pour un angle égal à un certain nombre de fois la circonférence, on doit retomber sur la direction qui sert de point de départ, et en effet on a toujours

$$\cos 2K\pi + \sqrt{-1}\,\sin 2K\pi = 1.$$

Pour la direction négative il faut prendre un angle π, ou plus généralement $(2K+1)\pi$, et dans ce cas la valeur de

$$\cos(2K+1)\pi + \sqrt{-1}\,\sin(2K+1)\pi$$

est constamment — 1.

Enfin, pour la direction perpendiculaire, c'est à l'angle $\pm\frac{\pi}{2}$ ou $\left(2K\pm\frac{1}{2}\right)\pi$ qu'il faut avoir recours, et alors on trouve que l'expression

$$\cos\left(2K\pm\frac{1}{2}\right)\pi + \sqrt{-1}\,\sin\left(2K\pm\frac{1}{2}\right)\pi$$

est égale à $\pm\sqrt{-1}$ suivant le signe adopté pour la fraction $\frac{\pi}{2}$.

La direction opposée à celle de l'angle α sera d'une part le négatif de $\cos\alpha + \sqrt{-1}\,\sin\alpha$, d'autre part celle qui correspond à l'angle $\alpha+\pi$, et l'on a, en effet,

$$\cos(\alpha+\pi) + \sqrt{-1}\,\sin(\alpha+\pi) = -(\cos\alpha + \sqrt{-1}\,\sin\alpha).$$

Nous n'insisterons pas davantage sur ces vérifications, conséquences particulières et nécessaires d'un principe généralement établi.

II

Considérons maintenant deux directions, l'une faisant un angle α avec la ligne de base, l'autre faisant un angle β avec la première.

Comme la seconde fera un angle $\alpha+\beta$ avec la ligne de base, sa représentation algébrique sera

$$\cos(\alpha+\beta) + \sqrt{-1}\,\sin(\alpha+\beta).$$

D'un autre côté, les deux directions considérées étant sépa-rées entre elles par un angle β, on passera, en vertu du prin-cipe général, de la première à la seconde en faisant usage du facteur cos β + $\sqrt{-1}$ sin β. Or, comme déjà la première par rapport à la ligne de base est exprimée par le facteur cos α + $\sqrt{-1}$ sin α, il s'en suit que la seconde par rapport à cette même ligne devra être représentée par le produit

$$(\cos α + \sqrt{-1} \sin α)(\cos β + \sqrt{-1} \sin β).$$

On devra donc avoir

$$(\cos α + \sqrt{-1} \sin α)(\cos β + \sqrt{-1} \sin β)$$
$$= \cos(α + β) + \sqrt{-1} \sin(α + β),$$

relation de laquelle, en égalant séparément le réel au réel, et l'imaginaire à l'imaginaire, on déduit immédiatement les for-mules de la Trigonométrie rectiligne qui donnent les cosinus et sinus de la somme de deux angles, au moyen des rapports trigonométriques de ces angles.

Il n'est pas inutile d'insister encore une fois sur la remar-quable appropriation de la forme cos α + $\sqrt{-1}$ sin α à la repré-sentation des directions. Non-seulement cette forme possède le privilége de correspondre exactement à la notion que nous pouvons nous faire de la direction considérée en elle-même ainsi que nous l'avons constaté dans ce qui précède, mais elle possède celui d'être parfaitement appropriée, lorsqu'on l'em-ploie en qualité de facteur, à l'expression des rapports qui lient les directions les unes aux autres ; il fallait en effet, à ce point de vue, que la forme de fonction $f(α)$ employée à cet usage fût telle que le produit $f(α) \times f(β)$ fût une direction, c'est-à-dire que la partie réelle de ce produit fût le cosinus d'un certain angle dont le sinus serait égal à ce qui multiplie $\sqrt{-1}$ dans la partie imaginaire : sans cela ce produit n'aurait pas représenté une direction, et il était en outre nécessaire que cet angle fût précisément égal à α + β. Or, ce n'est que parce qu'il existe en algèbre des formes de fonctions qui jouissent en effet de la pro-priété que $f(α) \times f(β)$ est égal à $f(α + β)$ que cette science est susceptible de nous donner des rapports algébriques qui sont l'équivalence même des lois naturelles qui relient entre elles

les directions. L'importance de cette observation saisira tous les esprits parce qu'elle devient une application concrète, et pour ainsi dire évidente des propriétés abstraites antérieurement reconnues pour les expressions de la forme

$$\cos \alpha + \sqrt{-1}\, \sin \alpha.$$

Nous reviendrons d'ailleurs sur ce sujet lorsque nous procéderons à la recherche des lois qui relient l'angle à la direction.

En introduisant maintenant une troisième direction, séparée de la seconde par un angle γ, la représentation de cette direction par rapport à la ligne de base pourrait être faite, soit par

$$\cos (\alpha + \beta + \gamma) + \sqrt{-1}\, \sin(\alpha + \beta + \gamma),$$

soit par

$$(\cos \alpha + \sqrt{-1}\, \sin \alpha)(\cos \beta + \sqrt{-1}\, \sin \beta)(\cos \gamma + \sqrt{-1}\, \sin \gamma),$$

et de l'égalité de ces deux expressions on déduirait la valeur des cosinus et sinus de la somme de trois angles.

Pour un nombre quelconque n d'angles $\alpha_1, \alpha_2, \alpha_3, \ldots, \alpha_n$, on aurait la relation générale,

$$\cos(\alpha_1 + \alpha_2 + \ldots + \alpha_n) + \sqrt{-1}\, \sin(\alpha_1 + \alpha_2 + \ldots + \alpha_n)$$
$$= (\cos \alpha_1 + \sqrt{-1}\, \sin \alpha_1)(\cos \alpha_2 + \sqrt{-1}\, \sin \alpha_2)\ldots$$
$$\times (\cos \alpha_n + \sqrt{-1}\, \sin \alpha_n),$$

à l'aide de laquelle on connaîtra les cosinus et sinus de la somme de tant d'angles qu'on voudra, au moyen des rapports trigonométriques de ces angles.

Si au lieu des cosinus et sinus de la somme de plusieurs angles on voulait connaître ce qui concerne les tangentes, il suffirait de remarquer que l'expression de la direction peut être mise sous la forme $\cos \alpha (1 + \sqrt{-1}\, \tang \alpha)$; dès lors, pour deux angles α et β, on aurait la relation

$$\cos \alpha \cos \beta (1 + \sqrt{-1}\, \tang \alpha)(1 + \sqrt{-1}\, \tang \beta)$$
$$= \cos(\alpha + \beta)[1 + \sqrt{-1}\, \tang(\alpha + \beta)],$$

d'où l'on déduira la double condition

$$\tang(\alpha + \beta) = \frac{\cos \alpha \cos \beta}{\cos(\alpha + \beta)}(\tang \alpha + \tang \beta),$$
$$1 = \frac{\cos \alpha \cos \beta}{\cos(\alpha + \beta)}(1 - \tang \alpha \tang \beta);$$

14

et, par suite,

$$\tan(\alpha + \beta) = \frac{\tan \alpha + \tan \beta}{1 - \tan \alpha \tan \beta};$$

on appliquerait d'ailleurs ces calculs à tant d'angles qu'on voudrait.

Nous n'insisterons pas sur ces détails, qui n'ont d'autre intérêt que celui de transformations algébriques ordinaires que chacun pourra pratiquer. Mais nous constaterons, au point de vue des principes, que la conséquence immédiate de la représentation algébrique des directions à l'aide des fonctions trigonométriques était et devrait être la constitution générale de la trigonométrie rectiligne, puisque cette théorie est celle des angles et que l'angle, à son tour, est déterminé par la direction. Il suffisait donc que les fonctions trigonométriques qui figurent dans l'expression des directions fussent définies pour que toutes leurs propriétés résultant de la variation des angles et des directions pussent être établies.

Si maintenant on suppose que les divers angles $\alpha_1, \alpha_2, \ldots, \alpha_n$ au lieu d'être différents deviennent tous égaux, le produit des n binômes $\cos \alpha_1 + \sqrt{-1} \sin \alpha$ sera égal à la $n^{ième}$ puissance de l'un d'eux, de sorte que

$$(\cos \alpha + \sqrt{-1} \sin \alpha)^n$$

représentera la direction à laquelle on arrive lorsqu'on a répété n fois l'angle α; mais, parce que le résultat de cette répétition est $n\alpha$, la direction finale aura également pour expression

$$\cos n\alpha + \sqrt{-1} \sin n\alpha,$$

d'où il suit qu'on doit avoir

$$(\cos \alpha + \sqrt{-1} \sin \alpha)^n = \cos n\alpha + \sqrt{-1} \sin n\alpha.$$

La vérité de cette formule est donc, ainsi que nous l'avons déjà donné à entendre, une conséquence toute naturelle d'une conception géométrique fort simple.

On voit qu'il sera toujours très-aisé, lorsqu'on connaîtra les directions correspondant à plusieurs arcs, que ceux-ci soient inégaux ou égaux, d'obtenir la direction qui correspond à la somme de ces arcs, et cela sans que les arcs soient connus. Si, à l'inverse, les directions étaient inconnues et que les arcs fussent donnés, la direction résultant de leur somme s'obtiendrait de toutes pièces en cherchant directement les cosinus et sinus de cette somme.

Par exemple on donne les deux directions

$$\frac{1}{\sqrt{2}} + \frac{1}{\sqrt{2}}\sqrt{-1} \quad \text{et} \quad -\frac{1}{2} + \frac{\sqrt{3}}{2}\sqrt{-1},$$

dont les arcs ne sont pas connus; je pourrai affirmer que la direction qui correspond à la somme de ces deux arcs est

$$\left(\frac{1}{\sqrt{2}} + \frac{1}{\sqrt{2}}\sqrt{-1} \right) \left(-\frac{1}{2} + \frac{\sqrt{3}}{2}\sqrt{-1} \right),$$

qui étant développée donne

$$-\frac{1+\sqrt{3}}{2\sqrt{2}} + \frac{\sqrt{3}-1}{2\sqrt{2}}\sqrt{-1}.$$

Si, à l'inverse, je sais que la première direction correspond à un angle de 45 degrés et la seconde à un angle de 120 degrés, je pourrai immédiatement connaître la direction résultante en cherchant directement les cosinus et sinus de l'angle de 165 degrés. Ces sortes de questions ne sauraient présenter aucune difficulté.

Mais une direction répondant à un angle quelconque θ étant donnée, il m'est permis d'admettre que la direction relative à un angle α, moindre que θ, est une des composantes de la première; d'où il suit que le facteur $\cos\alpha + \sqrt{-1}\sin\alpha$, quel que soit α, est nécessairement contenu dans $\cos\theta + \sqrt{-1}\sin\theta$, et que la division de cette dernière expression par la première doit nécessairement donner pour quotient un résultat qui sera l'expression de la direction répondant à l'angle $\theta - \alpha$.

Rien ne s'oppose, en outre, à ce que je conçoive que l'angle α est la $n^{ième}$ partie de θ, auquel cas l'expression $\cos\theta + \sqrt{-1}\sin\theta$ pourra être considérée comme égale à la $n^{ième}$ puissance de $\cos\alpha + \sqrt{-1}\sin\alpha$ et, par suite, celle-ci sera la $n^{ième}$ racine de la première.

On peut donc en résumé proclamer le principe que le quotient de deux expressions de la forme $\cos\theta + \sqrt{-1}\sin\theta$ est nécessairement une expression de la même forme et représente, par conséquent, une direction; qu'il en est de même de l'extraction d'une racine quelconque n de $\cos\theta + \sqrt{-1}\sin\theta$, et que cette racine représente la direction correspondant à l'angle $\dfrac{\theta}{n}$.

Il est très-facile, à l'aide de ce dernier principe, de se rendre compte de ce que représentent géométriquement les diverses formes

$$\sqrt{-1}, \quad \sqrt[3]{-1}, \quad \sqrt[4]{-1}, \quad \sqrt[5]{-1}, \dots$$

En effet si, partant de la direction -1, qui correspond à l'arc π, j'en extrais successivement les racines 2ième, 3ième, 5ième, $n^{ième}$, il résulte de ce qui vient d'être établi que les résultats de ces extractions seront les directions répondant successivement aux arcs

$$\frac{\pi}{2}, \quad \frac{\pi}{3}, \quad \frac{\pi}{4}, \dots, \quad \frac{\pi}{n};$$

d'où l'on voit immédiatement que les expressions ci-dessus représentent les directions des lignes qui divisent la demi-circonférence en 2, 3, 4, ..., n parties égales.

III

Supposons maintenant qu'au lieu de la demi-circonférence on s'occupe de la circonférence entière, et qu'on conçoive celle-ci divisée en 2, 3, 4, ..., n parties égales, le coefficient de direction de la première ligne divisoire étant p, celui de direction de la dernière n sera p^n; mais cette dernière est précisément la ligne de base, de sorte qu'on devra avoir $p^n = 1$ d'où $p = \sqrt[n]{1}$.

Remarquons en passant que de ceci il résulte qu'on ne saurait indifféremment dans les calculs substituer $\sqrt[n]{1}$ à $\sqrt[m]{1}$ et à 1. En effet, $\sqrt[m]{1}$ s'applique à la direction de la ligne qui divise en n parties égales la circonférence, et $\overset{m}{\sqrt{1}}$ à celle de la ligne qui la divise en m parties, choses essentiellement distinctes l'une de l'autre.

Mais comme, lorsqu'on nous a demandé de diviser la circonférence en n parties égales, le procédé d'investigation que nous avons employé se borne à écrire qu'au bout de n répétitions d'un certain arc α le long de la circonférence nous arrivons à la ligne de départ; comme aussi, si nous avions pris l'arc 2α au lieu de α, et si nous l'avions répété n fois, nous serions évidemment arrivés à la même ligne de départ; comme encore, si nous avions pris l'arc 3α et si nous l'avions répété n fois, nous serions également arrivés à la ligne de départ, et ainsi de suite jusqu'à l'arc $n\alpha$: il s'ensuit que ce que nous avons écrit doit également s'appliquer à ces différents cas, d'où nous devons conclure que notre condition de relation convient à n valeurs différentes de p, et qu'il doit par conséquent exister n racines $n^{ièmes}$ de l'unité.

Enfin, parce que toutes ces valeurs de p répondent aux coefficients de direction des lignes qui sont déterminées par les arcs $\alpha, 2\alpha, 3\alpha, ..., n\alpha$, et que dans le cas actuel α est égal à $\frac{2\pi}{n}$, il s'en suit que les valeurs de p, et, par conséquent celles des n racines de l'unité, seront les représentations des directions des lignes divisoires de la circonférence en parties égales, ce qui confirme la légitimité des formes admises en algèbre pour ces racines et la démontrerait au besoin.

Mais ce qu'il convient surtout de remarquer en ceci c'est que ces formes si mystérieuses, irréalisables en abstrait, reçoivent par les considérations concrètes de la géométrie une interprétation des plus simples, puisqu'elles sont représentées par l'image visible des lignes divisoires de la circonférence en parties égales; de sorte que l'extrême évidence vient ainsi pratiquement se substituer à l'une des plus obscures considérations de la théorie.

Nous n'insisterons pas davantage sur les détails des calculs qu'on pourrait faire sur les expressions représentatives des directions : ces combinaisons ne peuvent qu'être familières à tous ceux qui s'occupent d'algèbre; l'essentiel était de faire voir

le rapprochement intime qui existe entre ces formes algébriques et les directions, parce que c'est en cela surtout que
consiste le point de vue nouveau qui doit être introduit dans la
science. Une fois cette base bien établie, le reste doit aller de
soi et n'est plus qu'un simple jeu de combinaisons analytiques.

IV

Mais ce qui est important, c'est de bien s'expliquer sur les principes et nous présenterons à cet égard quelques observations.

Pour éviter toute confusion, il ne faut pas perdre de vue que
les angles se comptent, comme les arcs, à partir de la direction
positive ; en conséquence on suppose toujours qu'un de leurs
côtés est appliqué sur cette direction initiale ; leur second côté
qui détermine la direction à laquelle ils correspondent tombera
donc, savoir : entre la ligne de base et la perpendiculaire s'ils
sont aigus, entre la perpendiculaire et la direction négative
s'ils sont obtus, entre cette dernière direction et le côté négatif
de la perpendiculaire s'ils sont compris entre deux et trois angles droits, enfin entre ce côté négatif de la perpendiculaire et
la direction positive s'ils sont compris entre trois et quatre
angles droits.

On ne devra donc jamais perdre de vue qu'en partant de la
direction positive, c'est en s'élevant au-dessus de cette direction
et en allant de droite à gauche que se développe la série des
directions ; il est vrai qu'une fois qu'en suivant cette marche
on aura dépassé la direction négative, on progressera en fait
de gauche à droite, mais au point de vue du mouvement circulaire qui engendre les directions ; le sens primitif de ce mouvement se trouvera ainsi maintenu, et c'est là l'essentiel.

La seule chose d'ailleurs qu'il y ait d'obligatoire en ceci, c'est
le maintien du sens de la rotation une fois qu'on en a adopté
un. Je pourrai donc tout aussi bien procéder en-dessous de la
ligne de base, comme je l'ai fait en dessus, mais dès l'instant
qu'un choix est fait, il est nécessaire d'en maintenir, pour la
supputation des directions, toutes les conséquences. Ces idées
seront d'autant plus facilement comprises que ce sont précisé-

ment celles dont on fait usage, soit en trigonométrie, soit en géométrie analytique ; nous pouvons donc considérer qu'à cet égard l'enseignement de toutes ces choses se trouve déjà constitué.

Ayant pris une première droite pour origine des directions, on peut se proposer d'en changer ; il sufira pour cela de connaître l'angle que fait la seconde avec la première. Si θ est cet angle, la seconde direction, qui était d'abord représentée par $\cos\theta + \sqrt{-1}\,\sin\theta$, le sera désormais par l'unité, résultat auquel on parvient en divisant $\cos\theta + \sqrt{-1}\,\sin\theta$ par lui-même. Une autre direction quelconque, qui faisait précédemment un angle α avec la première base, en fait un autre égal à $\alpha - \theta$ avec la seconde, angle qui sera compté au-dessus ou au-dessous de cette seconde, suivant que $\alpha - \theta$ sera positif ou négatif ; dans l'un et l'autre cas il fera avec la nouvelle ligne de base une direction représentée par

$$\cos(\alpha - \theta) + \sqrt{-1}\,\sin(\alpha - \theta),$$

tandis qu'avant sa direction était

$$\cos\alpha + \sqrt{-1}\,\sin\alpha\,;$$

or $\cos\alpha + \sqrt{-1}\,\sin\alpha$ est la même chose que

$$(\cos\theta + \sqrt{-1}\,\sin\theta)\left[\cos(\alpha - \theta) + \sqrt{-1}\,\sin(\alpha - \theta)\right],$$

de sorte que pour passer de celle-ci à la nouvelle on voit qu'il faut encore diviser par $\cos\theta + \sqrt{-1}\,\sin\theta$.

On peut donc dire qu'en général, si l'on veut prendre pour nouvelle ligne de base une direction représentée, par rapport à celle-ci, par $\cos\theta + \sqrt{-1}\,\sin\theta$, il faudra diviser par cette dernière quantité tous les coefficients de direction précédents.

Il peut arriver quelquefois que non-seulement on ait besoin de changer la ligne de base, mais qu'il faille encore modifier le sens de la rotation. Voyons comment devra s'exécuter cette double modification.

Par exemple, si au lieu de la direction positive, je veux prendre pour base la direction négative, celle-ci deviendra $+ 1$ et la précédente sera représentée par $- 1$; cela reviendra, comme il est facile de s'en convaincre en vertu du théorème précédent, à changer le signe de toutes les directions précédentes.

Si, ayant fait ce premier changement, je veux changer ensuite le sens de la rotation, voyons ce qui adviendra. Une direction primitive

$$\cos\theta + \sqrt{-1}\,\sin\theta,$$

à la suite du nouveau choix de la ligne de base, sera représentée par

$$-(\cos\theta + \sqrt{-1}\,\sin\theta).$$

Mais si l'on veut compter les directions à rebours, il faudrait, avant le changement de la ligne de base, à θ substituer $2\pi - \theta$, ce qui donnerait pour l'expression de la direction

$$\cos(2\pi - \theta) + \sqrt{-1}\,\sin(2\pi - \theta);$$

par suite, après le changement de la ligne de base, la direction en question sera représentée par

$$-\left[\cos(2\pi - \theta) + \sqrt{-1}\,\sin(2\pi - \theta)\right]$$

expression qui devient

$$\cos(\pi - \theta) + \sqrt{-1}\,\sin(\pi - \theta);$$

et en effet, l'angle $\pi - \theta$ est bien celui qu'il faut prendre à partir de la nouvelle ligne de base pour que le mouvement rétrograde auquel on veut s'assujettir conduise à la direction primitivement considérée.

Ce sont là de véritables transformations de coordonnées dont il sera toujours facile de connaître les lois. Nous n'avons donc pas besoin d'y insister, mais il était nécessaire d'appeler l'attention sur cet ordre de considérations.

V

Dans ce qui précède, nous avons eu occasion de faire remarquer que l'expression algébrique des directions est une fonction de l'arc α qui possède la propriété de satisfaire à la condition

$$f(\alpha) \times f(\beta) = f(\alpha + \beta).$$

Or l'expression $\cos \alpha + \sqrt{-1} \sin \alpha$ n'est pas la seule qui réalise cette condition. Il est en effet établi en algèbre que la forme exponentielle obéit à son tour à la même loi, d'où résulte cette conséquence, tout au moins théorique, que nous devons nous attendre à ce que l'expression $\cos \alpha + \sqrt{-1} \sin \alpha$ pourra être égalée à une exponentielle de l'angle. Or les considérations concrètes vont à leur tour, et fort simplement, nous conduire aux mêmes conséquences.

En effet, d'après les idées qu'ont pu faire naître dans notre esprit les considérations relatives aux logarithmes, nous sommes autorisés à concevoir qu'au point de vue le plus général, le logarithme est le rang qu'occuperait une quantité dans une progression où toutes les quantités de même espèce se trouveraient disposées suivant l'ordre de leur développement. Or, si par analogie nous voulons faire l'application de cette idée générale aux directions, nous reconnaîtrons que leur développement forme autour d'un point fixe une série embrassant la circonférence entière qui s'étend autour de ce point. De sorte qu'ayant pris une d'entre elles pour point de départ, le rang de chacune des autres pourra être compté par l'arc de circonférence qu'elle intercepte à partir de la première, ou si l'on veut par l'angle qu'elles forment entre elles. Nous pourrons donc poser en principe que l'angle est le logarithme de la direction, et que par suite la direction sera exprimable par une exponentielle de l'angle.

Les considérations concrètes sont donc en complet accord sur ce point avec les enseignements théoriques, et il ne nous reste plus qu'à rechercher comment, dans le cas actuel, devra être constitué le système de logarithmes applicable aux directions.

VI

A en juger par une remarque d'Euler, ce système serait une dépendance de la formule suivante :

$$e^{\alpha \sqrt{-1}} = \cos \alpha + \sqrt{-1} \sin \alpha.$$

Il en résulte, en effet, que l'on peut prendre $e^{\alpha \sqrt{-1}}$ comme représentation algébrique des directions d'où il suit que la base du système de logarithmes qui leur serait applicable devrait être $e^{\sqrt{-1}}$.

Telle a été la conclusion qu'il y a trente ans nous avons acceptée nous même, dans nos études sur la science du calcul. Mais depuis cette époque nous avons réfléchi sur ce sujet et nous avons été conduit à modifier notre opinion.

En effet, il n'y a rien de précis dans la formule d'Euler; je ne trouve dans sa constitution qu'une hypothèse, et dans ses conséquences qu'incertitudes et impossibilités. Ces deux assertions seront bientôt justifiées. Mais comme nous touchons ici aux développements en séries, sorte de spéculation fort délicate en algèbre et qui ne conduit que trop facilement à l'abus, nous croyons devoir présenter quelques observations sur ce sujet important.

Les développements en séries, lorsqu'on les accepte sans avoir suffisamment médité sur les détails intimes de leur constitution, ont en effet le grand inconvénient de revêtir de la même apparence générale toutes les fonctions. Ce sont toujours des suites de termes procédant suivant les puissances croissantes ou décroissantes des variables, qui ne diffèrent, d'un cas à l'autre, que par les valeurs des coëfficients dont ces termes sont affectés, et dans lesquels par conséquent la variable est constamment soumise, et sans distinction, aux mêmes opérations algébriques.

Qui ne croirait, à en juger par l'uniformité de l'aspect qu'elles présentent toutes, que les diverses fonctions qui leur donnent naissance, quoique diversifiées à l'origine par des formes différentes, pouvant ainsi se rattacher à un même type et se fondre finalement dans un moule commun, doivent toutes être considérées comme étant de même nature?

Cela est tellement vrai que certains auteurs, et entre autres Gergonne, dans ses *Annales de mathématiques*, ont cru pouvoir légitimement prendre un tel développement comme le point de départ de l'étude des fonctions considérées dans toute leur généralité.

Or, nous croyons être en mesure d'affirmer qu'admettre qu'une série, quelque grand que soit le nombre des termes qu'on veut prendre, peut être l'équivalent d'une fonction, est une grande erreur. Une pareille croyance est si souvent démentie par les faits qu'elle aurait dû depuis longtemps disparaître. L'équivalence, même approchée, d'une fonction et d'une série est un fait qui ne se réalise que très-accidentellement ; nous prions le lecteur, que ces affirmations pourraient étonner, d'attendre, avant de former son opinion, les preuves sur lesquelles nous les appuierons.

Sans nier l'utilité de quelques rares séries pour obtenir des valeurs numériques approximatives des fonctions, combien n'y en a-t-il pas dont les termes, quoique légitimement dérivés d'une fonction, sont tout-à-fait impropres à en représenter la valeur, et à plus forte raison la forme ? et à combien d'erreurs ne serait-on pas exposé si l'on ajoutait une confiance aveugle à l'égalité au moyen de laquelle on unit si souvent une série à la fonction de laquelle elle dérive ?

Quelques auteurs, dont le nombre encore trop restreint augmentera de jour en jour, nous l'espérons (1), s'étonnent que des hommes tels qu'Euler et Leibnitz aient pu, par exemple, considérer comme exacte l'égalité de la fraction $\dfrac{1}{2}$ avec la suite $1-1+1-1+\dots$, et ils déplorent avec Abel « que l'on trouve « malheureusement dans d'excellents auteurs, parmi les prin- « ces de la science, des fautes analogues. »

Nous pensons que lorsque de tels faits se présentent, lorsque de pareils reproches peuvent être adressés à des hommes aussi éminents que ceux que nous venons de citer, c'est que leur esprit doit s'être laissé entraîner à quelque méprise sur des points de doctrine non suffisamment approfondis. Lorsqu'on en vient, en effet, à accepter comme vraies des équivalences aussi évidemment antipathiques à la raison que celle que nous venons de citer, tant pour le fond que pour la forme, ne faut-il pas admettre que ce n'est pas de gaieté de cœur qu'on le fait, mais contraint et enchaîné par les exigences de certaines déductions ? Si donc, dans la conclusion, nous constatons une erreur de fait matérielle, ce n'est pas en elle que nous devons chercher

---

1. Voir le *Traité d'Algèbre* de M. Laurent, p. 278.

un vice de raisonnement, c'est plus haut qu'il faut remonter pour découvrir la cause de l'erreur, c'est dans le point de départ, dans les principes qu'il faut chercher, comme on le dit vulgairement, le défaut de la cuirasse. Nous dirons donc que ni Euler, ni Leibnitz, ni les autres princes de la science, ne se sont pas donné le tort d'avoir manqué à la logique au sujet des déductions qu'on leur reproche. Plus l'absurdité de la conséquence était manifeste, plus on doit être porté à croire qu'ils sont revenus sur les raisonnements qui les y ont conduits, et que c'est après avoir acquis la conviction que ces raisonnements étaient inattaquables qu'ils se sont cru obligés d'en accepter le dernier mot, quel qu'il fût. Mais ce qu'il nous est permis d'admettre, c'est que sans doute ils ont subi l'influence de quelque méprise au sujet du fait algébrique qui a servi de base à ces raisonnements. Or nous pensons que cette méprise existe en effet, et elle consiste, selon nous, en ce que l'on a cru, et l'on croit encore trop facilement, qu'on peut en général égaler une série à la fonction qui lui a donné naissance.

VII

Mais avant d'aborder le côté rationnel de la question, il ne sera pas inutile d'en examiner le côté pratique et de montrer, par une suite de faits, les incroyables conséquences qu'on serait forcé d'accepter si l'équivalence de la série à la fonction était généralement vraie.

Supposons, par exemple, avec Leibnitz et Euler, que le développement du binôme pour le cas de l'exposant entier et positif continue de s'appliquer lorsque cet exposant restant entier devient négatif.

N'insistons pas, pour le moment, sur tout ce qu'il y a de vague dans cet énoncé qui substituerait à un développement composé d'un nombre fini de termes, qui par conséquent n'est pas une série, un autre développement qui, en contenant un nombre infini, devient sériaire, et bornons-nous, quant à présent, à admettre l'exactitude de l'équivalence

$$(a+b)^{-m}=a^{-m}-ma^{-m-1}b+m\frac{m+1}{2}a^{-m-2}b^2-\ldots$$

Passons maintenant du général au particulier, en supposant que l'on fait $a=b=1$, et nous allons arriver à notre tour soit à la conséquence reprochée à Leibnitz et à Euler, soit à une foule d'autres conséquences tout aussi peu admissibles, et que cependant il faudrait bien accepter si le point de départ était exact.

En effet, la formule devient alors,

$$(1) \qquad \frac{1}{2^m}=1-m+m\frac{m+1}{2}-m\frac{m+1}{2}\frac{m+2}{3}+\cdots,$$

et de même que la formule générale, elle se compose d'une suite de termes entiers alternativement positifs et négatifs.

Mais si l'on combine entre eux les deuxième et troisième termes, puis les quatrième et cinquième, et ainsi de suite, elle prend la forme

$$(2) \qquad \frac{1}{2^m}=1+\frac{(m-1)m}{2}+\frac{(m-1)m(m+1)(m+2)}{2.3.4}+\cdots,$$

dans laquelle les termes, toujours entiers, sont tous essentiellement positifs.

Enfin, si l'on combine entre eux les premier et deuxième termes, puis les troisième et quatrième, et ainsi de suite, elle devient

$$(3) \qquad \frac{1}{2^m}=-(m-1)-\frac{(m-1)m(m+1)}{2.3}-\cdots,$$

et tous les termes y sont négatifs.

Le second membre semble donc en vérité prendre toute espèce de valeurs, excepté celle qu'il devrait avoir pour devenir l'égal du premier.

Si maintenant, dans ces expressions, nous faisons $m=1$, nous aurons, savoir :

Par la première formule

$$\frac{1}{2}=1-1+1-1+1-1+\ldots:$$

c'est l'équivalence reprochée à Euler et à Leibnitz ;

Par la seconde et par la troisième, respectivement

$$\frac{1}{2}=1, \quad \frac{1}{2}=0.$$

Si nous faisons $m = 2$, nous aurons, savoir :
Par la formule (1)

$$\frac{1}{4} = 1 - 2 + 3 - 4 + 5 - \dots,$$

dont le terme général du rang p est $\pm p$;
Par la formule (2)

$$\frac{1}{4} = 1 + 1 + 1 + 1 + \dots ;$$

Et pour la formule (3)

$$\frac{1}{4} = -1 - 1 - 1 - 1 - \dots$$

Pour le cas où $m = 3$, il viendra, savoir :
Par la formule (1)

$$\frac{1}{8} = 1 - 3 + 6 - 10 + 15 - \dots,$$

dont le terme général du rang est $\pm \dfrac{p\,(p+1)}{2}$;
Par la formule (2)

$$\frac{1}{8} = 1 + 3 + 5 + 7 + 9 + \dots,$$

c'est-à-dire la série additive des nombres impairs ;
Par la formule (3)

$$\frac{1}{8} = -2 - 4 - 6 - 8 - \dots,$$

c'est-à-dire la série négative des nombres pairs.

Des contradictions non moins singulières se manifestent lorsque l'on étudie le développement du binôme dans le cas où l'exposant est fractionnaire. D'après les idées reçues, on devrait avoir dans cette circonstance

$$(1 + x)^{\frac{r}{s}} = 1 + r\,\frac{x}{s} + r\frac{r-s}{2}\left(\frac{x}{s}\right)^2 + r\frac{r-s}{2}\frac{r-2s}{3}\left(\frac{x}{s}\right)^3 + \dots$$

Particularisons cette formule pour le cas où r est égal à l'unité et où $x = s$, elle devient

$$(\mathbf{1} + s)^{\frac{1}{s}} = \mathbf{1} + \mathbf{1} + \frac{\mathbf{1} - s}{2} + \frac{\mathbf{1} - s}{2} \frac{\mathbf{1} - 2s}{3} + \ldots$$

Or il sera facile de se convaincre, en examinant ce qui concerne deux termes généraux consécutifs, et lorsque s, entier, est supérieur à 2, que, d'une part, la somme d'un terme impair, quel qu'il soit, avec le terme pair qui le suit immédiatement est toujours positive ; que, d'autre part, la somme d'un terme pair, quel qu'il soit, avec le terme impair qui lui succède est toujours négative.

Il est donc établi par là que, si l'on s'arrête à un terme de rang pair, la valeur du premier nombre sera supérieure à celle des deux premiers termes, c'est-à-dire à 2 ; que si l'on s'arrête à un terme de rang impair, elle sera inférieure au premier terme, c'est-à-dire à 1, ce qui est tout aussi inexact dans un cas que dans l'autre, la valeur exacte de $(\mathbf{1} + s)^{\frac{1}{s}}$ étant en effet comprise entre 1 et 2 ; de sorte que, pour l'obtenir, il ne faudrait s'arrêter ni à un terme pair qui donnerait trop, ni à un terme impair qui ne donnerait pas assez, ce qui revient à dire que la série à elle seule est évidemment impropre à nous la faire connaître, et que, par conséquent, il est absolument impossible d'égaler cette série à cette fonction.

Pour le cas particulier où $s = 2$, la loi de positivité que nous venons d'indiquer subsiste dans toute l'étendue de la série pour l'addition d'un terme de rang impair avec le suivant. Elle est en défaut pour la négativité de l'addition d'un terme de rang pair avec celui qui lui succède, mais seulement lorsqu'il s'agit du deuxième et du troisième. On trouve alors que le résultat est positif et égal à $\frac{1}{2}$; mais, dès qu'on atteint le quatrième rang, elle se vérifie ; on a par exemple pour ce couple $-\frac{1}{8}$, pour le suivant $-\frac{7}{16}$; leur réunion donne donc $-\frac{9}{16}$; elle fait par conséquent plus que compenser la fraction positive $\frac{1}{2}$ du premier couple, après quoi tout le reste étant négatif, on rentre dans la règle générale, en vertu de laquelle on trouve que le premier membre de l'égalité devrait être moindre que l'unité.

Si $s = 1$, l'égalité se vérifie, le premier membre et le second deviennent chacun égaux à 2, mais alors précisément, et c'est le seul cas dans lequel il en est ainsi, tous les termes s'annulent, sauf les deux premiers; la série disparaît, et avec elle s'effacent toutes les contradictions que sa présence fait naître. Si s devient nul, l'exposant passe à l'infini et donne au premier membre l'unité, tandis que le second revêt la forme

$$1 + 1 + \frac{1}{2} + \frac{1}{2.3} + \frac{1}{1.2.4} + \dots,$$

valeur qui, loin d'être celle de l'unité, serait, d'après les errements admis, la valeur du nombre e, base des logarithmes népériens.

Enfin, si $s = -2$, le premier membre prend la forme $(-1)^{-\frac{1}{2}}$ ou $\frac{1}{\sqrt{-1}}$; il est imaginaire, tandis que, dans le second tous les termes, continuant de rester réels, forment la série

$$1 + 1 + \frac{3}{2} + \frac{3}{2}.\frac{5}{3} + \frac{3}{2}.\frac{5}{3}.\frac{7}{4} + \dots$$

Nous arrêtons ici cette nomenclature déjà trop riche de contradictions; nous pensons que, si elle n'entraîne pas chez le lecteur la conviction que la formule de laquelle résultent ces conséquences est inexacte en principe, elle aura tout au moins fait naître dans son esprit les doutes les plus sérieux sur la légitimité des applications qu'on en pourrait faire.

VIII

Tâchons maintenant de remonter à la source de toutes ces erreurs et de rectifier sur ce point les croyances algébriques. Il nous serait impossible, sans sortir des bornes que nous avons dû naturellement assigner à notre travail, de passer ici en

revûe tout ce qui concerne les séries exponentielles, logarith-
miques, circulaires; nous concentrerons nos recherches sur
ce qui intéresse le binôme, et même nous n'examinerons que
le cas où l'exposant restant entier passera du positif au négatif;
mais nous dirons ici que tout ce que nous exposerons à ce sujet
est applicable mot pour mot aux autres séries que nous venons
de nommer, et qu'on est conduit pour elles exactement aux
mêmes conclusions que celles que nous allons justifier pour
celle du binôme.

Cela posé, remarquons d'abord que, de la nature même des
procédés mis en œuvre pour former la puissance quand son
exposant m est positif, on déduit les conséquences suivantes :

1º Le nombre de termes dont se compose le polynôme ordonné qui forme ce développement est fini et égal au degré
de la puissance augmenté d'une unité.

2º Les exposants de a et de b dans chaque terme sont tous
deux positifs, c'est-à-dire de même signe que l'exposant de la
puissance, et leur somme est toujours égale à celle de cet exposant.

3º Les coefficients des termes dont les rangs comptés à partir de chaque extrémité ont même indice sont égaux.

Or, lorsqu'on dit que le développement s'applique au cas où
m est négatif, il faut bien remarquer qu'on ne se borne pas
à prétendre que dans ce cas c'est seulement la loi de la formation des coefficients qui peut continuer à être appliquée, ce
qui de prime-abord pourrait paraître un peu moins inexact;
non, on parle de la formule elle-même, et par conséquent on
donne à entendre tout au moins (car à cet égard il s'en faut
qu'on s'explique catégoriquement) qu'il s'agit de son application immédiate à ce nouveau cas dans la forme et dans l'état
même suivant lesquels elle se trouve constituée lorsque l'exposant est positif.

Mais quand cet exposant change de signe, les trois conditions
ci-dessus continuent-elles d'être vérifiées? non sans doute : la
première (et nous insisterons beaucoup sur ce point) cesse
d'être vraie, car le nombre des termes du développement devient infini, circonstance qui amène forcément l'anéantissement de la troisième, puisqu'alors il n'y a dans le développement qu'une extrémité fixe. Quant à la seconde condition, les

exposants de a et de b, étant l'un positif, l'autre négatif, n'ont évidemment pas le même signe que m.

On voit donc que ce n'est pas sans d'importantes réserves qu'il est possible de dire que le développement du binôme lorsque l'exposant est négatif est une déduction légitime de celui qui convient à l'exposant positif; un tel énoncé n'est ni suffisamment clair quant aux termes, ni complétement exact quant au fond; il y a bien ici quelque chose qui ressemble à une pareille déduction, mais celle-ci n'est que partielle, elle n'est pas complète. Pour dissiper toutes les incertitudes il resterait à expliquer : Comment il se peut faire que dans un polynôme ordonné, ayant un nombre fini de termes, le changement de signe de l'une des lettres qui y entrent opère une transformation telle, que ce polynôme se change en une série ayant un nombre illimité de termes? Comment il se peut faire que le changement de $+m$ en $-m$ qui rend tous négatifs les exposants de a n'opère pas de la même manière sur ceux de b, chose d'autant plus remarquable que tout ici est symétrique par rapport à a et à b? Pourquoi, tandis qu'à la place de a^m on met $+a^{-m}$, ce qui devrait naturellement conduire à mettre $+b^{-m}$ à la place de $+b^m$, pourquoi, dis-je, on remplace cette même expression $+b^m$ par celle-ci : $\pm m \dfrac{m-1}{2} \dfrac{m+2}{3} \ldots \dfrac{m+m-1}{m} a^{-2m} b^m$?

Est-ce donc ainsi qu'on pratique dans les formules les changements ordinaires du positif au négatif? Ne prend-on pas au contraire chacun des termes individuellement et n'examine-t-on pas ce qui doit advenir pour chacun d'eux en particulier de la supposition que l'on fait qu'une des quantités qui y entrent, de positive qu'elle était devient négative? et n'est-ce pas de l'ensemble des divers termes ainsi modifiés que doit se composer le nouveau résultat cherché? Est-ce bien ainsi qu'on opère pour le binôme? Ou bien perdant de vue cette condition indispensable de remplacer partout $+m$ par $-m$, faut-il se laisser guider par une espèce d'analogie déduite seulement de la considération des premiers termes, et appliquer à toute la suite du développement, non plus le remplacement pur et simple de $+m$ par $-m$, mais les conséquences de telle ou telle autre loi que cette analogie aura pu faire soupçonner?

Il nous paraît évident que c'est en se laissant diriger par des considérations de cette dernière sorte qu'on en est parvenu à la forme généralement attribuée au développement du binôme pour le cas où l'exposant est négatif. Aussi, après y avoir réfléchi, on finit par reconnaître que dans les démonstrations employées on a moins fait de l'analyse que de l'analogie, ainsi que nous le montrerons tout à l'heure.

Au surplus, même sans sortir de l'exposant positif, il ne serait pas exact de dire qu'ayant écrit le type général

$$(x+1)^m = x^m + mx^{m-1} + m\frac{m-1}{2}x^{m-2} + \dots$$
$$+ m\frac{m-1}{2}x^2 + mx + 1,$$

il suffit pour obtenir la valeur de $(x+1)^n$ de substituer n à m dans ce développement.

S'il devait en être ainsi, pour toutes les valeurs de n supérieures à m, le développement continuerait à n'avoir que $m+1$ termes au lieu de $n+1$, ce que personne ne sera disposé à admettre; quant aux valeurs inférieures à m, il est facile de voir qu'elles donneraient constamment, lorsque n sera moindre que $\frac{m}{2}$, non pas la valeur de $(x+1)^n$, mais le double de cette valeur.

Supposons par exemple qu'il s'agit du carré; il faudra alors remplacer m par le nombre 2; les trois premiers termes du développement deviendront ainsi $x^2 + 2x + 1$; les suivants s'anéantiront à cause du facteur $m-2$ qu'ils contiennent tous, mais jusqu'aux trois derniers exclusivement, qui continueront de subsister et donneront encore $x^2 + 2x + 1$.

On voit donc que si pour passer de la $m^{ième}$ puissance de $x+1$, lorsque cette puissance est exprimée par la forme non développée $(x+1)^m$, à celle du degré n il suffit de changer purement et simplement m en n, il s'en faut qu'il puisse être permis de procéder d'une manière analogue lorsque cette puissance est exprimée par son développement suivant la formule ordinaire. Il y a évidemment plus à faire ici qu'à substituer une lettre à une autre : dans certains cas il faut au préalable attribuer au développement plus d'extension, dans d'autres cas il faut le restreindre; à chaque nouvelle valeur de l'exposant

correspond un nouveau nombre de termes qu'il est indispensable de fixer *a priori*, et que la substitution dans le type général d'une valeur particulière de l'exposant est inhabile à rendre manifeste.

Tout ne consiste donc pas, dans les formules algébriques et
dans l'étude des cas particuliers qu'elles peuvent présenter, à
faire de simples remplacements de signes positifs en signes
négatifs et réciproquement; à tenter des substitutions de quantités fractionnaires, irrationnelles ou imaginaires, à des quantités entières et réelles; à côté de ces opérations à peu près mécaniques qui peuvent bien quelquefois être suffisantes, il est
des circonstances dans lesquelles il faut en faire figurer d'autres dont l'organisation moins matérielle dérive de l'esprit
même des procédés de démonstration mis en œuvre.

Reconnaissons donc qu'il est de l'essence même du développement du binôme d'exiger, avant toute application qu'on
voudrait faire de son type général à un cas particulier, qu'on
détermine au préalable le nombre de termes qu'il doit contenir pour ce cas, et que vouloir substituer à *m* une valeur
numérique quelconque, sans avoir procédé d'abord à cette détermination, serait méconnaître dans ce qu'il a d'essentiel l'esprit du procédé algébrique à l'aide duquel doit être formé le
développement de toute puissance du binôme.

Or, si la substitution pure et simple d'une valeur particulière
de *m* dans le type général, alors même que cette valeur reste
positive, est insuffisante à elle seule pour faire connaître le véritable résultat cherché, comment cette substitution pourrait-
elle être le seul et unique moyen de procéder lorsqu'on fait
subir à la question la transformation si importante et si délicate
du passage du positif au négatif?

Non certes, il n'en saurait être ainsi; les conditions de l'existence du développement du binôme, de sa formation, de son
mode d'application, doivent inévitablement l'accompagner
dans toutes ses phases, et si une de ces conditions les plus importantes est celle qui consiste à donner à la formule générale
pour chaque cas particulier une appropriation spéciale quant
au nombre de termes qu'elle doit contenir, comment donc serait-on certain d'avoir exactement opéré si, voulant faire une
application de ce même développement au cas des exposant

négatifs, on se bornait, comme l'indique l'énoncé usuel de la règle à suivre, à remplacer $+m$ par $-m$.

IX

Procédons maintenant à l'examen des moyens employés pour établir la généralité de la formule du binôme. La plupart des auteurs empruntent à ce sujet une démonstration donnée par Euler, et ils la considèrent non-seulement comme concluante, mais comme très-ingénieuse. « Elle est sans contredit, « d'après Bourdon, la plus remarquable par son élégance et « par la simplicité des calculs qu'elle exige. » Lacroix dit à son tour : « Elle tient le premier rang par sa finesse et sa briè- « veté. » Voyons en quoi elle consiste.

On sait, disent les auteurs qui la reproduisent, que, m étant entier, on a

$$(1+z)^m = 1 + mz + m\,\frac{m-1}{2}\,z^2 + \ldots\,;$$

mais m étant un nombre fractionnaire positif $\dfrac{h}{k}$ on ignore de quelle expression algébrique provient le développement du second membre ; représentons-le par $f\!\left(\dfrac{h}{k}\right)$. (*Voir* les *Compléments d'Algèbre* de Lacroix.)

Arrêtons-nous dès ce début, et rendons-nous bien compte de tout ce qu'il y a dans ces prémisses. Evidemment, lorsque m est entier, le développement de $(1+z)_m$ n'est pas une série, c'est un polynôme ordonné suivant les puissances ascendantes de z, se terminant à celle du degré m, ayant par conséquent $m+1$ termes. Or, que devient ce polynôme lorsqu'on suppose que m se change en $\dfrac{h}{k}$? C'est là une question à laquelle il n'est pas très-facile de répondre, et sur laquelle cependant il serait très-nécessaire de s'entendre. Dans le premier développement, en effet, la condition que le nombre des termes est égal à l'exposant m augmenté d'une unité est parfaitement conciliable avec la nature du nombre entier ; mais dès que cet exposant est supposé fractionnaire, l'expression $\frac{h}{k} + 1$ ne devient-elle pas impossible comme indication d'un nombre de termes, et dès lors ne doit-on pas reconnaître qu'on reste dans le doute le plus complet sur ce que devient le développement par la supposition que le fractionnaire se substitue à l'entier? Mais ce n'est pas tout : dans le premier développement qui s'arrête au terme en z^m tous les exposants de z sont nécessairement entiers ; or, comment, avec cette condition obligée d'exposants tous entiers, pourrai-je m'arrêter au terme z^m, alors que m devient $\frac{h}{k}$? Ce n'est pas tout encore : Euler et ses successeurs ont considéré le premier développement par une seule de ses extrémités, celle qui correspond à l'unité comme point de départ ; mais si, comme cela est parfaitement permis, nous la considérons par l'autre extrémité qui commencerait par z^m, ne serons-nous pas obligés, en vertu de la supposition que m est égal à $\frac{h}{k}$, d'écrire ce développement sous la forme

$$z^{\frac{h}{k}} + \frac{h}{k} z^{\frac{h}{k}-1} + \ldots ?$$

Dès lors, la condition que tous les exposants de z sont entiers ne sera-t-elle pas détruite? et, dans ce cas, comment avec des exposants tous fractionnaires arriverons-nous à l'unité qui doit actuellement être le terme final du polynôme?

Nous nous croyons donc autorisé à conclure, à la suite de toutes ces remarques, que l'on n'a pas suffisamment tenu compte de ce fait important, que : supposer m fractionnaire, c'est détruire implicitement mais inévitablement les conditions essentielles de la constitution du premier développement en vertu desquelles, soit le nombre des termes, soit la valeur des exposants successifs, qui sont l'un et l'autre des dépendances de m, exigent impérieusement que m soit entier, conditions qui ne sont plus ni réalisées ni susceptibles d'être conçues et exprimées dès qu'il est fractionnaire.

Il était donc on ne peut plus nécessaire de s'expliquer sur ces premières difficultés, et c'est ce qui n'a été tenté nulle part. Mais à défaut de ces explications, en se reportant soit à la nature des raisonnements dont on fait usage, soit à la forme sous laquelle on présente finalement la valeur développée de $(1+z)^{\frac{h}{k}}$, il est possible d'apprécier comment on a compris que les choses doivent se passer. Il devient apparent en effet, en suivant cette marche, que ce qu'on a voulu dire c'est que la valeur de $(1+z)^{\frac{k}{h}}$ sera un développement dans lequel on substituera bien $\frac{h}{k}$ à m dans les coefficients qui multiplient les puissances successives de z, mais dans lequel on continuera de maintenir à z des exposants entiers : et encore le premier point exigerait-il quelques éclaircissements, car on ne voit pas trop comment le coefficient 1 de z^m, qui ne contient pas m, pourrait être modifié par le changement de m. Or, ce n'est là à proprement parler qu'un remplacement partiel de m par $\frac{h}{k}$, au lieu d'être un remplacement intégral comme on devrait le faire; en outre le polynôme fini qui constitue le développement primitif se transforme en une série contenant un nombre infini de termes. Est-ce bien là, nous le demandons, ce qu'on entend en algèbre lorsqu'on dit que, dans une expression, il faut remplacer une des quantités qui y figurent par une autre? Quoi qu'il en soit, la question étant posée dans ces termes, la suite de la démonstration n'est ni plus claire ni plus concluante que le commencement.

Étant en effet convenu que le nouveau développement qui doit représenter $f\left(\frac{h}{k}\right)$ est constitué quant à sa forme comme nous venons de l'indiquer, on aura, dit-on, pour une autre valeur $\frac{h'}{k'}$ de m un développement de forme analogue ; et, parce qu'on a besoin de s'éclairer sur les propriétés de la fonction $f\left(\frac{h}{k}\right)$, on est conduit à se demander ce que peut être le produit $f\left(\frac{h}{k}\right)\times f\left(\frac{h'}{k'}\right)$. « Il serait très-difficile, font remarquer « les auteurs, d'obtenir la valeur de ce produit d'après les « règles ordinaires de la multiplication des polynômes, si

« l'on n'observait que la forme d'un produit ne dépend aucu-
« nement des valeurs particulières des lettres qui entrent dans
« les deux facteurs de la multiplication; par conséquent le
« produit ci-dessus doit avoir la même forme que dans le cas
« où m et m' sont des nombres entiers; donc, etc...»

Mais, ferons-nous remarquer, lorsque m et m' sont des nombres entiers, les développements sont des polynômes finis; il
faudrait donc qu'on nous expliquât comment le produit de
deux pareils polynômes, qui est lui-même un polynôme fini,
va cesser de l'être; comment cette forme, alors qu'elle reste
obligée tant que m et m' sont entiers, va tacitement et mysté-
rieusement, à coup sûr, sans qu'on y touche, par le seul effet
d'un tour de raisonnement, se transformer en une série ayant
un nombre infini de termes, et cela, je le répète, sous la conception purement mentale que m et m' deviennent fractionnaires.

Il nous paraît impossible, tant qu'on n'aura pas détruit cet
ensemble d'objections, d'accepter comme concluante cette assi-
milation de produits pour deux cas essentiellement distincts et
entre lesquels existent des antipathies aussi radicales que celles
que nous venons de constater, de sorte que s'il est vrai en fait
que le développement du binôme, lorsque m cesse d'être entier, doit revêtir les formes qu'on lui assigne, nous ne saurions
considérer cette proposition comme rationnellement justifiée.

X

Nous n'aurions rempli que la moitié de notre tâche, si, après
avoir indiqué ce qu'il n'est pas possible d'accepter dans ce
qu'on enseigne à ce sujet, nous ne recherchions pas comment
il faut s'y prendre, soit pour faire disparaître les impossibilités
pratiques qui se révèlent à tout instant dans les applications
de la formule, soit pour dissiper les obscurités qui n'abondent
que trop dans les raisonnements à l'aide desquels on a essayé
de la légitimer.

Au reste, nous croyons que beaucoup d'esprits sont aujour-
d'hui dans le doute à ce sujet; car certainement nous n'avons
pas été le seul à reconnaître toutes les invraisemblances ci-
dessus énumérées. D'un autre côté, les recherches nombreuses

qui ont été faites depuis quelques années pour trouver les règles de la convergence des séries sont autant de témoignages des méfiances qui se sont produites. Il y a des auteurs aujourd'hui qui ont soin de dire dans quels cas on peut utiliser les développements sériaires, dans quels autres cas on ne saurait les employer sans s'exposer à tomber dans l'erreur. C'est sans doute quelque chose, mais ce premier pas n'est pas suffisant; car, s'il est bien d'être averti que pratiquement l'emploi de certaines expressions algébriques doit être interdit, il n'est pas possible, au point de vue rationnel, que l'esprit accepte une situation aussi ambiguë que celle qui lui serait ainsi faite : une situation dans laquelle le vrai conduirait au faux, dans laquelle la théorie des formules serait légitime et leur usage ne le serait pas.

Quant à ce qu'on expose à ce sujet dans le calcul infinitésimal, lorsqu'on s'occupe de la formule de Taylor et qu'on détermine les limites de l'erreur commise en s'arrêtant à un terme quelconque du développement, nous reconnaissons qu'implicitement du moins ces explications sont un avertissement de nous tenir en méfiance contre de tels modes de solution et de n'en faire usage que sous certaines réserves. Mais ces explications, utiles au point de vue pratique pour certains cas, ne sont ni assez complètes, ni assez affirmatives pour d'autres, pour ceux, par exemple, dans lesquels les deux limites de l'erreur seraient très-distantes l'une de l'autre, et dès lors on ne saurait les considérer comme suffisamment théoriques. D'ailleurs elles arrivent bien tard pour quelques-uns, et elles sont comme non avenues pour tous ceux qui, ne poussant pas leurs études au delà de l'algèbre proprement dite, auront subi, sans aucun correctif, l'influence de doctrines vicieusement exposées. Mieux vaudrait à coup sûr ne rien dire, en expliquant pourquoi on s'abstient, que de s'exposer à être inexact en voulant prématurément trop généraliser.

Nous allons maintenant essayer de dénouer les entraves de ces contradictions, de porter quelque lumière sur ce sujet, et nous espérons prouver au lecteur que, conformément aux règles de la logique, s'il y a erreur dans les résultats, c'est qu'il y en a aussi dans les formules qui les donnent.

Recherchons donc sans parti pris, sans idée préconçue, s'il

est possible, par exemple, ou s'il n'est pas possible que la fonction $(1+z)^{-m}$ soit exprimée par un développement procédant suivant les puissances ascendantes de z(1); ne nous préoccupons nullement de la similitude ou du défaut d'analogie qu'un tel développement peut avoir avec celui de $(1+z)^m$, laissons à la seule analyse le soin de décider si ce développement sera possible ou impossible, s'il sera un polynôme fini ou une série, et sous quelles conditions il nous sera permis de les accepter l'un ou l'autre comme valeur de $(1+z)^{-m}$. Seulement, instruit par l'expérience, et poussé par elle à soupçonner tout au moins qu'une telle équivalence pourrait n'être pas possible, tâchons de nous éclairer sur ce premier point, et, à cet effet, voyons ce qui se passe lorsque $-m$ prend la valeur -1, la plus simple de toutes.

Examinons donc ce qu'il faut penser de l'expression

$$(1+z)^{-1} = 1 + A_1 z + A_2 z^2 + \dots + A_p z^p,$$

c'est-à-dire d'une égalité dans laquelle le second membre ne contiendrait d'autres termes en z que ceux qui renferment des puissances entières et positives de cette quantité.

Il est presque inutile de faire observer que si nous avons immédiatement écrit que le terme tout connu est égal à l'unité, c'est que telle est évidemment la valeur qu'il doit prendre pour le cas où z est nul.

Nous supposerons d'abord que le développement est fini et s'arrête au degré p ; nous apprécierons plus tard, lorsque le moment de conclure sera arrivé, ce qu'il peut y avoir de fondé dans cette hypothèse.

Si l'on multiplie par $1+z$ les deux membres de cette égalité, le premier membre deviendra l'unité et le second membre prendra la forme

$$1 + (A_1 + 1)z + (A_2 + A_1)z^2 + \dots + (A_p + A_{p-1})z^p + A_p z^{p+1};$$

or, ce produit devant être égal à 1, quel que soit z, il faudra

---

(1) Nous pourrions prendre tout autre cas de la puissance du binôme que celui de l'exposant négatif ; l'exposé que nous allons faire convaincra facilement le lecteur que des conclusions analogues s'appliqueraient à toutes les circonstances.

que tous les coefficients des puissances de z soient nuls. Pour réaliser cette condition, il suffira que deux coefficients consécutifs quelconques du développement primitif soient égaux et de signe contraire, ce qui conduit aux valeurs suivantes :

$$A_1 = -1, \quad A_2 = +1, \quad A_3 = -1, ..., \quad A_p = \pm 1 ;$$

les signes $+$ et $-$ de la dernière condition s'appliqueront suivant que p sera pair ou impair. Mais si ces valeurs produisent l'anéantissement de tous les termes en z, depuis z jusqu'à z^p inclusivement, elles échouent complétement vis-à-vis du $A_p z^{p+1}$, puisque d'une part la valeur antérieurement déterminée pour A_p est ± 1, et qu'il faudrait d'autre part que cette valeur fût nulle pour faire disparaître le terme qui contient z^{p+1} ; la contradiction est donc flagrante. Ainsi la supposition que $(1+z)^{-1}$ peut être développé en une série de termes ne renfermant chacun que des puissances entières de z est inadmissible ; quelque loin qu'on prolonge un pareil développement, on se trouvera constamment en face d'une difficulté semblable à celle qui vient de se révéler, d'où il suit qu'aux termes qui figurent dans la valeur supposée de $(1+)z^{-1}$, il est indispensable d'en joindre d'autres d'une nature nécessairement différente, et sur la forme desquels il nous sera facile d'être renseigné.

En effet, représentant par $F(z)$ l'ensemble de ces termes inconnus quant à leur valeur et à leur forme, nous écrirons

$$(1 + z)^{-1} = 1 + A_1 z + A_2 z^2 + ... + A_p z^p + F(z) ;$$

multipliant, comme précédemment, les deux membres par $(1 + z)$, il viendra

$$\begin{array}{l} 1 = 1 + A_1 \mid z + A_2 \mid z^2 + ... + A_p \mid z^p + F(z) \\ \quad\; + 1 \mid \quad\; + A_1 \mid \qquad\quad + A_{p-1} \mid \quad + A_p z^{p+1} \\ \qquad\qquad\qquad\qquad\qquad\qquad\qquad\qquad\quad + z F(z). \end{array}$$

Or, nous anéantirons dans le second membre tous les termes en z, jusqu'à z^p, à l'aide des valeurs précédentes de A_1, A_2... A_p, et il ne restera plus qu'à satisfaire à la condition

$$F(z) + A_p z^{p+1} + z F(z) = 0,$$

de laquelle on déduit, après avoir remplacé A_p par sa aleur ± 1,

$$F(z) = \mp \frac{z^{p+1}}{1 + z},$$

conclusion fort claire, de laquelle il résulte qu'à la suite des termes contenant les puissances entières de z, il est indispensable, pour que la formule soit une vérité, d'ajouter le terme final $\mp \dfrac{z^{p+1}}{1+z}$, qui clôt définitivement la série en égalisant les deux membres.

Tels sont les principes; les présenter autrement, c'est les méconnaître; la fonction finale est nécessaire, indispensable; sans elle, rien n'est constitué; sans elle, le développement n'est qu'un vain étalage de termes, qui, non-seulement, n'apprend rien sur la valeur cherchée, mais qui, au contraire, conduit aux résultats les plus inexacts, ainsi que nous l'avons prouvé par de nombreux exemples.

Quelquefois, sans doute, il arrivera que, pour obtenir une valeur approchée de $(1+z)^{-1}$, il suffira de faire usage des seuls termes développés suivant les puissances de z, et cela se conçoit aisément. Qui ne voit, en effet, que la fonction finale est d'autant plus négligeable que, z étant plus petit, p est plus grand; qu'on peut par conséquent, dans les applications, faire abstraction de cette fonction lorsqu'on atteint une valeur de p en rapport avec le degré d'approximation qu'il s'agit de réaliser? Mais ne manquons pas de présenter ces divers cas comme une exception qui n'intéresse d'ailleurs que la pratique, et gardons-nous de les indiquer comme des exemples qui prouveraient d'une manière absolue la vérité et l'utilité de la formule développée suivant le mode ordinaire : se placer en dehors de cette thèse, ou même garder le silence sur ce point, serait fausser la théorie.

Revenons maintenant au cas général, et, mettant à profit les enseignements qui précèdent, ajoutons au développement ordinaire une fonction de z et posons

$$\frac{1}{(1+z)^m} = 1 + A_1 z + A_2 z^2 + \ldots + A_p z^p + F(z),$$

il s'agira donc de déterminer, d'une part, les coefficients $A_1, A_2, \ldots, A_p$, d'autre part, la fonction $F(z)$; les raisonnements ultérieurs seront appelés à constater d'eux-mêmes la nécessité ou l'inutilité de cette fonction.

Si l'on suppose que z reçoit une valeur $z + t$, différente de la première, parce que les coefficients $A_1, A_2, \ldots, A_p$ sont indépendants des valeurs de z, et que ces valeurs n'affectent pas la forme de la fonction F, on devra avoir

$$\frac{1}{(1+z+t)^m} = 1 + A_1(z+t) + A_2(z+t)^2 + \ldots$$
$$+ A_p(z+t)^p + F(z+t).$$

Cela posé, en soustrayant l'une de l'autre ces deux égalités, il viendra

$$\frac{(1+z)^m - (1+z+t)^m}{(1+z)^m \times (1+z+t)^m} = A_1 t + A_2\left[(z+t)^2 - z^2\right] + \ldots$$
$$+ A_p\left[(z+t)^p - z^p\right] + F(z+t) - F(z);$$

mais si, dans le numérateur de la fraction du premier membre, on développe $(1+z+t)^m$ comme un binôme formé des deux termes $1+z$ et t, et si l'on supprime les deux termes de signe contraire $(1+z)^m$, on aura un polynôme ordonné suivant les puissances de t, depuis la première jusqu'à la $m^{ième}$. Divisant dans ce polynôme tous les termes par t, le premier seul ne contiendra plus ce facteur; de sorte que si, après cette division, on suppose que t devient nul, tous les termes, sauf le premier, seront anéantis et le numérateur sera simplement égal à $-m(1+z)^{m-1}$. Quant au dénominateur, la supposition que t est nul lui fait acquérir la valeur $(1+z)^{2m}$. Nous pouvons donc dire que le premier membre, après la division par t et l'anéantissement de cette dernière quantité, devient

$$-\frac{m(1+z)^{m-1}}{(1+z)^{2m}}, \quad \text{soit} \quad -\frac{m}{1+z}\frac{1}{(1+z)^m}.$$

Exécutons les mêmes opérations sur le second membre. Le type général de ses termes est

$$A_p[(z+t)^p - z^p].$$

Or on sait que les expressions de cette forme sont toujours divisibles par t et que le quotient de la division est

$$A_p[(z+t)^{p-1} + (z+t)^{p-2}z + \ldots + (z+t)z^{p-2} + z^{p-1}];$$

cela posé, lorsque dans ce développement on suppose t nul, on a pour résultat $p.A_p z^{p-1}$; par conséquent la série des termes indépendants de la fonction F, après la division par t et l'anéantissement de cette dernière quantité, se réduit au polynôme

$$A_1 + 2A_2 z + 3A_3 z^2 + \ldots + (p-1)A_{p-1} z^{p-1} + pA_p z^{p-1}.$$

Quant aux deux derniers termes affectés de la fonction F, nous devons nous contenter pour le moment d'indiquer la division par t et nous rappeler que la seule valeur à admettre pour le quotient sera celle qui résulte de la supposition que t y devient nul. Nous pourrons donc définitivement écrire:

$$-\frac{m}{1+z} \frac{1}{(1+z)^m} = A_1 + 2A_2 z + 3A_3 z^2 + \ldots + pA_p z^{p-1}$$
$$+ \frac{F(z+t) - F(z)}{t};$$

multipliant alors les deux membres par $-\dfrac{1+z}{m}$, il vient

$$\frac{1}{(1+z)^m} = -\frac{A_1}{m} - 2\frac{A_2}{m} \bigg| z - 3\frac{A_3}{m} \bigg| z^2 - \ldots \qquad -p\frac{A_p}{m} \bigg| z^{p-1}$$
$$- \frac{A_1}{m} \bigg| \qquad -2\frac{A_2}{m} \bigg| \qquad -(p-1)\frac{A_{p-1}}{m} \bigg|$$

$$-\frac{F(z+t) - F(z)}{t} \ \frac{1+z}{m} - p\frac{A_p}{m} z^p.$$

Or, cette valeur de $\dfrac{1}{(1+z)^m}$ devant être identique avec la précédente, on en conclura que les coefficients des mêmes puissances de z, dans l'une et dans l'autre, doivent être égaux et de là, par voie de continuité, on déduit les valeurs suivantes des coefficients

$$A_1 = -m,$$
$$A_2 = m\frac{m+1}{2},$$
$$A_3 = -m\frac{m+1}{2} \frac{m+2}{3},$$
$$\cdots \cdots \cdots \cdots,$$
$$A_{p-1} = \mp m\frac{m+1}{2} \ldots \frac{m+p-2}{p-1},$$
$$A_p = \pm m\frac{m+1}{2} \ldots \frac{m+p-1}{p}.$$

Nous allons nous occuper tout à l'heure de ce qui concerne

les termes qui viennent après la puissance du degré $p-1$, et au nombre desquels figurent ceux qui sont affectés de la fonction F. Mais il importe de remarquer dès à présent que cette fonction est indispensable et que, sans elle, le développement serait nécessairement inexact.

En effet, si, à l'origine, on avait supprimé $F(z)$ dans la valeur de $\frac{1}{(1+z)^m}$ et qu'on eût en conséquence supposé que le développement s'arrête au terme $A_p z^p$, on aurait conclu que, dans la nouvelle forme sous laquelle on vient de voir que se présente la valeur de $\frac{1}{(1+z)^m}$, le terme en z^p aurait eu pour coefficient $-p\frac{A_p}{m}$. Il aurait donc fallu, pour que l'identité complète s'observât, qu'on pût avoir l'égalité

$$A_p = -p\frac{A_p}{m}, \quad \text{d'où} \quad p = -m.$$

Or, une pareille condition équivaut à une impossibilité absolue, puisqu'elle indique que le rang auquel il faudrait s'arrêter pour que le développement fût la valeur exacte de $\frac{1}{(1+z)^m}$ devrait être un rang négatif, ce qui ne saurait être ni pratiqué ni compris. La nécessité d'introduire une fonction contenant autre chose que des termes formés par des puissances entières et positives de z est donc rendue manifeste, et nous achèverons de la mettre dans tout son jour en procédant à la détermination de cette fonction.

XI

Il résulte des calculs précédents que la condition à laquelle il faut satisfaire pour obtenir $F(z)$ est la suivante :

$$-\frac{F(z+t)-F(z)}{t}\cdot\frac{1+z}{m}-p\frac{A_p}{m}z^p = A_p z^p + F(z);$$

remplaçant, pour abréger $F(z)$ par y, ayant ensuite égard à ce que t doit être considéré comme nul, et adoptant les notations admises dans le calcul infinitésimal, l'équation, après qu'on a tout fait passer dans le premier membre, prend la forme

$$\frac{dy}{dz} + \frac{m}{1+z}y + A_p\,(p+m)\,\frac{z^p}{1+z} = 0.$$

Ainsi, la détermination de la fonction F dépend de la résolution d'une équation différentielle. Cette détermination nous oblige donc forcément à sortir du cadre ordinaire des éléments, et cela permet de concevoir pourquoi le problème, traité par les seuls procédés usuels de l'algèbre proprement dite, n'a pu recevoir que des solutions incomplètes.

L'équation à résoudre est une équation linéaire du premier ordre, dont le type général est, comme on le sait,

$$\frac{dy}{dz} + Py + Q = 0,$$

dans lequel P et Q sont des fonctions de la seule variable indépendante z, et qui est résolue par la valeur suivante de y :

$$y = e^{-\int P dz}\left(-\int dz . Q e^{\int P dz} + c\right),$$

c étant une constante à déterminer.

Dans le cas actuel on a

$$P = \frac{m}{1+z}, \qquad Q = A_p\,(p+m)\,\frac{z^p}{1+z} ;$$

de là résultent les valeurs suivantes :

$$e^{-\int P dz} = e^{-m\int \frac{dz}{1+z}} = e^{-m.1(1+z)} = (1+z)^{-m},$$

par conséquent

$$e^{\int P dz} = (1+z)^m,$$

et par suite

$$\int dz\, Q e^{\int P dz} = A_p\,(p+m)\int z^p (1+z)^{m-1}\,dz ;$$

introduisant ces diverses expressions dans la valeur générale de y, on trouve

$$y = F(z) = \frac{1}{(1+z)^m}\left[c - A_p(p+m)\int z^p (1+z)^{m-1}\,dz\right].$$

Pour déterminer la constante c, il suffira de connaître ce qui a lieu dans un cas particulier. A cet effet, supposons qu'on arrête le développement au premier terme, qui est égal à l'unité, et pour lequel on aura par conséquent $A_p = 1$, $p = 0$, il viendra

$$(1) \qquad \frac{1}{(1+z)^m} = 1 + F(z);$$

or, la valeur générale de $F(z)$ devient dans ce cas

$$F(z) = \frac{1}{(1+z)^m}\left[c - m\int (1+z)^{m-1}dz \right];$$

mais on a

$$-m\int (1+z)^{m-1}dz = -(1+z)^m + 1,$$

et par suite

$$F(z) = \frac{c}{(1+z)^m} - 1 + \frac{1}{(1+z)^m};$$

substituant cette valeur dans l'équation (1) on trouve que celle-ci, pour être satisfaite, exige que c soit nul. Nous pourrons donc définitivement écrire

$$F(z) = -\frac{A_p(p+m)}{(1+z)^m}\int z^p (1+z)^{m-1}dz,$$

et telle est l'expression dont il faudra faire suivre le développement ordinaire de $\frac{1}{(1+z)^m}$ lorsqu'on s'arrêtera au terme en z^p pour que ce développement, ainsi complété, soit l'équivalent théorique et exact de $\frac{1}{(1+z)^m}$.

XII

Avant de nous expliquer sur les conséquences remarquables auxquelles conduit la considération de la fonction finale, faisons voir comment, avec l'emploi de cette fonction, s'évanouissent toutes les anomalies ci-dessus signalées.

Nous avons constaté, par exemple, que lorsque dans le développement ordinaire on suppose $m=1$, $z=1$, on arrive à cette conséquence reprochée à Leibnitz et à Euler

$$\frac{1}{2} = 1 - 1 + 1 - 1 + 1 - \dots;$$

or, pour la valeur de $m=1$, la fonction finale devient

$$-A_p\frac{p+1}{1+z}\int z^p\,dz, \text{ ou } -A_p\frac{z^{p+1}}{1+z},$$

et simplement $-A_p\frac{1}{2}$ lorsqu'en même temps z est égal à 1. Cela posé, lorsqu'on s'arrête à un terme de rang pair pour lequel $A_p=-1$, la fonction finale se réduit à $\frac{1}{2}$, et comme alors tous les termes antérieurs du développement s'annulent d'eux-mêmes, il ne reste plus, au lieu d'une contradiction, que l'identité $\frac{1}{2}=\frac{1}{2}$. Si l'on s'arrête à un terme de rang impair pour lequel $A_p=1$, la fonction finale se réduit à $-\frac{1}{2}$, mais alors tous les termes du développement se détruisent mutuellement, sauf le dernier, qui est $+1$; le second membre prend donc la valeur $1-\frac{1}{2}$, qui est encore exactement celle du premier.

Supposons, en second lieu, que $m=2$; on aura alors pour la fonction finale

$$F(z) = -A_p\frac{p+2}{(1+z)^2}\int z^p(1+z)\,dz$$
$$= -A_p\frac{z^{p+1}}{(1+z)^2}\left(\frac{p+2}{p+1}+z\right),$$

valeur qui, pour la supposition que $z=1$, se réduit à

$$-A_p\frac{2p+3}{2^2(p+1)}.$$

Cela posé, nous avons trouvé que, dans les mêmes circonstances, le développement ordinaire conduit au résultat inadmissible

$$\frac{1}{4} = 1 - 2 + 3 - 4 + 5 - \ldots;$$

or, si l'on s'arrête à un terme de rang pair $2p'$, A_p sera égal à $-2p'$, et la somme du développement jusqu'à ce terme sera $-p'$; on aurait donc le résultat impossible $\frac{1}{4} = -p'$, qui s'éloigne d'autant plus de la vérité que p' est plus grand. Mais nous allons voir que l'emploi de la fonction finale va rétablir l'identité.

En effet, p étant égal à $2p' - 1$, et A_p à $-2p'$, on aura

$$F(z) = -A_p \frac{2p+3}{2^1(p+1)} = p' + \frac{1}{4},$$

moyennant quoi l'impossibilité ci-dessus disparaît et est remplacée par une identité.

Si l'on s'arrête à un terme de rang impair $2p'+1$ le coefficient A_p sera égal $+(2p'+1)$, et la somme du développement aura pour valeur $p'+1$; on aurait donc $\frac{1}{4} = p'+1$, résultat tout aussi inadmissible que le précédent; mais alors on trouve pour la fonction finale $-p' - \frac{3}{4}$; cette valeur, ajoutée à celle $p'+1$ du développement réduit à $\frac{1}{4}$ le second membre, qui devient ainsi l'équivalent du premier.

Nous ne pousserons pas plus loin ces vérifications qui n'exigent d'autres procédés de calcul que ceux dont on fait journellement usage.

XIII

Si pour l'exposant fractionnaire on procède à des recherches semblables à celles que nous venons de présenter pour l'exposant négatif, on arrive aux mêmes conséquences; le développement à lui seul ne donne que des résultats erronés, et c'est en le faisant suivre d'une fonction finale qu'on obtient entre les deux membres l'équivalence obligée. Comme entre ce cas et le cas précédent, il y a analogie complète soit pour la marche des calculs, soit pour la nature des raisonnements, nous nous dispenserons de reproduire les uns et les autres. Nous nous bornerons à constater que la nécessité d'une fonction finale est la conclusion de ces nouvelles recherches. On se convaincra que si l'on ne la faisait pas intervenir, le développement à lui seul ne pourrait être la valeur exacte de $(1 + z)^{\frac{h}{k}}$ que sous la condition que le terme auquel on s'arrête devrait avoir un rang fractionnaire, ce qui n'est ni plus pratique ni plus concevable qu'un rang négatif. Quant à la valeur de cette fonction, elle se présente sous la forme

$$F(z) = (1 + z)^{\frac{h}{k}} A_p \left(\frac{h}{k} - p \right) \int \frac{z^p}{(1 + z)^{\frac{h}{k}+1}} \, dz.$$

Cette valeur doit évidemment avoir une relation obligée avec celle que nous venons de déterminer pour le cas de l'exposant négatif. Il est en effet nécessaire que la première devienne la seconde et réciproquement, lorsqu'on supposera que $\frac{h}{k} = -m$.

Un rapprochement non moins intéressant est celui auquel on est conduit lorsqu'on suppose que, dans cette fonction, l'exposant fractionnaire $\frac{h}{k}$ est égal à un entier positif m. Dans ce cas, l'expression ci-dessus se transforme ainsi qu'il suit :

$$F(z) = (1 + z)^m A_p (m - p) \int \frac{z^p}{(1 + z)^{m+1}} \, dz.$$

Or, comme nous savons qu'alors le développement est fini et qu'il se termine lorsque p prend la valeur m, il faut que, pour cette même valeur, $F(z)$ soit nul. C'est ce qui arrive en effet à cause du facteur $m - p$ qui y figure. Mais, pour les valeurs de p inférieures à m, la fonction doit subsister, puisque, pour toutes ces valeurs, le développement reste incomplet. Nous savons par exemple que, lorsqu'on s'arrête à l'avant-dernier terme, c'est-à-dire lorsque p est égal à $(m - 1)$, ce qu'on doit ajouter est le terme z^m, il faut donc que z^m devienne dans cette hypothèse la valeur de $F(z)$.

En effet ayant alors $A_p = m$ et $m - p = 1$, il viendra

$$F(z) = (1 + z)^m \, m \int \frac{z^{m-1}}{(1 + z)^{m+1}} \, dz \, ;$$

or, en divisant par z^{m+1} les deux termes de la fraction qui est sous le signe de l'intégration, elle devient

$$\frac{1}{z^2} \frac{1}{\left(1 + \dfrac{1}{z}\right)^{m+1}} dz \, ;$$

et l'on reconnaît alors aisément qu'elle est la différentielle exacte de $\dfrac{\left(1 + \dfrac{1}{z}\right)^{-m}}{m}$; on aura donc

$$F(z) = (1 + z)^m \left(1 + \frac{1}{z}\right)^{-m} = z^m,$$

ainsi que cela doit être.

Nous n'insisterons pas davantage sur ces vérifications.

La résultat définitif de ces études est que, pour tous les cas où l'exposant du binôme sera réel, que cet exposant soit entier, fractionnaire, positif ou négatif, la forme de la fonction finale sera généralement représentée par l'expression

$$F(z) = (1 + z)^m A_p (m - p) \int \frac{z^p}{(1 + z)^{m+1}} \, dz,$$

dans laquelle il ne s'agira plus que de remplacer m par la valeur particulière qu'on lui aura attribuée.

XIV

Disons maintenant que des circonstances semblables se présenteront pour toutes les expressions algébriques dont on voudra former les développements ; que toujours le développement à lui seul sera insuffisant pour représenter la valeur de l'expression et que l'égalité théorique de celle-ci ne s'obtiendra qu'en ajoutant à ce développement une fonction finale.

Par exemple, pour l'exponentielle a^z, si l'on arrête le développement au terme $A_p z^p$, on trouvera que l'équivalence cherchée ne peut s'obtenir que par l'addition d'une fonction de z ayant la valeur suivante

$$\mathrm{F}(z) = a^z \left(1 + \frac{(l.a)^{p+1}}{p!} \right) \int \frac{z^p}{a^z} \, dz \, ;$$

nous représentons par la notation $p!$, conformément à un usage qui tend à se répandre de plus en plus, le produit des nombres de la suite naturelle compris de 1 à p inclusivement.

Pour la fonction logarithmique la fonction finale de $\log(1+z$ se présente sous la forme

$$\mathrm{F}(z) = \mu \int \frac{z^p}{1+z} \, dz ;$$

μ étant le logarithme du nombre e dans le système dont on s'occupe.

L'étude de la fonction logarithmique, au point de vue de son développement, donne lieu à d'intéressantes remarques, mais nous ne pouvons que les signaler sommairement.

On constate alors que $\log z$ ne peut pas être développé en une série ordonnée suivant les puissances de z, savoir :

$$A_0 + A_1 z + A_2 z^2 + \ldots,$$

car, lorsqu'on veut essayer cette forme, on trouve que tous les coefficients devraient être nuls, ce qui fait disparaître le développement. Dès lors il n'est pas possible qu'on trouve pour $\mathrm{F}(z)$ autre chose que $\log z$. En effet, dans ce cas, p étant nul dès l'abord et $1+z$ devenant z, cette fonction se présente sous la forme $\mu \int \frac{dz}{z}$ qui donne immédiatement $\mu . l z$ et par suite $\log z$.

La supposition que les coefficients sont alternativement l'infini positif et l'infini négatif conduit encore à l'anéantissement devenu nécessaire du développement. Si nous faisons cette observation, c'est que la formule qui donne le logarithme de z en fonction des puissances de $z-1$ et qui est, comme on sait,

$$\log z = \mu \left[(z-1) - \frac{1}{2}(z-1)^2 + \frac{1}{3}(z-1)^3 - \ldots \right]$$

présente en effet cette singulière circonstance.

Car, lorsqu'on développe les puissances de $z-1$ et qu'on ordonne le résultat par rapport à z, le premier coefficient A_0 a pour valeur une série dont le terme général est $-\dfrac{1}{n}$ et qui est par conséquent égale à l'infini négatif ; le coefficient de z est également une série ayant pour terme général $+1$ et représentant l'infini positif ; pour le coefficient de z^2, le terme général de la série est $-\dfrac{n}{2}$; pour le coefficient de z^3, le terme général est $+\dfrac{n}{2}\dfrac{n+1}{3}$; pour le suivant, il est $-\dfrac{n}{2}\dfrac{n+1}{3}\dfrac{n+2}{4}$, et ainsi de suite. Nous ne saurions donner ici à ces remarques toute la suite qu'elles comportent, et nous nous bornons à les indiquer.

Lorsqu'on soumet les fonctions circulaires à des investigations de même nature, on est conduit à des conséquences analogues. Les fonctions finales s'obtiennent alors par l'intégration d'une équation différentielle linéaire du deuxième ordre, ainsi conçue :

$$\frac{d^2 y}{d z^2} + y \pm \frac{z^p}{p!} = 0 ;$$

au reste, dans ce cas la recherche du développement de $\cos z + \sqrt{-1}\,\sin z$ conduit au but plus directement que si l'on voulait déterminer séparément ceux de $\cos z$ et de $\sin z$. On trouve alors une série à termes réels et à termes imaginaires dont les premiers appartiennent au cosinus et les seconds au sinus.

Quant à la fonction finale, lorsqu'on s'arrête au terme en z^p, elle revêt la forme

$$F(z) = (\sqrt{-1})^{1x}\left(1 + \frac{\pi}{2}\sqrt{-1}\,A_p\right)\int (\sqrt{-1})^3 z^p\, dz,$$

et il ne s'agit plus que d'y faire la séparation du réel et de l'imaginaire pour attribuer le premier au cosinus et le second au sinus.

Cette séparation aussi bien que tous les calculs précédents sont faciles en s'appuyant sur la proposition suivante, qui sera démontrée tout à l'heure et qui consiste en ce que l'expression d'une direction quelconque $\cos z + \sqrt{-1} \sin z$ est égale, non pas à $e^{z\sqrt{-1}}$, comme on l'a écrit jusqu'à présent, mais à $\sqrt{-1}^{\frac{2z}{\pi}}$. En vertu de ce théorème on a ces deux relations :

$$(\sqrt{-1})^{z} = \cos\frac{\pi}{2}z + \sqrt{-1}\sin\frac{\pi}{2}z, \ (\sqrt{-1})^{-z} = \cos\frac{\pi}{2}z - \sqrt{-1}\sin\frac{\pi}{2};$$

elles permettront donc très-facilement de faire sortir $\sqrt{-1}$ en dehors du signe intégral et dès lors on obtiendra sans peine, pour chaque valeur de p à laquelle on voudra s'arrêter, la séparation du réel et de l'imaginaire : le premier sera la fonction finale pour le cosinus ; le second, dépouillé du facteur $\sqrt{-1}$, sera la fonction finale pour le sinus.

Nous nous bornons à ces indications générales qui sont suffisantes pour faire comprendre ce qu'il y a d'essentiel dans le sujet que nous venons de soumettre à l'appréciation du lecteur.

XV

Ces divers faits ainsi constatés, déduisons-en les principales conséquences.

Au point de vue pratique, la considération de la fonction finale permettra de décider s'il est possible que le développement soit fini, c'est-à-dire s'il y a une valeur de p pour laquelle cette fonction devient nulle ; c'est ce que nous avons constaté pour le binôme dans le cas où l'exposant entier est positif. Dans les circonstances où il sera reconnu que la fonction finale est une quantité très-petite et le devient de plus en plus lorsque p augmente, étant parvenu à une valeur de p en rapport avec le degré d'approximation qu'on veut obtenir, on pourra regarder cette fonction comme nulle et accepter le développement, limité à cette valeur de p, comme la représentation approchée de l'expression algébrique dont on s'occupe ; c'est ce qui arrive pour le binôme lorsque z est moindre que l'unité. Mais lorsque la fonction finale ne sera ni nulle ni décroissante avec p, ce n'est pas en dehors d'elle qu'il faudra chercher à obtenir la valeur de l'expression algébrique qui figure au premier membre.

Au point de vue théorique, la fonction finale est le seul moyen de faire disparaître les nombreuses contradictions qui se manifestent lorsqu'on se borne à la seule considération du développement ; elle introduit entre les deux membres de l'équation l'équivalence qui sans elle ferait défaut ; et non-seulement elle rétablit entre ces deux membres l'équilibre numérique, mais encore celui des formes algébriques. Celles-ci en effet, sous les apparences constamment les mêmes que présentent des développements procédant suivant les puissances de la variable, cesseraient d'être distinctes, et revêtiraient toutes invariablement la même physionomie et la même constitution. Or, la fonction finale, et c'est là un de ses plus remarquables enseignements, nous apprend qu'il n'est pas possible que les choses se passent ainsi ; elle nous fait voir que les diverses formes de fonctions algébriques ne sont pas susceptibles d'être ramenées à la forme unique des développements sériaires. Si, dans quelques circonstances, ces développements peuvent en donner la valeur numérique, ils sont inhabiles à remplacer la spécialité des opérations qui constituent une fonction quelle qu'elle soit. Celle-ci reste par conséquent toujours distincte, de sorte qu'explicitement il n'est pas possible d'exprimer une fonction indépendamment de la forme même sous laquelle elle se manifeste et qui la caractérise.

Ainsi, par exemple, et sauf quelques cas tout particuliers, une exponentielle ne peut pas être égalée à une fonction algébrique proprement dite, un cosinus ou un sinus ne pourront pas l'être à un logarithme, et ainsi de suite ; sauf, nous le répétons, pour quelques valeurs particulières de la variable, mais jamais pour la généralité de ces valeurs.

On remarquera en effet que les fonctions finales que nous venons de faire passer sous les yeux du lecteur sont invariablement constituées avec les formes mêmes des expressions algébriques qui ont produit les développements auxquels elles doivent s'ajouter pour que l'équivalence théorique existe. Ainsi la fonction finale pour $(1 + z)^m$, quel que soit m, contient le facteur $(1 + z)^m$; la fonction finale pour a^z contient également a^z et ainsi des autres. Or, lorsque dans cette fonction on développe l'intégrale qui y figure, il arrive que la valeur de celle-ci se manifeste sous la forme précisément inverse de la série qui la précède et qu'elle détruit, et il ne reste plus finalement que des identités de la forme

$$(1 + z)^m = (1 + z)^m, \quad a^2 = a^2, \quad \cos z = \cos z, \dots;$$

d'où l'on est conduit à conclure que, quant à la forme, chaque fonction reste isolée dans la sienne, et qu'il n'est pas possible de représenter une espèce quelle qu'elle soit par une forme prise en dehors de celle qui lui est propre.

Ces faits en expliquent beaucoup d'autres. Voilà pourquoi en particulier, lorsque, dans la résolution de l'équation du 3me degré, on cherche, à l'aide de fonctions purement algébriques, des racines qui ne peuvent être données que par la considération des fonctions circulaires, l'algèbre vient nous opposer une fin de non-recevoir. Des circonstances tout à fait semblables expliqueront l'impossibilité où nous sommes de résoudre généralement les équations des degrés supérieurs au quatrième. C'est à coup sûr parce que les racines de ces équations doivent être représentées par des fonctions autres que des fonctions algébriques. De sorte que le grand intérêt du problème se ramène aujourd'hui à découvrir quelles peuvent être ces fonctions.

XVI

Nous demandons pardon au lecteur de cette longue digression qui est venue interrompre notre exposé des propriétés des directions. Mais, dans un travail comme celui-ci, nous sommes assujetti à un ordre général qui ne nous permet pas d'introduire indistinctement où nous voudrions les divers épisodes qui se présentent, et nous sommes forcé d'accepter pour eux la place même que l'occasion vient leur assigner.

Reprenons maintenant la question que nous avons laissée en suspens et qui consiste à rechercher la base du système de logarithmes applicable aux directions. Nous avons dit que cette base ne pouvait être déduite de la valeur $e^{\alpha \sqrt{-1}}$ attribuée à $\cos \alpha + \sqrt{-1} \sin \alpha$ par Euler. Justifions cette assertion.

Ce qu'on peut dire de moins excentrique au sujet de la formule d'Euler, c'est qu'ayant remplacé, dans l'expression $\cos\alpha + \sqrt{-1}\sin\alpha$ d'une direction, les cosinus et sinus qui y figurent, par les séries convergentes qui donnent leurs valeurs, on trouve identiquement

$$\cos\alpha + \sqrt{-1}\sin\alpha = 1 + \frac{\alpha\sqrt{-1}}{1} - \frac{\alpha^2}{2!} - \frac{\alpha^3\sqrt{-1}}{3!};$$

cela fait, on remarque que ce développement est précisément celui qui représente en fonction de α la valeur de e^x lorsqu'on *suppose* que α devient $\alpha\sqrt{-1}$; d'où l'on infère qu'on peut sans crainte d'erreur attribuer à l'exponentielle $e^{\alpha\sqrt{-1}}$ la propriété de remplacer dans les calculs l'expression $\cos\alpha + \sqrt{-1}\sin\alpha$.

Au point de vue de ce raisonnement, la valeur en série de $e^{\alpha\sqrt{-1}}$ n'étant pas considérée comme une déduction logique, mais comme la simple manifestation des conséquences d'une supposition, cette formule en un mot n'étant qu'admise et non démontrée, et pouvant ne pas être vraie, il n'est pas possible de voir autre chose dans

$$e^{\alpha\sqrt{-1}} = \cos\alpha + \sqrt{-1}\sin\alpha,$$

que le résultat d'une hypothèse, qu'une convention. Ce ne serait qu'au cas où il serait rationnellement établi que le développement de e^α continue de s'appliquer lorsque α prend la forme $\alpha\sqrt{-1}$, que la formule d'Euler serait vraie elle-même; or cela n'a pas encore été démontré. Jusque-là, nous le répétons, cette formule ne peut donc être considérée que comme une convention.

Certes, nous ne prétendons pas qu'on ne soit pas le maître de faire des conventions, mais ce sera à la condition qu'on ne les perdra pas de vue, qu'on se soumettra scrupuleusement à toutes les conditions qu'elles imposent. Or, tout cela n'est pas aussi facile qu'on pourrait le supposer, surtout lorsque ces conventions portent sur des indices qui, loin d'être étrangers à l'algèbre, ont reçu, antérieurement à ces conventions, la mission de représenter des fonctions ayant déjà une signification algébrique. Il y a là des entraînements dont il est à peu près impossible de se défendre.

XVII

Mais si, pour quelques esprits plus logiques que d'autres, il ne faut réellement voir dans la formule d'Euler qu'une convention, combien n'y en a-t-il pas qui y voient plus que cela et qui la considèrent comme une vérité? Nous avons lu avec la plus sérieuse attention les leçons d'analyse professées à l'école Polytechnique par Navier, et nulle part nous n'avons trouvé un mot de réserve à ce sujet. Loin de là, partout le développement, non-seulement de $e^{\alpha\sqrt{-1}}$, mais encore de $e^{m+n\sqrt{-1}}$, est présenté comme théoriquement exact. Il est dit textuellement *que les développements de e^x, sin x, cos x subsistent lorsqu'on donne à l'arc x, une valeur quelconque imaginaire* $x = m + n\sqrt{-1}$ (p. 115) et cela sans conditions, sans restrictions aucunes; aussi l'auteur applique-t-il à ces formes, quoiqu'elles n'aient pas été définies et que par conséquent elles ne puissent être considérées que comme hypothétiques, toutes les règles de calcul qui n'ont été démontrées que pour les arcs réels et qui ne sont par conséquent autorisées que pour eux.

Mais, à supposer qu'il fût vrai, comme on le dit, que les développements de e^x, sin x, cos x subsistent lorsqu'on donne à x une valeur imaginaire quelconque, quelle déduction légitime pourrait-on tirer de ce fait, si l'on remarque que ces développements ne sont pas les véritables valeurs théoriques de e^x, sin x, cos x? Que pour qu'ils le deviennent il est nécessaire, ainsi que cela vient d'être expliqué, qu'on leur ajoute une fonction finale de x, très-différente dans sa forme de celle des termes du développement, et qui par conséquent, en vertu de cette différence même, pourra fort bien interrompre le cours des analogies déduites seulement de ce qui se passe dans les parties sériaires de ces expressions. En fait, on n'agit pas sur les valeurs complètes de e^x, sin x, cos x, mais sur une partie seulement de ces valeurs, et dès lors toute conclusion rigoureuse échappe. Cela peut être permis dans la pratique lorsque, la variable restant réelle, il s'agit d'obtenir des valeurs numériques approchées de ces expressions : on démontre que, dans ces circonstances, cette manière de procéder est légitime. Mais ne serait-ce pas étrangement abuser de la faculté de procéder par induction que d'aller jusqu'à supposer que ce qui est permis pour le réel, et lorsqu'il s'agit de simples valeurs approchées, l'est également, non-seulement pour l'imaginaire, mais encore pour des valeurs qui n'admettent plus les tolérances de l'approximation et que nous ne pouvons accueillir qu'exactes, complètes, constituées, en un mot, suivant les plus rigoureuses exigences de la théorie ?

En résumé, il n'est pas possible de prétendre que la forme acceptée pour la valeur de $e^{\alpha\sqrt{-1}}$ soit justifiée, et l'on ne peut par conséquent faire d'autre concession que celle que la formule d'Euler ne doit être admise que comme une convention, et même une convention qui n'intéresse que la partie sériaire de cette valeur. C'est la première proposition que nous avons émise, passons maintenant à l'étude des conséquences.

Le caractère propre de la fonction $\cos\alpha + \sqrt{-1}\sin\alpha$, c'est qu'elle ne change pas lorsqu'on augmente l'arc α d'un nombre quelconque de circonférences. Il faudrait donc que sa représentation exponentielle jouît de la même propriété et qu'on eût par conséquent

$$e^{\alpha\sqrt{-1}} = e^{(2\pi+\alpha)\sqrt{-1}} = \ldots = e^{(2k\pi+\alpha)\sqrt{-1}},$$

et ainsi de suite, d'où l'on déduit en supprimant le facteur commun :

$$1 = e^{2\pi\sqrt{-1}} = e^{4\pi\sqrt{-1}} = \ldots = e^{2k\pi\sqrt{-1}}.$$

Or, comme en définitive ces diverses expressions sont des nombres variables et réels

$$e^{2\pi},\ e^{4\pi},\ \ldots e^{2k\pi},$$

élevés à la même puissance $\sqrt{-1}$, on a en vérité de la peine à comprendre comment tous ces nombres, différents les uns des autres, traités par la même opération, pourraient donner un résultat uniforme égal à l'unité. Ce qu'il y a de certain, c'est que, lorsque des racines sont réelles, comme c'est ici le cas, nous n'avons aucune opération dans la science qui puisse nous donner la moindre idée d'une semblable conclusion, si ce n'est la puissance zéro. Nous serions ainsi porté à dire que $\sqrt{-1}$ doit être l'équivalent de zéro, et c'est ce que personne ne sera disposé à admettre. Et comme, d'un autre côté, il ne serait pas plus raisonnable de prétendre que ce sont les exposants 2π, 4π, ...$2k\pi$ qui sont nuls, il en résulte que l'exponentielle $e^{\alpha\sqrt{-1}}$ n'aurait pas toute la généralité que comporte l'expression $\cos\alpha + \sqrt{-1}\sin\alpha$; elle ne lui serait équivalente que dans un cas, et en différerait dans tous les autres, qui sont en nombre infini. Concluons donc de là qu'il faudrait tout au moins que l'opération d'élever un nombre réel à la puissance du degré $\sqrt{-1}$ fût préalablement définie pour que nous pussions avoir confiance dans l'équivalence complète de la forme $e^{\alpha\sqrt{-1}}$ avec celle de $\cos\alpha + \sqrt{-1}\sin\alpha$. Or, c'est précisément là ce qui fait défaut, et c'est par ce motif que, dès le début de cette discussion, nous avons élevé des doutes sur l'exactitude de la formule d'Euler.

Il est donc bien difficile, même en l'acceptant comme convention, de comprendre qu'elle puisse posséder toute la généralité qui appartient à $\cos\alpha + \sqrt{-1}\sin\alpha$ et qu'elle jouisse par conséquent de la propriété d'en être la représentation. Dans tous les cas, cela n'est pas prouvé.

Pour les géomètres qui considèrent que le développement de e^{α} en série continue de subsister comme vrai lorsque α devient $\alpha\sqrt{-1}$ et qui par suite sont obligés d'admettre qu'il est permis d'élever une expression quelconque à la puissance imaginaire $\sqrt{-1}$, il est facile de leur prouver que cette manière de concevoir les opérations en algèbre conduit directement à une impossibilité. En effet, dans la suite d'égalités

$$e^{2\pi\sqrt{-1}} = e^{4\pi\sqrt{-1}} = \ldots = e^{2k\pi\sqrt{-1}},$$

qu'on élève tous les membres à la puissance $\sqrt{-1}$, et l'on aura

$$e^{-2\pi} = e^{-4\pi} = e^{-6\pi} \ldots = e^{-2k\pi},$$

conséquence complétement inadmissible. Quant à ceux qui ne considèrent la formule d'Euler que comme une convention, il n'est pas facile de les convaincre de leur erreur par le même moyen, parce qu'ils se refusent à reconnaître qu'on soit autorisé à déduire aucune conséquence légitime de l'élévation de quoi que ce soit à la puissance $\sqrt{-1}$, opération non définie, disent-ils, et dont par conséquent les effets restent hypothétiques. Mais alors il leur reste à nous faire comprendre comment toutes les expressions $e^{2k\pi\sqrt{-1}}$ sont égales à l'unité, quel que soit k. Nous pourrons d'ailleurs leur faire remarquer que leur convention n'est pas tant exempte de reproches qu'ils pourraient le supposer, car quelle que soit leur répugnance à comprendre ce que peut être l'élévation d'une expression réelle à la puissance $\sqrt{-1}$, cette convention n'est pas autre chose, en fait, qu'une semblable opération. Je leur demanderai en effet en quoi la substitution de $\alpha\sqrt{-1}$ à α dans e^α diffère de l'élévation de e^α à la puissance $\sqrt{-1}$: si je ne me trompe, c'est exactement la même chose exprimée en termes différents.

Il ne suffit pas en effet, pour repousser une objection, d'affirmer très-explicitement qu'on ne saurait être autorisé à faire usage de l'élévation à la puissance $\sqrt{-1}$, parce que cette opération n'est pas définie et ne se comprend pas : il faudrait encore, pour rester conséquent, qu'on n'eût pas fait soi-même implicitement cette même opération, sans laquelle l'objection n'aurait pas existé.

Nous ferons enfin remarquer que dans cette circonstance, comme dans la précédente, la convention ne porterait que sur les parties sériaires des valeurs de e^α, $\cos\alpha$, $\sin\alpha$ dans lesquelles on remplace α par $\alpha\sqrt{-1}$, et qu'il faudrait tout au moins s'expliquer sur ce qui peut advenir de cette convention si on l'applique, comme cela devrait être, aux valeurs *complètes* de e^α, $\cos\alpha$, $\sin\alpha$, c'est-à-dire aux fonctions finales.

XVIII

Il ne nous paraît donc pas possible d'attribuer une valeur théorique acceptable à la formule d'Euler, et puisque d'ailleurs nous avons été conduit à reconnaître que la représentation des directions doit pouvoir être égalée à l'exponentielle de l'angle, examinons si sans recourir à d'autres moyens que ceux auto-

risés, il n'est pas possible de déterminer la valeur de cette
exponentielle.

Il est évident qu'en prenant pour α une valeur très-petite, il
est permis de concevoir que toutes les directions seront représentées par les puissances successives de $\cos \alpha + \sqrt{-1} \sin \alpha$, et
cela sera d'autant plus vrai que la valeur de α sera moindre.
Nous voyons d'après cela que les représentations algébriques
des directions peuvent être considérées comme formant une
progression par quotient, dont la raison est l'une d'elles, de
même que les arcs forment une progression par différence
dont la raison est celui-là même qui correspond à cette direction : voilà donc deux progressions exactement constituées
comme le sont celles qui pour les nombres nous conduisent à
la considération des logarithmes, la première commençant
par l'unité et la seconde par zéro; or l'on sait que la base d'un
système est le nombre qui correspond à l'unité dans la progression par différence; cela posé, si les arcs sont toujours représentés par leur longueur évaluée en fonction du rayon
dans une circonférence pour laquelle ce rayon est l'unité,
l'arc unité sera donc celui qui a pour mesure l'unité linéaire;
il est un peu plus grand que 57 degrés. Nous pourrons donc
dire que la base du système des logarithmes pour les directions est égale à $\cos 1 + \sqrt{-1} \sin 1$; l'on aura en conséquence, pour un angle quelconque α,

$$(\cos 1 + \sqrt{-1} \sin 1)^\alpha = (\cos \alpha + \sqrt{-1} \sin \alpha)$$

résultat tout à fait concordant avec le théorème de Moivre.

Mais on peut remarquer, qu'en vertu du même théorème,
$\cos 1 + \sqrt{-1} \sin 1$ est la même chose que

$$\left(\cos \frac{\pi}{2} + \sqrt{-1} \sin \frac{\pi}{2} \right)^{\frac{1}{\frac{\pi}{2}}} \quad \text{ou} \quad \left(\sqrt{-1} \right)^{\frac{1}{\frac{\pi}{2}}},$$

de sorte que nous pourrons dire que la base cherchée est cette
dernière expression, et qu'on est par conséquent autorisé à
substituer à la formule non démontrée d'Euler, la suivante :

$$\left(\sqrt{-1} \right)^{\frac{2\alpha}{\pi}} = \cos \alpha + \sqrt{-1} \sin \alpha,$$

ou, si l'on veut,

$$(-1)^{\frac{\alpha}{\pi}} = \cos\alpha + \sqrt{-1}\sin\alpha,$$

dont la justification est parfaitement établie.

Il est d'ailleurs évident que le premier membre de cette formule possède toute la généralité du second ; il reprend exactement la même valeur, lorsqu'on augmente α d'un nombre exact k de circonférences, puisqu'alors $-1^{\frac{2k\pi}{\pi}}$ se réduit à l'unité, et il échappe ainsi au vice de la formule d'Euler.

La valeur exponentielle de la direction se fait ainsi par des moyens autorisés, sans convention, sans introduction d'opérations non définies, conformément au théorème connu de Moivre. Loin d'être en contradiction avec aucun principe, elle est au contraire une conséquence naturelle de ceux dont la science du calcul nous permet de faire usage.

Après cet exposé des principales propriétés des directions et de leurs représentants algébriques, passons à l'examen de leurs applications les plus essentielles aux considérations de la géométrie.

CHAPITRE XI.

DE LA COMBINAISON DE L'ATTRIBUT DE CONTINUITÉ AVEC L'ATTRIBUT DE DIRECTION.

SOMMAIRE. — I. Comment ces deux attributs se combinent en algèbre. — II. Premières applications. — III. Observations sur la manière de compter les arcs et les directions, et sur les rapports qui s'établissent ainsi des uns aux autres. — IV. Études de questions concernant les lignes droites. — V. Interprétation géométrique de deux formules relatives aux fonctions circulaires. — VI. Études de questions concernant les cercles et les droites. — VII. Comment dans ces sortes de recherches on est averti que les problèmes sont impossibles. — VIII. Conséquences relatives à la considération de deux sortes de sinus et de cosinus, les uns dits *directifs*, les autres dits *continus*, et généralité de la forme $A + B\sqrt{-1}$ pour représenter par un choix convenable des éléments A et B soit les expressions imaginaires, soit les expressions réelles.—IX. Expressions algébriques de l'ellipse, de l'hyperbole et de la parabole dans le système directif. — *Résumé et travaux ultérieurs.*

I

Jusqu'à présent nous avons raisonné dans l'hypothèse que l'étude des quantités a été faite pour chacun de leurs attributs isolément, et il était nécessaire de procéder ainsi, afin d'avoir des notions précises sur la valeur de ces attributs, d'être renseigné sur les équivalences qui peuvent exister entre les lois qui les régissent et certaines formes algébriques, et sur la possibilité d'admettre ces formes comme les représentants de ces attributs.

Or, ces premières connaissances acquises, l'esprit conçoit

qu'il peut s'élever à des considérations d'un ordre plus élevé, et que, de même que dans la nature les faits divers que nous sommes en mesure d'observer ne sont pas toujours la conséquence d'un attribut unique, mais celle du fonctionnement de plusieurs d'entre eux, de même nous sommes conduits à nous demander si la science du calcul, qui se prête par quelques-unes de ses formes à nous donner les équivalents de chaque attribut, ne se prêterait pas aussi, par le mécanisme de ses opérations appliqué à ces formes, à reproduire exactement dans le calcul les effets mêmes qui, dans l'ordre naturel, sont la conséquence du jeu simultané des attributs mêmes.

Pour bien faire comprendre notre pensée, faisons-en l'application aux considérations de la géométrie.

Dans cette science, les longueurs et les directions jouent un rôle important et continuel. Or si l'on étudie ce qui concerne la longueur, indépendamment de toute idée de direction, on ne sortira pas de la ligne droite; on passera sur cette droite d'une longueur à une autre; on éliminera par le fait la considération de l'angle et on n'aurait ainsi qu'une géométrie fort restreinte. Si, d'un autre côté, on veut se borner à la considération des directions, on sera réduit à l'idée d'êtres indéfinis, on ne pourra que passer de l'un à l'autre, et l'élimination de la longueur ne nous laissera que la conception d'une géométrie non moins restreinte que la précédente.

Mais si, combinant l'idée de continuité avec celle de direction, c'est-à-dire la longueur et l'angle, on étudie les conséquences de cette combinaison, on ne tarde pas à reconnaître qu'elle acquiert une puissance de production inouïe; qu'elle donne naissance à la conception des contours ouverts ou fermés de toute sorte, à celle des courbes, des surfaces, des volumes, de leurs intersections diverses, en un mot à cette multitude d'espèces et de formes qui constituent le domaine de la géométrie tout entière.

On comprend, d'après cela, que si dans les calculs on avait des expressions collectives équivalentes à la combinaison de la longueur et de l'angle, à ce que nous sommes convenu d'appeler la *longueur dirigée*, il n'y aurait rien de plus facile que d'obtenir par l'algèbre la reproduction des constructions géométriques faites avec ces longueurs dirigées, et de connaître ainsi toutes les lois résultant de ces constructions quelles qu'elles fussent, sans même qu'il y eût nécessité d'avoir une figure sous les yeux : il suffirait que le mode de construction fût bien défini.

Or ce que nous avons dit de la représentation des directions nous donne la réalisation immédiate de cette idée. En effet, si une longueur r est supposée placée sur la direction déterminée par l'angle α, comme il a été établi qu'une direction ainsi définie a pour équivalent algébrique le facteur $\cos\alpha + \sqrt{-1}\sin\alpha$, on en conclura que toutes les conditions auxquelles se trouve soumise la longueur en question se trouvent combinées dans l'expression

$$r\,(\cos\alpha + \sqrt{-1}\sin\alpha),$$

dans laquelle, d'une part l'élément r relatif à la longueur est ce que nous proposons d'appeler le *continu*, d'autre part l'élément

$$\cos\alpha + \sqrt{-1}\sin\alpha$$

relatif à la direction est ce que nous proposons d'appeler le *directif*.

II

Ce point de départ ainsi établi, c'est avec la plus grande simplicité qu'on peut faire suivre à l'algèbre toutes les évolutions des figures de géométrie, et il suffira de quelques explications préliminaires à peu près évidentes pour indiquer par quels moyens se pratiquent ces faciles et remarquables passages de l'une à l'autre.

Soit toujours O le point que nous prenons pour origine, et OD la ligne de base; si une droite passant par O fait avec cette ligne un angle θ, sa direction sera

$$\cos\theta + \sqrt{-1}\sin\theta,$$

et l'expression d'une longueur quelconque r comptée sur cette droite à partir du point O sera

$$r\,(\cos\theta + \sqrt{-1}\,\sin\theta).$$

En donnant à r toutes les valeurs comprises depuis O jusqu'à l'infini, cette expression, où θ reste constant, représentera toutes les longueurs dont l'existence est possible sur la direction θ, et servira également à exprimer tous les points de la droite. Quant aux longueurs et aux points qui seraient situés sur la même droite, au-dessous du point O, il faudra prendre pour eux la direction inverse de la précédente, c'est-à-dire $-(\cos\theta + \sqrt{-1}\,\sin\theta)$, de sorte que l'expression de ces points et longueurs sera

$$-r\,(\cos\theta + \sqrt{-1}\,\sin\theta).$$

Si à la variation de r on joint celle de θ, il n'y a pas de point du plan qui ne puisse être représenté par cette expression.

Si au contraire on considère r comme constant, et qu'on fasse varier θ de o à 2π, on aura l'expression de la circonférence de centre O et de rayon r.

Si enfin, avec la même variation de θ, on permet à r de prendre toutes les valeurs comprises de o à r, on aura l'expression commune à tous les points de l'intérieur de la circonférence de rayon r.

On doit comprendre déjà combien seront précieuses et fécondes les ressources que la représentation algébrique des droites dirigées nous offrira, pour nous rendre compte de tout ce que ces droites sont susceptibles de créer en géométrie. Donnons-en immédiatement une idée par un exemple fort simple. Supposons qu'à partir du point O on a pris sur la ligne de base une longueur OA, que pour abréger nous désignerons par a, et qu'on demande de construire sur OA un triangle, dont le côté passant par O soit égal à c, et dont le côté passant par A soit égal à b. Désignons, comme on le fait d'habitude, par α, β, γ, les angles de ces triangles opposés respectivement aux côtés a, b, c. La direction du côté b sera

$$\cos(\pi-\gamma) + \sqrt{-1}\,\sin(\pi-\gamma)\quad \text{ou}\quad -\cos\gamma + \sqrt{-1}\,\sin\gamma;$$

celle du côté c sera

$$\cos\beta + \sqrt{-1}\,\sin\beta,$$

et il faudra que le chemin dirigé

$$a + b\,(-\cos\gamma + \sqrt{-1}\,\sin\gamma)$$

soit égal au chemin dirigé

$$c\,(\cos\beta + \sqrt{-1}\,\sin\beta :$$

de là on déduit, en égalant le réel et l'imaginaire,

$$a - b\cos\gamma = c\cos\beta, \quad b\sin\gamma = c\sin\beta,$$

et le problème se trouve ainsi immédiatement résolu. Il ne s'agira plus que de tirer de ces deux équations, par les moyens ordinaires, les valeurs des sinus et cosinus des angles β et γ, en fonction des trois côtés a, b et c. La seconde équation donne la relation bien connue entre les sinus des angles et les côtés opposés; faisant ensuite la somme des carrés, on a la seconde relation connue

$$a^2 - 2ab\cos\gamma + b^2 = c^2,$$

d'où on déduit la valeur de $\cos\gamma$.

III

Mais avant d'aller plus loin, il est nécessaire de bien fixer les idées sur la manière de compter les arcs et les directions, et sur les rapports que ce mode de comptage établit entre les uns et les autres.

Les arcs se comptent sur la circonférence de rayon 1, ayant son centre à l'origine et à partir du point où cette circonférence est coupée par la ligne de base; ceux qui s'élèvent au-dessus de cette base étant considérés comme positifs, ceux qui sont situés en dessous, et qui marchent en sens inverse, doivent nécessairement être considérés comme négatifs. La représentation algébrique des arcs sera donc toujours $\pm\alpha$.

Quant à la direction, c'est celle de la ligne droite qui partant de l'origine aboutit à l'extrémité de l'arc α, et l'on voit qu'à l'aide de la variation de α, il n'est pas de direction autour du point O qui ne puisse être précisée par ce moyen.

Ces directions, nous l'avons vu en effet, sont caractérisées par la fonction

$$\cos\alpha + \sqrt{-1}\,\sin\alpha$$

de l'angle α.

Remarquons d'ailleurs qu'on pourrait se passer, en vertu du principe d'évolution inhérent à la circonférence, de la considération des arcs négatifs, car en partant du point A je pourrai aboutir à un point quelconque de la circonférence sans changer le sens du mouvement. Si, en effet, au lieu de marcher à rebours à partir du point A par le chemin circulaire α, je marche directement à partir de ce même point sur le chemin circulaire $2\pi - \alpha$, j'arriverai au même point. Qu'on opère d'une manière ou d'une autre, il ne restera pas de confusion si l'on s'est bien fixé à l'avance sur le sens dans lequel il faudra appliquer dans chaque cas les cosinus sur la ligne de base, à partir de l'origine, et sur celui que devra recevoir le sinus perpendiculairement à cette ligne.

Il convient enfin de remarquer que si, au point de vue de l'origine, la position d'un sinus considéré isolément reste indécise, il n'en est pas ainsi dans l'expression $\cos\alpha + \sqrt{-1}\,\sin\alpha$, parce que d'après cette expression la distance du sinus à l'origine est toujours indiquée et précisée par la grandeur de $\cos\alpha$. La représentation des directions ne saurait donc offrir ni indécision ni difficulté.

On ne perdra pas de vue que si l'arc par sa marche circulaire est propre à fixer la position des directions, ce n'est pas au moyen de l'arc lui-même, mais au moyen des fonctions rectilignes de cet arc que l'on procède à la représentation algébrique des directions; mais parce que le cosinus et le sinus de α, ajoutés l'un à l'autre perpendiculairement, nous conduisent à l'extrémité de l'arc α, il ne faudrait pas croire que de ce qu'on aboutit également à cette extrémité en suivant d'abord le chemin 1 sur la ligne de base et lui ajoutant l'arc α, la direction peut être représentée dans le calcul par

$1+\alpha$; car α ne représente qu'une grandeur en algèbre, tandis qu'en géométrie nous ne pouvons pas nous dispenser de voir dans α un chemin circulaire et par conséquent dirigé. Il n'y aurait donc pas équivalence entre les deux ordres de considération. Mais si nous tenons compte pour α de la propriété complexe qu'il possède d'exprimer une longueur dirigée, ou pour mieux dire une somme de longueurs dirigées, nous serons parfaitement autorisé à dire que la direction répondant à l'extrémité de α pourra être représentée par l'expression $1+\alpha$ *dirigé;* cette représentation sera tout aussi légitime que la précédente, sauf à rechercher ce que devra être en algèbre α *dirigé.*

Or la chose est facile, et l'on va voir que nous serons ainsi ramenés à l'expression précédente.

Il faut concevoir en effet que l'arc se compose d'une succession d'éléments linéaires qui changent à tout instant de direction. Ce sont ces divers éléments dirigés, qui, ajoutés depuis le point A jusqu'à l'extrémité de α, représentent ce que nous appelons α dirigé.

Cela posé, lorsque dans le mouvement de progression qui s'exécute à partir de A, nous aurons décrit un arc quelconque x, l'élément linéaire de l'arc étant représenté par dx, sa direction sera celle de la tangente à la circonférence à l'extrémité de x, c'est-à-dire une direction *perpendiculaire* à celle du rayon aboutissant à l'extrémité de x, et qui sera par conséquent exprimée par

$$\sqrt{-1}\,(\cos x + \sqrt{-1}\,\sin x_{/};$$

l'élément dirigé aura donc pour valeur

$$\sqrt{-1}\,(\cos x + \sqrt{-1}\,\sin x)\,dx,$$

et la somme de tous ces éléments depuis $x=0$ jusqu'à $x=\alpha$ sera α dirigé. On aura par conséquent

$$\alpha \text{ dirigé} = \int_{0}^{\alpha} \sqrt{-1}\,(\cos x + \sqrt{-1}\,\sin x)\,dx,$$

et nous pourrons écrire que la direction cherchée sera représentée par

$$1 + \int_0^\alpha \sqrt{-1} \, (\cos x + \sqrt{-1} \, \sin x) \; dx,$$

de telle sorte que pour qu'il y ait accord entre les vues dont nous présentons ici l'exposé et les principes reconnus en algèbre, il faudra que l'équation

$$\cos \alpha + \sqrt{-1} \, \sin \alpha = 1 + \int_0^\alpha \sqrt{-1} \, (\cos x + \sqrt{-1} \, \sin x) \; dx$$

se vérifie. Or l'exactitude de ce résultat est facile à reconnaître, et il en résulte un nouveau contrôle de la légitimité de nos conceptions. Nous n'insisterons pas davantage sur ces aperçus, qui ne sont pas sans intérêt et qui pourront être développés plus tard. Nous nous bornerons pour le moment à faire remarquer combien ils seront propres, appliqués à une courbe quelconque, à donner la connaissance immédiate d'un grand nombre d'intégrales définies.

IV

Nous allons maintenant traiter une série de questions qui auront moins pour objet les solutions qui les concernent, et qui sont bien connues, que l'indication du procédé à suivre dans ces sortes de recherches. A cet effet, nous nous attacherons peu au développement des calculs dont les formules obtenues seront susceptibles; ce sont là des détails dont la pratique est usuelle; mais nous insisterons sur la marche à suivre pour effectuer la transformation algébrique des formes de la géométrie, suivant les principes ci-dessus exposés au sujet des longueurs dirigées. La plupart des figures dont nous parlerons étant très-simples, nous nous dispenserons de les tracer; le lecteur pourra facilement les reproduire à l'aide des définitions qui en sont données. Entrons maintenant en matière, et commençons par des questions dans lesquelles il ne s'agira que de lignes droites.

Faire passer une droite par deux points.

Il s'agit de connaître : 1° la distance x à laquelle la droite en question coupe la ligne de base à partir de l'origine; 2° l'angle θ qu'elle fait avec la ligne de base. Son expression sera ainsi

$$x + \rho(\cos\theta + \sqrt{-1}\,\sin\theta),$$

ρ étant une longueur quelconque comptée sur la droite cherchée à partir de l'extrémité de x.

Les deux points donnés auront pour expression l'un $r(\cos\varphi + \sqrt{-1}\,\sin\varphi)$, l'autre $r'(\cos\varphi' + \sqrt{-1}\,\sin\varphi')$, r et r' étant leurs distances respectives de l'origine, φ et φ' les angles que font les directions de ces distances avec la ligne de base.

Si l'on appelle y et y' les valeurs de ρ pour les deux points, on devra avoir

$$(1) \qquad x + y(\cos\theta + \sqrt{-1}\,\sin\theta) = r(\cos\varphi + \sqrt{-1}\,\sin\varphi),$$
$$x + y'(\cos\theta + \sqrt{-1}\,\sin\theta) = r'(\cos\varphi' + \sqrt{-1}\,\sin\varphi').$$

Soustrayant, on a

$$(y - y')(\cos\theta + \sqrt{-1}\,\sin\theta)$$
$$= r(\cos\varphi + \sqrt{-1}\,\sin\varphi) - r'(\cos\varphi' + \sqrt{-1}\,\sin\varphi'),$$

d'où l'on déduit

$$(y - y')\cos\theta = r\cos\varphi - r'\cos\varphi',$$
$$(y - y')\sin\theta = r\sin\varphi - r'\sin\varphi';$$

prenant la somme des carrés, il vient

$$(y - y')^2 = r^2 + r'^2 - 2rr'(\cos\varphi\cos\varphi' + \sin\varphi\sin\varphi'),$$

d'où

$$y - y' = \sqrt{r^2 + r'^2 - 2rr'\cos(\varphi - \varphi')},$$

par conséquent

$$\cos\theta = \frac{r\cos\varphi - r'\cos\varphi'}{y - y'} = \frac{r\cos\varphi - r'\cos\varphi'}{\sqrt{r^2 + r'^2 - 2rr'\cos(\varphi - \varphi')}},$$

$$\sin\theta = \frac{r\sin\varphi - r'\sin\varphi'}{y - y'} = \frac{r\sin\varphi - r'\sin\varphi'}{\sqrt{r^2 + r'^2 - 2rr'\cos(\varphi - \varphi')}},$$

La direction de la droite est donc connue.

Reste à trouver x. Or de la première des équations (1) on tire

$$x + y \cos \theta = r \cos \varphi,$$
$$y \sin \theta = r \sin \varphi,$$

et de celles-ci l'on déduit

$$y = r \frac{\sin \varphi}{\sin \theta}, \quad x = r \left(\cos \varphi - \frac{\sin \varphi}{\tan \theta} \right);$$

puis, substituant dans cette dernière les valeurs ci-dessus de $\sin \theta$ et de $\cos \theta$, on a définitivement

$$x = \frac{rr' \sin (\varphi - \varphi')}{r \sin \varphi - r' \sin \varphi'};$$

l'expression de la droite sera donc

$$\frac{rr' \sin (\varphi - \varphi')}{r \sin \varphi - r' \sin \varphi'} + \rho \left(\frac{r \cos \varphi - r' \cos \varphi'}{\sqrt{r^2 + r'^2 - 2rr' \cos (\varphi - \varphi')}} \right.$$
$$\left. + \frac{r \sin \varphi - r' \sin \varphi'}{\sqrt{r^2 + r'^2 - 2rr' \cos (\varphi - \varphi')}} \sqrt{-1} \right).$$

Si l'angle φ est égal à l'angle φ' les deux points sont sur une même droite passant par l'origine qui sera précisément la droite cherchée.

En effet, dans ce cas, la valeur de x est nulle à cause de $\sin (\varphi - \varphi') = 0$, le radical devient $r - r'$ et les numérateurs des fractions qui multiplient ρ étant égaux à $(r - r') \cos \varphi$, $(r - r) \sin \varphi$, l'expression ci-dessus se réduit à

$$\rho (\cos \varphi + \sqrt{-1} \sin \varphi).$$

Si les deux projections de r et de r' sur la ligne de base sont égales, la droite cherchée sera une perpendiculaire à cette ligne ; l'expression devra donc être

$$r \cos \varphi + \rho \sqrt{-1}, \quad \text{ou} \quad r' \cos \varphi' + \rho \sqrt{-1}.$$

En effet, puisque $r \cos \varphi = r' \cos \varphi'$, le premier des termes que multiplie ρ sera nul ; en outre cette dernière condition donne $r' = r \dfrac{\cos \varphi}{\cos \varphi'}$,

d'où

$$r \sin \varphi - r' \sin \varphi' = r \left(\sin \varphi - \frac{\cos \varphi \sin \varphi'}{\cos \varphi'} \right)$$
$$= r \frac{\sin (\varphi - \varphi')}{\cos \varphi'}.$$

Substituant dans la valeur de x, elle se réduit à

$$r' \cos \varphi' \quad \text{ou} \quad r \cos \varphi.$$

Voyons enfin si la fraction qui multiplie $\rho \sqrt{-1}$ est égale à l'unité ; or, si on l'élève au carré et qu'on ajoute au numérateur la quantité nulle $(r \cos \varphi - r' \cos \varphi')^2$, le numérateur deviendra précisément égal au dénominateur, de sorte que la fraction a en effet pour valeur l'unité.

Si l'on prenait pour ligne de base la droite qui joint l'origine au point r', l'angle φ' serait nul et l'expression de la droite deviendrait

$$r' + \rho \left(\frac{r \cos \varphi - r'}{\sqrt{r^2 + r'^2 - 2rr' \cos \varphi}} + \frac{r \sin \varphi}{\sqrt{r^2 + r'^2 - 2rr' \cos \varphi}} \sqrt{-1} \right).$$

Intersection de deux droites.

Soient deux droites faisant avec la ligne de base des angles θ et θ', coupant celle-ci à des distances a et a' de l'origine, et dont on demande de déterminer le point d'intersection. Si r et r' sont les distances qui, sur chaque droite, séparent respectivement ce point des extrémités de a et de a', il faudra que le chemin dirigé

$$a + r \cos (\theta + \sqrt{-1} \sin \theta)$$

en suivant l'une d'elles soit égal au chemin dirigé

$$a' + r' (\cos \theta' + \sqrt{-1} \sin \theta')$$

en suivant l'autre ; d'où l'on déduira immédiatement

$$a + r \cos \theta = a' + r' \cos \theta',$$
$$r \sin \theta = r' \sin \theta' ;$$

en effectuant les calculs, on trouvera les valeurs suivantes de r et de r' :

$$r = \frac{(a - a')\sin\theta'}{\sin(\theta - \theta')}, \quad r' = \frac{(a - a')\sin\theta}{\sin(\theta - \theta')}.$$

Dans le cas où, les deux droites étant parallèles, θ est égal à θ', la différence $\theta - \theta'$ devient nulle ; et par suite, ainsi que cela doit être, les valeurs de r et de r' sont infinies.

D'un point donné abaisser une perpendiculaire sur une droite donnée.

Supposons en second lieu que d'un point donné M on veut abaisser une perpendiculaire sur une droite.

Si nous joignons le point en question avec l'origine au moyen d'une droite dont la longueur est r et qui fait un angle φ avec la ligne de base l'expression $r(\cos\varphi + \sqrt{-1}\sin\varphi)$ représentera le point en question ; si d'un autre côté la droite donnée coupe la ligne de base à une distance a de l'origine et fait avec elle un angle θ, un point quelconque de cette droite aura pour expression

$$a + x(\cos\theta + \sqrt{-1}\sin\theta),$$

x représentant la distance de ce point à l'extrémité de a.

Cela posé soit P le pied de la perpendiculaire et appelons y la longueur MP ; si x se rapporte au point P il faudra que le chemin dirigé

$$a + x(\cos\theta + \sqrt{-1}\sin\theta),$$

soit égal au chemin dirigé OM + PM. Or, OM dirigé est égal à $r(\cos\varphi + \sqrt{-1}\sin\varphi)$; quant à PM, comme elle est perpendiculaire à la droite, sa direction sera celle de la droite même multipliée par $\sqrt{-1}$; on aura donc

$$(OM + PM) \text{ dirigé} = r(\cos\varphi + \sqrt{-1}\sin\varphi) + y\sqrt{-1}(\cos\theta + \sqrt{-1}\sin\theta);$$

égalant cette expression à la précédente on en déduira deux conditions à l'aide desquelles on obtiendra les valeurs de x et de y.

On simplifierait notablement le calcul en prenant OM pour ligne de base ; dans ce cas l'angle φ est nul, et l'équation à résoudre sera

$$a + x \left(\cos\theta + \sqrt{-1}\,\sin\theta\right) = r + y\sqrt{-1}\,\left(\cos\theta + \sqrt{-1}\,\sin\theta\right).$$

Contours polygonaux.

Considérons maintenant un polygone fermé dont les côtés successifs sont a_1, a_2, a_3, a_4,..., a_{n-1}, a_n. Supposons que l'angle de a_1 avec a_n est θ_1, celui de a_2 avec a_1 est θ_2, celui de a_3 avec a_2 est θ_3, et ainsi de suite jusqu'à l'angle de a_n avec a_{n-1} qui sera θ_n ; de sorte que $\theta_1, \theta_2, \theta_3,\ldots, \theta_n$ sont les angles extérieurs du polygone ; il suit de là que l'angle que fera un côté quelconque a_g avec a_n sera $\theta_1 + \theta_2 +\ldots+ \theta_g$.

Cela posé, prenons pour origine le sommet déterminé par la rencontre des côtés a_{n-1} et a_n, et pour ligne de base la direction du côté a_n. Il s'ensuit que, ce dernier côté se confondant avec la ligne de base, la somme $\theta_1 + \theta_2 + \theta_3 +\ldots+ \theta_n$ sera égale à 2π ; la somme des angles extérieurs vaut donc quatre angles droits.

Si l'on ajoute les côtés dirigés a_n, a_1, a_2, a_3,..., a_{n-1}, on retombe sur l'origine ; cette somme doit donc être égale à zéro, ce qui donne :

$$0 = \left\{ \begin{aligned} &a_n + a_1 && \left[\cos\theta_1 + \sqrt{-1}\,\sin\theta\right], \\ &\quad + a_2 && \left[\cos(\theta_1 + \theta_2) + \sqrt{-1}\,\sin(\theta_1 + \theta_2)\right], \\ &\quad + a_3 && \left[\cos(\theta_1 + \theta_2 + \theta_3) + \sqrt{-1}\,\sin(\theta_1 + \theta_2 + \theta_3)\right] \\ &\quad \cdots\cdots\cdots\cdots\cdots\cdots\cdots \\ &\quad + a_{n-1} \left[\cos(\theta_1 + \theta_2 + \theta_3 +\ldots+ \theta_{n-1}) \right. \\ &\qquad\qquad \left. + \sqrt{-1}\,\sin(\theta_1 + \theta_2 + \theta_3 +\ldots+ \theta_{n-1})\right]; \end{aligned} \right.$$

d'où on déduit

$$a_1\cos\theta_1 + a_2\cos(\theta_1 + \theta_2) +\ldots+ a_{n-1}\cos(\theta_1 + \theta_2 +\ldots+ \theta_{n-1}) = -a_n,$$

c'est-à-dire que la somme des projections des côtés d'un polygone sur un d'entre eux est égale à ce côté pris en signe contraire.

On a d'autre part

$$a_1 \sin\theta_1 + a_2 \sin(\theta_1 + \theta_2) + \ldots + a_{n-1} \sin(\theta_1 + \theta_2 + \ldots + \theta_{n-1}) = 0,$$

c'est-à-dire que la somme des projections des côtés sur une droite perpendiculaire à l'un d'eux est égale à zéro.

Enfin si, au lieu de prendre pour ligne de base un des côtés, on prend une droite quelconque faisant avec ce côté un angle φ, toutes les directions précédentes rapportées à la nouvelle base devront être multipliées par $\cos\varphi + \sqrt{-1}\sin\varphi$. Or cela n'empêche pas la somme des côtés dirigés d'être nulle, et on conclura de là que la somme des projections de ces côtés sur une droite quelconque est nulle.

On voit avec quelle facilité toute la théorie des polygones se déduit de la considération des longueurs dirigées.

Nous pensons que ces exemples sont suffisants pour donner une idée de la marche à suivre dans toutes les circonstances géométriques où ne figurent que des lignes droites ; toutefois, avant de passer à un autre sujet, nous ferons remarquer que, dans les calculs des longueurs dirigées comme dans tous ceux qu'on fait en algèbre, il peut et doit se présenter des cas d'impossibilité ; or on conçoit facilement que cette circonstance sera révélée par la manifestation d'une valeur de $\cos\theta$ qui sera supérieure à l'unité ; cela prouvera que les longueurs dont on pourrait avoir à faire usage ne sont susceptibles d'être portées sur aucune direction et que par conséquent la géométrie est impuissante à réaliser les conditions imposées par l'énoncé. Nous nous bornons ici à cette simple indication, nous proposant de donner à ce sujet tout le développement qu'il mérite.

V.

Il n'est pas sans intérêt de donner ici la traduction de quelques formules trigonométriques qui se produisent dans le domaine abstrait, mais dont la signification concrète a été ignorée jusqu'à ce jour. Si l'on considère les deux expressions

$$(\cos\alpha + \sqrt{-1}\sin\alpha)^n \quad \text{et} \quad (\cos\alpha - \sqrt{-1}\sin\alpha)^n,$$

on sait que, si on les ajoute, leur somme sera $2\cos n\alpha$ et que leur différence sera $2\sqrt{-1}\sin n\alpha$; en abstrait cela résulte de la propriété démontrée par Moivre que la première est égale à

$$\cos n\alpha + \sqrt{-1}\sin n\alpha,$$

et la seconde à

$$\cos n\alpha - \sqrt{-1}\sin n\alpha.$$

Ce sont donc là deux conséquences qu'il faut accepter, mais auxquelles jusqu'à présent nous ne pouvons attribuer qu'une portée théorique : or il est facile d'en avoir la représentation physique en concret.

Disons d'abord que toute expression de la forme

$$\cos \alpha + \sqrt{-1}\sin \alpha,$$

qui représente la direction déterminée par l'angle α, peut toujours être considérée comme une longueur dirigée dans laquelle le continu a pour valeur l'unité linéaire, et c'est dans ce sens qu'il faut toujours entendre les additions et soustractions de ces formes, opérations qui, d'après ce que nous avons expliqué, ne seraient pas concevables si l'on ne faisait pas ainsi intervenir la considération des longueurs avec celle des directions. Cela posé,

$$(\cos \alpha + \sqrt{-1}\sin \alpha)^n$$

est la direction à laquelle on parvient après avoir répété n fois l'angle α, elle a donc aussi pour représentant

$$\cos n\alpha + \sqrt{-1}\sin n\alpha.$$

D'un autre côté

$$(\cos \alpha - \sqrt{-1}\sin \alpha)^n$$

est la direction à laquelle on parvient après avoir répété, mais en dessous de la ligne de base, n fois l'angle α; cette direction sera donc aussi représentée par

$$\cos n\alpha - \sqrt{-1}\sin n\alpha.$$

J'appellerai ces deux directions l'une OA, l'autre OA'; les longueurs OA et OA' étant égales entre elles et à l'unité linéaire, elles seront évidemment symétriques par rapport à la ligne de base.

Or l'addition de ces deux longueurs dirigées se fera en menant par le point A à la suite de OA une longueur égale et parallèle à OA′. A cause de la symétrie, le point A′ viendra tomber en un point A″ de la ligne de base, et on formera ainsi un triangle isocèle OAA″, dont la base OA″ sera évidemment le double de $\cos n\alpha$.

Si maintenant, conformément à la seconde formule, on veut retrancher OA′ de OA, il faudra par le point A mener à la suite de OA une longueur égale et parallèle à OA′, mais, à cause de la soustraction, la prendre en sens inverse de la précédente; et parce que tout est encore ici symétrique, le point A′ viendra tomber en un point A‴ de la perpendiculaire à la ligne de base menée par l'origine, de sorte que l'on formera ainsi un triangle isocèle OAA‴, dans lequel la base sera évidemment le double de $\sin n\alpha$; et parce que d'ailleurs la base de ce triangle est perpendiculaire à la direction primitive, le résultat de l'opération, tant en longueur qu'en direction, sera

$$2\sqrt{-1}\,\sin n\alpha.$$

On voit donc combien sont simples les figures de géométrie à l'aide desquelles se fait la traduction de ces formules.

VI

Par un point donné mener une tangente à une circonférence donnée.

Passons maintenant à ce qui concerne les circonférences. Une circonférence de rayon r étant donnée, supposons que son centre est à un point C, déterminé par l'expression

$$a\,(\cos\varphi + \sqrt{-1}\,\sin\varphi).$$

Un point quelconque de cette circonférence sera représenté par

$$a\,(\cos\varphi + \sqrt{-1}\,\sin\varphi) + r\,(\cos\theta + \sqrt{-1}\,\sin\theta),$$

18

θ désignant l'angle que fait le rayon r avec la ligne de base. Supposons que par un point A, défini par

$$a' (\cos \varphi' + \sqrt{-1} \, \sin \varphi'),$$

on veut lui mener une tangente; si l'on désigne par T le point de contact, il faudra que le chemin dirigé OC+CT soit égal au chemin dirigé OA+AT. Nous savons ce qu'est le premier; quant au second, la partie OA est connue, elle est égale à

$$a' (\cos \varphi' + \sqrt{-1} \, \sin \varphi');$$

il ne reste qu'à déterminer AT. Or si $\cos \theta + \sqrt{-1} \, \sin \theta$ est la direction du rayon mené au point de contact, comme la tangente est perpendiculaire à ce rayon, sa direction sera

$$\sqrt{-1} \, (\cos \theta + \sqrt{-1} \, \sin \theta)$$

et l'on devra avoir

$$a \, (\cos \varphi + \sqrt{-1} \, \sin \varphi) + r \, (\cos \theta + \sqrt{-1} \, \sin \theta)$$
$$= a' (\cos \varphi' + \sqrt{-1} \, \sin \varphi') + AT \sqrt{-1} \, (\cos \theta + \sqrt{-1} \, \sin \theta);$$

on déduira de là les valeurs de θ et de AT, en égalant séparément le réel au réel et l'imaginaire à l'imaginaire.

Nous avons supposé que les positions des points C et A sont quelconques relativement à l'origine et à la ligne de base, afin de faire voir comment s'établissent pour le calcul les combinaisons des longueurs dirigées. Mais, cela une fois indiqué, on peut beaucoup simplifier la solution en prenant C pour origine et la droite CA pour ligne de base. Dans ce cas, la longueur a et les angles φ et φ' étant nuls, et a' désignant la distance CA, on a simplement

$$(r - AT \sqrt{-1}) \, (\cos \theta + \sqrt{-1} \, \sin \theta) = a';$$

d'où on déduira

$$\cos \theta = \frac{r}{a'}, \quad AT = a' \sin \theta.$$

Intersection de deux circonférences.

Cherchons maintenant l'intersection de deux circonférences dont les rayons sont r et r', et dont les centres placés en c et c' sont situés à des distances a et a' de l'origine qui font respectivement avec la ligne de base des angles φ et φ'.

Le centre c sera représenté par une expression de la forme

$$a\,(\cos\varphi + \sqrt{-1}\,\sin\varphi).$$

De sorte qu'un point quelconque de la première circonférence aura pour représentation

$$a\,(\cos\varphi + \sqrt{-1}\,\sin\varphi) + r\,(\cos\theta + \sqrt{-1}\,\sin\theta),$$

et un point quelconque de la seconde

$$a'\,(\cos\varphi' + \sqrt{-1}\,\sin\varphi') + r'\,(\cos\theta' + \sqrt{-1}\,\sin\theta'),$$

les angles θ et θ' étant variables à volonté.

Si l'on veut maintenant obtenir les points communs aux deux circonférences, on écrira que ces deux expressions sont égales, et de cette relation on déduira pour les parties réelles

$$a\cos\varphi + r\cos\theta = a'\cos\varphi' + r'\cos\theta',$$

et pour les parties imaginaires

$$a\sin\varphi + r\sin\theta = a'\sin\varphi' + r'\sin\theta'.$$

Au moyen de ces deux conditions on obtiendra les valeurs de θ et θ'. Tel est le procédé général pour résoudre la question.

Mais tout cela se simplifie beaucoup si l'on prend pour ligne de base la ligne des centres et l'un des centres c pour origine, on a alors

$$a = o, \quad \varphi = o, \quad \varphi' = o,$$

et a' devient la distance des centres; les conditions se réduisent ainsi à

$$r\cos\theta = a' + r'\cos\theta', \quad r\sin\theta = r'\sin\theta'.$$

Prenant la somme des carrés, on a

$$\cos\theta' = \frac{r^2 - r'^2 - a'^2}{2a'r'}.$$

Si au lieu de la valeur de θ' on avait voulu celle de θ, avant de faire la somme des carrés, on aurait fait passer a' dans le premier membre de la première équation, et on aurait eu

$$\cos\theta = \frac{a'^2 + r^2 - r'^2}{2a'r}.$$

On remarquera d'ailleurs que les cosinus de θ et θ' correspondent chacun à deux angles égaux placés l'un au-dessus, l'autre au-dessous de la ligne de base, de sorte qu'il y a deux points de concours symétriquement situés par rapport à la ligne des centres.

Tangente commune à deux circonférences.

Proposons-nous de résoudre le problème qui consiste à mener une tangente commune à deux circonférences, dont les rayons sont r et r', le rayon r étant le plus grand des deux, et dont les centres sont placés en c et c', à une distance d l'un de l'autre.

Appelons T et T' les points de contact. Prenons l'un d'eux T pour origine et la direction de la tangente commune pour ligne de base ; il faudra que le chemin dirigé $Tc + cc'$ soit égal au chemin dirigé $TT' + T'c'$.

Cela posé, θ étant l'angle que la ligne des centres fait avec la tangente du côté des deux circonférences, le supplément $\pi - \theta$ de cet angle sera celui qu'il faudra prendre pour sa direction, qui sera

$$\cos(\pi - \theta) + \sqrt{-1}\,\sin(\pi - \theta),$$

ou

$$-\cos\theta + \sqrt{-1}\,\sin\theta.$$

Mais comme, d'après la figure, on doit la considérer comme marchant à rebours de son sens naturel, il s'ensuit que, dans la question qui nous occupe, son chemin dirigé aura pour expression

$$d\,(\cos\theta-\sqrt{-1}\,\sin\theta);$$

d'un autre côté, si l'on remarque que les deux rayons sont perpendiculaires à cette dernière, l'équation du problème sera

$$r\sqrt{-1}+d\,(\cos\theta-\sqrt{-1}\,\sin\theta)=\mathrm{TT'}+r'\sqrt{-1};$$

on en déduit immédiatement

$$\mathrm{TT'}=d\cos\theta,\quad r-r'=d\sin\theta,$$

et l'on trouve

$$\mathrm{TT'}=\sqrt{d^2-(r-r')^2},\quad \sin\theta=\frac{r-r'}{d}.$$

La même construction pouvant évidemment s'exécuter des deux côtés de la ligne des centres, on voit que le problème a deux solutions.

Si la tangente était intérieure, les deux rayons au lieu d'avoir même direction auraient des directions inverses; il n'y aurait donc qu'à changer dans l'équation du problème le signe de $\sqrt{-1}$ pour l'un des rayons r ou r'; il en résulterait que la différence $r-r'$ se changerait en somme et l'on aurait

$$\mathrm{TT'}=\sqrt{d^2-(r'+r)^2},\quad \sin\theta=\pm\frac{r'+r}{d}$$

avec deux solutions, comme dans le cas précédent.

Circonférence passant par un point donné et tangente à une circonférence donnée.

Proposons-nous de faire passer par le point C une circonférence qui soit tangente à une autre circonférence, dont le centre est en O et dont le rayon est r.

Ce problème est susceptible d'une infinité de solutions.

Veut-on, par exemple, que le point de contact soit en T (*fig.* 1), on mènera la droite CT, puis le rayon TO. On élèvera à CT, par son milieu, une perpendiculaire PM, et le point M, où celle-ci rencontrera le rayon TO prolongé, sera le centre de la circonférence cherchée.

Fig. 1.

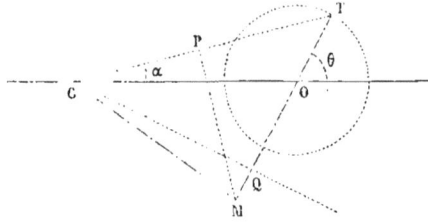

Appelons d la distance CO et prenons sa direction pour ligne de base, soit θ l'angle du rayon OT avec la ligne de base, désignons par ρ la distance CT, et par α l'angle de CT avec la ligne de base.

Les relations qui existent entre ces diverses quantités seront données par l'équation

$$d + r(\cos\theta + \sqrt{-1}\sin\theta) = \rho(\cos\alpha + \sqrt{-1}\sin\alpha),$$

de laquelle on tire

$$d + r\cos\theta = \rho\cos\alpha, \quad r\sin\theta = \rho\sin\alpha.$$

On en déduit immédiatement

$$\cos\alpha = \frac{d + r\cos\theta}{\rho}, \quad \sin\alpha = \frac{r\sin\theta}{\rho},$$

puis, prenant la somme des carrés,

$$\rho^2 = d^2 + r^2 + 2dr\cos\theta.$$

Ainsi α et ρ seront connus en fonction des données r, d et θ, de sorte que tous les rapports à la considération desquels peut donner lieu la figure ci-dessus pourront être obtenus.

Veut-on, par exemple, le rayon MT? On remarquera que l'angle en T est égal à $\theta - \alpha$, et l'on aura

$$MT\cos(\theta - \alpha) = TP = \frac{\rho}{2}.$$

Or, pour avoir $\cos(\theta - \alpha)$, multiplions la valeur de $\cos\alpha$ par $\cos\theta$, celle de $\sin\alpha$ par $\sin\theta$ et ajoutons, il viendra

$$\cos(\theta - \alpha) = \frac{d\cos\theta + r}{\rho};$$

donc

$$MT = \frac{\rho^2}{2(d\cos\theta + r)},$$

et, remplaçant ρ^2 par sa valeur,

$$MT = \frac{d^2 + r^2 + 2dr\cos\theta}{2(d\cos\theta + r)}.$$

Certes, nous sommes loin de prétendre que les procédés ordinaires de la géométrie ne sont pas susceptibles de nous faire connaître quelques-uns des rapports résultant d'une figure donnée : par exemple, dans le cas actuel, si l'on abaisse du point C une perpendiculaire sur MT, on obtiendra un triangle rectangle CQT, qui sera semblable au triangle TMP, parce que l'angle aigu T est commun aux deux, on en déduit

$$TQ : CT :: PT : MT \quad \text{ou} \quad TQ : \rho :: \frac{\rho}{2} : MT,$$

mais

$$TQ = QO + r = d\cos\theta + r,$$

donc

$$MT = \frac{\rho^2}{2(d\cos\theta + r)},$$

ainsi que nous venons de le trouver.

Mais ce qu'on peut reprocher à ces procédés, c'est qu'ils ne sont la conséquence précise d'aucune règle, et qu'on peut quelquefois être longtemps à trouver les plus simples, qu'on peut même, après beaucoup d'efforts, ne rien trouver.

Or, à l'aide de la théorie des longueurs dirigées, cet inconvénient n'existe plus, parce que la figure géométrique même étant traduite en algèbre, on possède ainsi dans cette science une relation entre les données équivalentes à celle qui les unit en géométrie ; dès lors toutes les déterminations qu'il peut convenir de faire, soit directement sur ces données, soit sur leurs conséquences, ne sont plus qu'une affaire de calcul qu'on traitera avec plus ou moins d'habileté, mais qu'on sera toujours sûr de mener à bonne fin.

Cette théorie substitue ainsi des règles fixes pour toutes les circonstances à des procédés qu'il faut chercher dans chaque cas particulier et qu'on n'est pas sûr de trouver ; elle présente donc d'incontestables avantages.

Elle n'a pas d'ailleurs la prétention d'exclure les connaissances déjà acquises en géométrie et de vouloir que tout se fasse par elle seule. Tant que cela pourra être plus commode, on fera usage de ces connaissances, qui donneront souvent des moyens d'arriver plus rapidement. Mais on la tiendra en réserve pour des cas difficiles dans lesquels l'intuition de la marche à suivre ne se présentera pas immédiatement à l'esprit.

C'est même avec la combinaison de ces divers moyens qu'il faudra désormais poursuivre les recherches géométriques, utilisant ainsi ce qui est connu pour aller plus vite, et se servant de la nouvelle théorie pour déterminer l'inconnu par des procédés certains.

Circonférence tangente à deux autres.

Qu'il soit question, par exemple, de tracer une circonférence qui en touche deux autres dont les centres sont C et C′ et dont les rayons sont R et R′. Si je suppose le problème résolu et le centre et le rayon K trouvés, je remarquerai que, si du même centre, je décris une circonférence dont le rayon soit diminué du plus petit R′ des rayons donnés, cette circonférence passera par le centre C′ et sera tangente à une circonférence dont C serait le centre et dont le rayon serait R — R′. Il résulte de cette remarque que si, dans la figure précédente, je suppose que le rayon r est égal à R — R′, je n'aurai qu'à augmenter le rayon MT de R′ pour avoir la valeur de K. J'aurai ainsi immédiatement

$$K = MT + R' = \frac{d^2 + 2d\,(R - R')\cos\theta + (R - R')^2}{2\,[(R - R') + d\cos\theta)]} + R'$$

$$= \frac{d^2 + 2d\,R\cos\theta + R^2 - R'^2}{2[(R - R') + d\cos\theta]}.$$

L'on voit donc qu'il n'a pas été nécessaire de recourir à la considération de nouvelles longueurs dirigées.

Les problèmes que nous venons de traiter nous conduiront à des conséquences utiles pour traiter la question suivante.

Déterminer le lieu de la rencontre de deux tangentes de longueurs égales menées à deux circonférences.

On vient de voir qu'on peut d'une infinité de manières mener une circonférence tangente à deux circonférences données. Si aux points de contact T et T' (*fig. 2*) on mène des tangentes

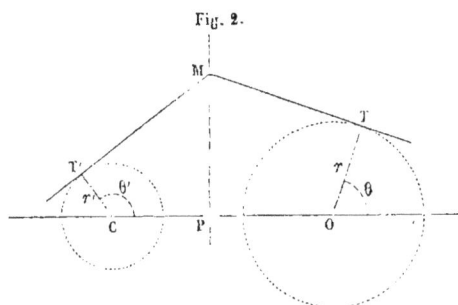

Fig. 2.

à cette circonférence commune et si M est le point de rencontre on aura MT = M'T'. Comme en outre ces lignes seront tangentes aux circonférences données, on voit qu'il y aura une infinité de couples de tangentes à celles-ci qui jouiront de la propriété que leurs longueurs comprises entre leur point d'intersection et les points de contact seront égales. Il s'agit de savoir sur quelle ligne se trouvent placés tous ces points d'intersection.

Soient C et O les centres des deux circonférences données, r' et r leurs rayons, appelons d la distance des centres dont nous prendrons la direction pour ligne de base, plaçons enfin l'origine au point C; désignons par θ et θ' les angles que font avec la ligne de base les rayons qui vont aux points de contact.

Il s'ensuit que la direction de OT sera

$$\cos\theta + \sqrt{-1}\,\sin\theta,$$

et celle de MT qui lui est perpendiculaire sera

$$\sqrt{-1}\,(\cos\theta + \sqrt{-1}\,\sin\theta),$$

on en dirait autant des directions respectives de CT′ et T′M.

Cela posé, il faudra que le chemin dirigé CO + OT + TM soit égal au chemin dirigé CT′ + T′M, puisque l'un et l'autre vont aboutir au point M en partant de l'origine. Cela donne la relation

$$d + (r + TM\sqrt{-1})\,(\cos\theta + \sqrt{-1}\,\sin\theta)$$
$$= (r' + TM\sqrt{-1})\,(\cos\theta' + \sqrt{-1}\,\sin\theta'),$$

d'où l'on tire

$$d + r\cos\theta - TM\sin\theta = r'\cos\theta' - TM\sin\theta',$$
$$r\sin\theta + TM\cos\theta = r'\sin\theta' + TM\cos\theta'.$$

Faisant la somme des carrés et opérant les réductions, il vient

$$d^2 + r^2 + 2d\,(r\cos\theta - TM\sin\theta) = r'^2,$$

d'où l'on déduit

$$TM\sin\theta - r\cos\theta = \frac{d^2 + r^2 - r'^2}{2\,d}.$$

Or, si du point M on abaisse sur CO la perpendiculaire MP, il est facile de reconnaître que TM sin θ et r cos θ sont les projections respectives de TM et de OT sur la ligne de base, et que leur différence est par conséquent égale à la distance OP. Mais, la valeur de cette différence étant indépendante de θ, il s'ensuit qu'elle sera la même pour tous les couples de tangentes égales, et que par conséquent le lieu cherché est la ligne MP. Cette ligne est ce qu'on appelle l'*axe radical des deux cercles*.

Nous ne nous arrêterons pas aux conséquences résultant de ces propriétés, pour la résolution du problème qui consiste à trouver une circonférence tangente à trois autres, car, nous le répétons, notre but n'est pas ici de courir après la recherche des propriétés géométriques ; les questions que nous avons traitées ont eu pour unique objet d'initier le lecteur dans la forme des procédés à suivre pour appliquer la nouvelle théorie aux spéculations de la science de l'étendue. Or nous pensons que ce que nous venons de dire, complété par des applications personnelles que chacun pourra entreprendre à son gré, sera très-suffisant pour rendre ces procédés familiers. Nous reviendrons d'ailleurs sur toutes ces choses lorsque nous nous occuperons de la représentation algébrique des courbes autres que les cercles, et lorsque, dans un écrit qui suivra celui-ci, nous apprendrons à construire géométriquement les racines des équations.

VII

Avant d'aller plus loin, il est nécessaire de présenter quelques explications sur une observation importante. Dans les calculs des longueurs dirigées, comme dans tous ceux qu'on fait en algèbre, il peut et il doit se rencontrer des cas d'impossibilité. Il est naturel de se demander comment ils se révéleront. Or on conçoit facilement que l'existence d'une longueur deviendra impossible lorsqu'il nous sera interdit de la placer sur aucune direction, et il en sera évidemment ainsi toutes les fois que le cosinus ou le sinus de la direction qui concerne cette longueur seront plus grands que l'unité positive ou négative. Dans ce cas, cette direction n'étant pas réalisable, nous nous trouverons dans l'impossibilité d'opérer. Tel est le caractère algébrique au moyen duquel nous reconnaîtrons qu'il y a dans les données d'une question géométrique une contradiction. Soumettons cette idée au contrôle de quelques vérifications.

Nous avons vu que la construction d'un triangle dont l'un des côtés a part de l'origine et est situé sur la ligne de base, dont les deux autres côtés sont b et c, et qui a pour angles α, β, γ, se fera à l'aide des relations (voir page 262)

$$a - b\cos\gamma = c\cos\beta, \quad b\sin\gamma = c\sin\beta.$$

On déduit de ces deux équations, en faisant la somme de leurs carrés,

$$\cos\gamma = \frac{a^2 + b^2 - c^2}{2\,ab}:$$

tant que a est plus petit que $b+c$, cette valeur de $\cos\gamma$ est inférieure à l'unité, mais si a est plus grand que $b+c$, si on a $a = b + c + k$, elle devient

$$\frac{[b+(c+k)]^2 + b^2 - c^2}{2(b+c+k)b} = \frac{2b^2 + 2b(c+k) + 2ck + k^2}{2(b+c+k)b}$$
$$= 1 + \frac{2ck + k^2}{2(b+c+k)b},$$

et est par conséquent plus grande que 1.

Il en serait de même de $\cos\beta$, car, en vertu de la relation ci-dessus, on a

$$\cos\beta = \frac{a - b\cos\gamma}{c} = \frac{a^2 - b^2 + c^2}{2ac};$$

or, cette expression n'étant autre chose que celle de $\cos\gamma$ dans laquelle b remplace c et réciproquement, la conséquence sera la même que précédemment, puisque cette conséquence dépend d'une hypothèse faite sur $b+c$, qui est une fonction symétrique de b et de c.

Au reste si l'on considère l'équation primitive

$$a = b\cos\gamma + c\cos\beta,$$

on en déduit que nécessairement a doit être toujours moindre que $b+c$ pour que le problème soit possible, puisqu'il est assujetti à être égal à la somme de deux fractions de b et de c.

En second lieu, lorsque nous avons traité la question de l'intersection de deux circonférences de rayon r et r', nous avons trouvé que a étant la distance des centres, θ et θ' les angles que font avec la ligne de base les rayons qui vont à un point commun, on doit avoir (page 275)

$$r\cos\theta = a + r'\cos\theta',$$

d'où

$$a = r\cos\theta - r'\cos\theta';$$

mais si φ désigne l'angle supplémentaire de θ', on aura

$$\theta' = \pi - \varphi,$$

et par suite

$$\cos \theta' = -\cos \varphi \quad \text{et} \quad a = r \cos \theta + r' \cos \varphi;$$

d'où l'on voit que a étant égal à la somme de deux fractions de r et r' cessera d'être possible lorsque a sera plus grand que $r + r'$.

On déduit en effet de l'équation de condition primitive

$$\cos \theta = \frac{a^2 + r^2 - r'^2}{2\,ar},$$

équation en tout semblable à la précédente, sous la réserve que b et c sont remplacés par r et r' et qui donnera par suite une valeur du cosinus plus grande que l'unité lorsque $r + r'$ sera supérieur à a.

En troisième lieu, dans le problème où il a été question de mener par un point une tangente à la circonférence, nous avons trouvé que, si a' est la distance du point donné au centre et si θ est l'angle que fait avec la ligne du centre le rayon mené au point de contact, on a (page 274),

$$\cos \theta = \frac{r}{a'}.$$

Ce cosinus existera donc toujours tant que a' sera supérieur à r; mais il deviendra plus grand que l'unité et par conséquent impossible si a' est plus petit que r, et en effet la tangente ne peut être menée lorsque le point donné est intérieur au cercle.

Enfin lorsqu'il s'est agi de mener une tangente commune à deux circonférences de rayons r et r' et dont les centres sont à la distance d l'un de l'autre, nous avons trouvé que le sinus de l'angle θ que fait la tangente commune avec la ligne des centres a pour expression

$$\frac{r - r'}{d},$$

et qu'il devient par conséquent supérieur à l'unité dès l'instant que d est moindre que $r - r'$: c'est qu'en effet la petite circonférence étant alors située tout entière dans la grande une tangente commune ne peut plus exister.

VIII

Ces faits étant ainsi constatés, faisons-les suivre de quelques observations. Si l'on considère l'expression analytique relative à la construction du triangle a, b, c (voir n° II), expression qu'on peut mettre sous la forme

$$a = b\ (\cos\gamma - \sqrt{-1}\ \sin\gamma) + c\ (\cos\beta + \sqrt{-1}\ \sin\beta),$$

on voit qu'à un point de vue général on peut dire qu'elle exprime le problème qui consiste en ce que la somme des produits de b et de c, par deux facteurs, soit égale à la quantité a. Si l'on désigne ces facteurs par x et y, l'équation générale de ce problème, x et y étant quelconques, serait donc $a = bx + cy$. Mais supposer que x et y sont quelconques, c'est en fait leur attribuer la forme $p + q\sqrt{-1}$, $p' + q'\sqrt{-1}$, et l'on voit qu'on est ainsi conduit à une condition dans laquelle figurent quatre variables p, q, p', q', ce qui donne une grande généralité à la question. Dans le problème de la construction du triangle, les conditions sont plus restreintes, parce que nous nous imposons l'obligation de ne pas modifier dans b et dans c, qui doivent rester constants, ce qui s'applique à l'attribut de continuité : alors nous ne pouvons prendre dans $p + q\sqrt{-1}$, qui est la réunion des deux attributs, que ce qui se rapporte au directif, et de là vient la forme restreinte des facteurs qui, dans le problème en question, multiplient b et c. A la vérité, si l'on ne juge que sur l'apparence, l'on trouve dans le facteur $\cos\gamma \pm \sqrt{-1}\ \sin\gamma$ deux variables, mais en fait il n'y en a qu'une, parce qu'elles sont liées entre elles par la relation

$$\cos^2\gamma + \sin^2\gamma = 1.$$

Cela posé, parce que lorsque $\cos\gamma$ est plus grand que l'unité, il n'y a plus de direction possible, il faut que la forme $\cos\gamma + \sqrt{-1}\ \sin\gamma$, qui est celle des directions cesse d'exister, et que par conséquent $\sqrt{-1}$, qui est le cachet essentiel des directions, disparaisse ; d'où nous sommes conduit à admettre qu'il faudra que dans cette circonstance la valeur de sin γ devienne imaginaire; cette conséquence est d'ailleurs entièrement conforme aux principes développés dans la première partie, puisqu'en effet aucun sinus réel ne pouvant correspondre à un cosinus plus grand que l'unité, il est nécessaire que l'expression du sinus devienne imaginaire. Or, s'il en est ainsi, si l'on a

$$\sin\gamma = \pm\,\mu.\sqrt{-1}$$

en même temps que

$$\cos\gamma = 1+\varepsilon,$$

la forme ci-dessus deviendra

$$1+\varepsilon\pm\mu,$$

laquelle ne pourra jamais être une direction.

On remarquera en effet que si l'on voulait que la valeur $1+\varepsilon$ d'un cosinus appartînt à une direction, en vertu de la loi générale qui régit les directions, il faudrait que le sinus correspondant fût égal à

$$\pm\sqrt{1-(1+\varepsilon)^2},$$

d'où l'on déduit pour la valeur de ce sinus

$$\pm\sqrt{-2\varepsilon-\varepsilon^2}\quad\text{ou}\quad\pm\sqrt{2\varepsilon+\varepsilon^2}\,\sqrt{-1};$$

et cela prouve en effet, comme nous avions été conduit à l'admettre, que le sinus devient imaginaire. On voit que la valeur de ce que nous avons appelé $\pm\mu$ ci-dessus est $\pm\sqrt{2\varepsilon+\varepsilon^2}$, que par conséquent $1+\varepsilon\pm\mu$ devient

$$1+\varepsilon\pm\sqrt{2\varepsilon+\varepsilon^2}.$$

Mais cette expression étant réelle ne saurait être une direction qu'à la condition de prendre la valeur $+1$ ou -1. Or, il n'est pas possible que cette expression devienne $+1$ ou -1 sans que ε soit égal ou à 0 dans le premier cas, ou à -2 dans le second, et dès lors il ne serait plus vrai de dire que $1+\varepsilon$ est supérieur à l'unité positive ou négative.

Concluons donc de là que si un cosinus devient supérieur à l'unité, l'expression de la direction nous échappe, et que par conséquent la construction géométrique d'un triangle, c'est-à-dire d'une figure dans laquelle doivent figurer trois angles est impossible.

Toutefois, en dehors de cette spécialité de considérations géométriques, qui consiste en ce qu'il faut faire l'emploi exclusif de a, b, c, par voie de direction, ce qui correspond en algèbre à multiplier b et c par des facteurs de la forme

$$\cos \beta \pm \sqrt{-1} \sin \beta,$$

on conçoit qn'on peut à l'inverse se proposer d'employer b et c par voie de continuité exclusivement, ce qui reviendra à les multiplier par des facteurs réels, qui en feront des multiples entiers ou fractionnaires, dont la somme sera égale à a.

Or, la forme

$$\cos \alpha + \sqrt{-1} \sin \alpha$$

est également propre à l'un et à l'autre de ces usages, mais sous la réserve que dans un cas, celui du directif, $\cos \alpha$ et $\sin \alpha$ seront réels, que chacun sera moindre que l'unité, et qu'ils seront liés par la relation

$$\cos^2 \alpha + \sin^2 \alpha = 1,$$

que ce seront, en un mot, les sinus et les cosinus tels qu'ils sont définis dans la trigonométrie.

Dans le second cas, celui du continu, le cosinus sera seul réel et en même temps plus grand que l'unité; le sinus sera imaginaire, et ils seront liés par la relation, que la somme de leurs carrés sera égale à 1, de telle sorte que si l'on désigne par les symboles C_1 et $S_1 \sqrt{-1}$ ces sortes de cosinus et de sinus, on aura

$$C_1^2 + (S_1 \sqrt{-1})^2 = 1 \quad \text{ou} \quad C_1^2 - S_1^2 = 1.$$

Les quantités C_1 et $S_1 \sqrt{-1}$ ainsi définies jouissent, par rapport au réel, de propriétés importantes, analogues à celles dont les cosinus et sinus ordinaires jouissent par rapport à l'imaginaire, mais nous ne saurions en faire ici l'exposition sans nous écarter beaucoup de notre sujet. Bornons-nous à quelques sommaires indications.

Nous venons de voir que la forme

$$\cos \alpha \pm \sqrt{-1}\,\sin \alpha,$$

pour des cosinus et sinus trigonométriques, s'applique aux directions, et par ce motif on peut attribuer à ces rapports de la trigonométrie la désignation de cosinus et sinus *directifs*. Cette forme devient $C_1 \pm S_1$ lorsqu'on lui applique l'autre sorte de sinus et de cosinus, que nous appellerons sinus et cosinus *continus*. Aussi la loi générale de leurs relations respectives est-elle

$$(\cos \alpha + \sqrt{-1}\,\sin \alpha)(\cos \alpha - \sqrt{-1}\,\sin \alpha)=1$$

pour les premiers,

$$(C_1 - S_1)(C_1 + S_1)=1$$

pour les seconds.

Or, de même qu'il n'y a pas de direction qu'on ne puisse former au moyen de la forme $A \pm B\sqrt{-1}$, avec deux éléments $\cos \alpha$, $\sin \alpha$, satisfaisant à la condition $\cos^2\alpha + \sin^2\alpha = 1$, de même il n'y a pas de nombre réel qu'on ne puisse représenter à l'aide de cette forme avec deux éléments C_1 et $S_1\sqrt{-1}$ pour lesquels C_1 et S_1 satisfont à la condition $C_1^2 - S_1^2 = 1$. En effet, T étant un nombre réel quelconque, si nous prenons

$$C_1 \pm S = T,$$

nous aurons en remplaçant S_1 par sa valeur en fonction de C_1,

$$C_1 \pm \sqrt{C_1^2 - 1} = T,$$

valeur de T qui sera toujours réelle en vertu de l'hypothèse que C_1 est supérieur à l'unité. On déduit de là

$$\pm \sqrt{C_1^2 - 1} = T - C_1,$$

et en élevant au carré

$$C_1^2 - 1 = T^2 - 2C_1 T + C_1^2,$$

d'où

$$C_1 = \frac{T^2 + 1}{2T}.$$

19

Il est facile de voir que l'expression $\dfrac{T^2+1}{2T}$ est en effet la forme générale des valeurs qui ne peuvent descendre au-dessous de l'unité, quelle que soit la variation de T entre zéro et l'infini ; car soit $T = 1 \pm \varepsilon$, il viendra

$$C_1 = \frac{2 \pm 2\varepsilon + \varepsilon^2}{2(1 \pm \varepsilon)} = 1 + \frac{\varepsilon^2}{2(1 \pm \varepsilon)},$$

et comme pour les valeurs de T comprises entre zéro et l'infini, la plus petite valeur de ε est — 1 ; il s'ensuit que $\dfrac{\varepsilon^2}{2(1 \pm \varepsilon)}$ ne deviendra jamais négatif, et que par conséquent C_1 sera toujours supérieur à l'unité. On vérifiera facilement qu'avec cette valeur de C_1 le binôme $C_1 + S_1$ est en effet égal à T, tandis que $C_1 - S_1$ est égal à $\dfrac{1}{T}$, comme cela doit être, puisque le produit de ces binômes est l'unité entière ou fractionnaire ; et parce que T peut être quelconque, on voit qu'il n'y a pas de grandeur comprise entre zéro et l'infini qui ne puisse être réalisée par la forme $A \pm B \sqrt{-1}$, en lui appliquant, pour A et pour B, les sinus et cosinus tels que nous les avons définis.

Enfin par la combinaison des sinus et cosinus, soit directifs soit continus, on représentera avec cette forme une grandeur dirigée quelconque. En résumé l'expression $A \pm B \sqrt{-1}$, par une intervention convenable de l'opération $\sqrt{-1}$, est en algèbre celle de la génération universelle des grandeurs réelles ou imaginaires, de même que dans la science de l'étendue, on peut par la combinaison des longueurs avec l'angle droit, équivalent de $\sqrt{-1}$, reproduire tous les êtres géométriques.

Ces considérations sont susceptibles de nombreuses et fécondes applications, mais nous devons ici nous borner à l'indication générale du principe dont elles sont les dépendances, et nous allons revenir à l'objet principal de nos recherches.

IX.

Dans ce qui précède, nous nous sommes occupé des questions qui peuvent concerner la ligne droite et le cercle ; nous nous proposons maintenant de procéder à la recherche de la représentation algébrique des *courbes* dites *du second degré,* et nous commencerons par l'ellipse.

Cette courbe peut être définie par l'une de ses propriétés. Prenons à cet effet celle qui consiste en ce que la somme des distances d'un quelconque de ses points à deux points fixes est une quantité constante. Ces points fixes sont ce qu'on appelle les foyers de l'ellipse ; désignons-les par F et F', et appelons d la distance qui les sépare.

Prenons pour origine l'un des foyers F, et pour ligne de base la droite FF' : un point quelconque de l'ellipse étant désigné par P, menons les deux droites PF, PF', appelons r la longueur de la première, r' la longueur de la seconde, θ et θ' les angles qu'elles font avec la ligne de base ; il faudra que le chemin FP soit égal au chemin dirigé FF' + F'P ; de là résulte l'équation

$$r(\cos\theta + \sqrt{-1}\,\sin\theta) = d + r'(\cos\theta' + \sqrt{-1}\,\sin\theta').$$

Égalant de part et d'autre ce qui est réel et imaginaire, on aura les deux conditions

$$r\cos\theta = d + r'\cos\theta', \quad r\sin\theta = r'\sin\theta'.$$

Si l'on désigne par s la somme constante $r' + r$, on en concluera que $r' = s - r$, de sorte que les deux conditions ci-dessus prendront la forme

$$(s-r)\cos\theta' = r\cos\theta - d, \quad (s-r)\,\sin\theta' = r\sin\theta ;$$

aisant la somme des carrés, il vient

$$(s-r)^2 = r^2 - 2dr\cos\theta + d^2,$$

d'où l'on déduit

$$r = \frac{s^2 - d^2}{2(s - d\cos\theta)}.$$

Cette valeur fait connaître comment l'élément continu de la distance qui sépare un point quelconque P de l'ellipse de l'un de ses foyers varie avec l'élément directif variable θ de ce point; d'où il suit que l'expression algébrique de l'ellipse sera

$$\frac{s^2 - d^2}{2\,(s - d\,\cos\theta)}\,(\cos\theta + \sqrt{-1}\,\sin\theta).$$

A l'aide de cette expression on sera en mesure de connaître tout ce qui concerne l'ellipse.

Veut-on par exemple déterminer le point de la courbe situé à égale distance des deux foyers? Comme cette distance commune a évidemment pour valeur $\frac{s}{2}$ on devra avoir

$$\frac{s^2 - d^2}{2\,(s - d\,\cos\theta)} = \frac{s}{2};$$

d'où l'on déduit

$$\cos\theta = \frac{d}{s},$$

et par suite

$$\sin\theta = \frac{1}{s}\sqrt{s^2 - d^2}.$$

Ce point sera donc double puisque la valeur du sinus est susceptible du double signe $\pm$; l'expression du point cherché sera

$$\frac{s}{2}\left(\frac{d}{s} + \sqrt{-1}\,\frac{1}{s}\,\sqrt{s^2 - d^2}\right),$$

ou plus simplement

$$\frac{d}{2} + \sqrt{-1}\,\sqrt{s^2 - d^2}.$$

La projection de ce point sur la ligne de base tombe donc sur le milieu de la ligne des foyers.

Si plus généralement on demandait le point pour lequel la longueur du rayon vecteur est égale à $\frac{s}{m}$, on aurait

$$\frac{s^2 - d^2}{2\,(s - d\,\cos\theta)} = \frac{s}{m},$$

et on en déduirait

$$\cos\theta = \frac{md^2 - s^2\,(m - 2)}{2\,d\,s}.$$

Il est facile de déterminer les limites entre lesquelles sont comprises les valeurs possibles de m. En effet, la plus grande valeur du rayon correspond au cas où le dénominateur de la fraction qui le représente est le plus petit possible. Or cela arrive quand $\cos \theta = +1$ et la valeur du rayon est $\dfrac{s+d}{2}$.

Il suit de là que m ne pourra descendre au-dessous de la valeur donnée par l'équation

$$\frac{s+d}{2} = \frac{s}{m},$$

c'est-à-dire au-dessous de

$$\frac{2s}{s+d}.$$

D'un autre côté la moindre valeur de r s'obtient lorsque le dénominateur $(s - d \cos \theta)$ est le plus grand possible, c'est-à-dire lorsque

$$\cos \theta = -1.$$

Dans ce cas r est égal à

$$\frac{s-d}{2},$$

de sorte que m ne pourra être au-dessus de la valeur donnée par l'équation

$$\frac{s-d}{2} = \frac{s}{m},$$

c'est-à-dire au-dessus de

$$\frac{2s}{s-d}.$$

La condition de l'ellipse ne pouvant donc être satisfaite ni pour un rayon supérieur à $\dfrac{s+d}{2}$, ni pour un rayon inférieur à $\dfrac{s-d}{2}$, il faut, d'après ce que nous avons dit ci-dessus, qu'en dehors de ces limites nous trouvions pour θ un cosinus positivement ou négativement plus grand que l'unité.

En effet, de la relation qui lie θ à r on déduit

$$\cos \theta = \frac{s}{d} \quad \frac{s_2 - d^2}{2\,d\,r};$$

or, quand r est égal à $\dfrac{s+d}{2}$ la différence des deux termes qui forme la valeur du cosinus devient l'unité. Cette différence sera donc plus grande pour les valeurs de r supérieures à $\dfrac{s+d}{2}$.

On verrait de même que, pour les valeurs $\dfrac{s-d}{2}$ de r, la valeur de $\cos\theta$ est -1; de sorte qu'elle serait négativement plus grande que 1, si l'on faisait usage pour r d'une valeur inférieure à $\dfrac{s-d}{2}$.

Nous n'insisterons pas davantage en ce moment sur ce qui concerne les propriétés de l'ellipse qui sont toutes contenues dans son expression algébrique. Il sera facile au lecteur de déduire de cette expression telles conséquences qu'il jugera convenable ; d'ailleurs nous aurons occasion de revenir sur ce sujet dans les publications qui feront suite à celle-ci. Nous allons maintenant déterminer l'expression de l'hyperbole.

A cet effet, nous nous appuierons sur la propriété dont jouit cette courbe, que la différence des distances qui séparent un quelconque P de ses points de deux points fixes F et F', appelés *foyers*, est égale à une quantité constante t.

Si l'on désigne par d la longueur FF', si l'on place l'origine en F et si l'on prend la direction de FF' pour ligne de base, il faudra que le chemin dirigé $d+$F'P soit égal au chemin dirigé FP. Or si r est la longueur de FP et θ l'angle de sa direction, si r' et θ' sont les éléments correspondants de F'P, on devra avoir

$$d + r'\left(\cos\theta + \sqrt{-1}\sin\theta'\right) = r(\cos\theta + \sqrt{-1}\sin\theta)\,;$$

mais $r-r'$ étant égal à t, il s'ensuit que $r'=r-t$; par suite, l'expression ci-dessus devient

$$d + (r-t)\left(\cos\theta' + \sqrt{-1}\sin\theta'\right) = r\left(\cos\theta + \sqrt{-1}\sin\theta\right).$$

Égalant séparément le réel et l'imaginaire, on trouve

$$d - r\cos\theta = -(r-t)\cos\theta',$$
$$r\sin\theta = (r-t)\sin\theta',$$

équations qui donnent, en faisant la somme de leurs carrés,

$$d^2 - 2\,dr\cos\theta + r'^2 = r^2 - 2\,tr + t^2,$$

et par suite

$$r = \frac{d^2 - t^2}{2\,(d\cos\theta - t)}.$$

En conséquence l'expression algébrique de l'hyperbole sera

$$\frac{d^2 - t^2}{2\,(d\cos\theta - t)}\,(\cos\theta + \sqrt{-1}\sin\theta).$$

Au reste on aurait pu passer de l'expression de l'ellipse à celle de l'hyperbole en remarquant que la condition $r + r' = s$ pour la première étant remplacée par $r - r' = t$ pour la seconde, il en résulte entre s, r et t la relation $s = 2r - t$; le rayon vecteur de l'hyperbole s'obtiendra donc en substituant à s cette valeur dans celui de l'ellipse; il viendra ainsi

$$r = \frac{(2r - t)^2 - d^2}{2(2r - t - d\cos\theta)},$$

d'où l'on déduit

$$r = \frac{d^2 - t^2}{2\,(d\cos\theta - t)},$$

ainsi que nous venons de le trouver.

Passons enfin à ce qui concerne la parabole.

Nous définirons cette courbe par la propriété qu'elle possède que chacun de ses points P est également distant d'un point fixe F appelé *foyer* et d'une droite fixe appelée *directrice*.

Abaissons des points P et F sur la directrice des perpendiculaires dont les pieds respectifs seront M et O; prenons O pour origine, OF prolongé au delà du point F pour ligne de base, et appelons d la distance OF.

Il faudra que le chemin dirigé OM + MP soit égal au chemin dirigé OF + FP.

Si r est la distance de F au point P et θ l'angle qui détermine la direction de PF, le chemin dirigé OF + FP aura pour représentation algébrique

$$d + r\,(\cos\theta + \sqrt{-1}\sin\theta);$$

si l'on désigne OM par y et si l'on remarque que la longueur

MP d'après la définition est égale à r, le chemin dirigé OM+PM sera égal à $y \sqrt{-1} + r$; on aura donc

$$d + r (\cos\theta + \sqrt{-1}\,\sin\theta) = y\sqrt{-1} + r;$$

de là on tire

$$d + r\cos\theta = r \quad \text{et} \quad y = r\sin\theta\,;$$

de sorte qu'on aura

$$r = \frac{d}{1 - \cos\theta} \quad \text{et} \quad y = \frac{d\sin\theta}{1 - \cos\theta}.$$

L'expression algébrique de la parabole sera donc

$$\frac{d}{1 - \cos\theta}(\cos\theta + \sqrt{-1}\,\sin\theta).$$

Nous limiterons ici ce que nous avons à dire sur la combinaison de l'attribut de continuité avec celui de direction : non que le sujet soit épuisé, mais nous croyons que les applications dont nous avons présenté le développement, et les observations qui les ont suivies, sont suffisantes pour indiquer la voie à suivre dans ce genre de recherches et faire comprendre l'utilité qu'on peut retirer de ce nouveau mode d'investigations. Ces exercices de calcul sur la mise des problèmes en équation étaient un préambule nécessaire pour initier le lecteur à l'usage de formes et de procédés qui, une fois bien compris, facilitent singulièrement soit l'intelligence des fonctions diverses de l'algèbre, soit la recherche des propriétés de l'étendue.

Qu'il nous soit permis, en terminant, de rappeler que l'objet essentiel du présent ouvrage est un exposé des principes à l'aide desquels il nous a paru possible d'obtenir et la conception de la forme imaginaire et sa réglementation rationnelle dans les calculs.

Nous avons voulu surtout, en le publiant, combattre les idées de non-sens, de non-existence, de convention, de parasitisme inexpliqué et par conséquent répulsif qu'on attribue si généralement et si volontiers à cette forme.

Notre but a été d'établir que, loin d'être un non-sens, elle doit être *comprise* et acceptée comme une opération impossible.

Qu'elle n'est pas l'indice du néant de l'existence, mais seulement celui d'une entrave à certaines réalisations.

Qu'elle ne saurait être considérée comme une convention, non-seulement parce qu'on ne dit pas par qui, comment et pourquoi cette convention aurait été introduite dans la science, mais encore et surtout parce que c'est au contraire malgré nous et à la suite des raisonnements les mieux justifiés qu'elle intervient et s'impose dans les calculs.

Qu'enfin il n'est pas possible de voir en elle une superfluité inexplicable, alors qu'elle a pour mission de nous apprendre que ce que nous avons demandé à l'algèbre n'est pas, dans certains cas, exécutable par elle, et qu'en outre, par la forme même suivant laquelle l'algèbre nous fait connaître son refus de concours, nous sommes édifiés sur la nature et sur les causes des contradictions dans lesquelles est tombé notre esprit sans même en avoir conscience.

Retenons bien que les diverses formes opératives *entières*, dont se compose le domaine du réel, constituent la théorie de ce qui est toujours exécutable sur les quantités quelles qu'elles soient, sous la seule réserve qu'il sera bien établi au préalable que ces quantités sont tributaires de l'algèbre, et nous avons expliqué en quoi cela consiste.

Mais c'est pour ces formes seules qu'il faut réserver cette universalité d'exécution. Car si elles cessent d'être entières, si elles deviennent fractionnaires, et à plus forte raison radicales, tout en continuant de faire partie de ce qu'on est convenu d'appeler réel, elles ne seront pas moins prohibitives, dans certains cas, que peut l'être la forme imaginaire ; elles le seront seulement d'une autre manière qu'elle ; et cela se conçoit, car ne faut-il pas que la forme de l'impossibilité pratique soit toujours en concordance directe avec celle de l'impossibilité opérative qui la signale.

Si toutes les quantités dont s'occupe l'algèbre étaient identiques, si toutes avaient les mêmes propriétés que le nombre, la théorie de ce qui est réalisable serait une, sans distinction possible, tout aussi bien que celle de ce qui ne l'est pas.

Mais cette uniformité de constitution des quantités n'existe pas. Celles-ci n'ont pas été toutes jetées dans le même moule ; elles jouissent de propriétés plus ou moins étendues, plus ou moins diversifiées ; et cela suffit pour faire comprendre que là où la nature aura placé plus de facultés, il y aura nécessairement plus de possibilités et de réalisations.

C'est là une idée avec laquelle nous sommes parfaitement familiarisés pour le réel. Nous savons en effet que certaines divisions, certaines extractions de racines impraticables et inconcevables pour la pluralité proprement dite, qui ne peut procéder que par voie de répétition, se pratiquent et se conçoivent fort bien pour les quantités qui, avec la faculté de la répétition, possèdent celle de la continuité.

Avertis, par ces premiers faits d'expérience, que l'impossible pour certaines quantités peut quelquefois devenir compréhensible et praticable pour d'autres, n'est-il pas naturel que l'esprit humain se soit mis en quête de savoir si ce qui arrive pour quelques impossibilités n'arriverait pas aussi pour d'autres, pour celles en particulier qui revêtent en algèbre la forme $\sqrt{-1}$, et plus généralement celle $a + b\sqrt{-1}$.

C'est au développement de cette idée que nous avons consacré la deuxième partie de cet ouvrage, et, sans entrer ici dans des détails qui ne seraient qu'une répétition de ce qui a été longuement exposé, nous dirons substantiellement que c'est dans la considération des directions géométriques que cette conception a trouvé sa justification.

Nous avons établi en effet que $\sqrt{-1}$ est la représentation algébrique de la direction perpendiculaire ou de l'angle droit ; que $\cos\alpha + \sqrt{-1}\sin\alpha$ est la représentation algébrique de la direction déterminée par l'angle α ; qu'enfin $a + b\sqrt{-1}$ qui peut toujours se mettre sous la forme $r(\cos\alpha + \sqrt{-1}\sin\alpha)$ est la représentation algébrique de la longueur r dirigée suivant l'angle α. De sorte que, à l'aide de cette dernière expression, on obtient en analyse, par voie d'association sous forme de produits, l'équivalence exacte des deux éléments essentiels, toujours associés à leur tour en géométrie, la longueur et la direction. Inversement, il n'y a pas en algèbre un cas particulier de la forme imaginaire $a + b\sqrt{-1}$ dont la géométrie ne puisse nous donner une représentation matérielle, une image visible.

Enfin nous n'avons pas manqué de faire remarquer que, pour toutes les quantités qui jouiront comme les longueurs d'un attribut analogue à celui des directions, la forme imaginaire sera tout aussi acceptable, tout aussi compréhensible et applicable qu'elle l'est dans le domaine de la géométrie.

Cet exposé des doctrines essentielles sur lesquelles repose la théorie des formes imaginaires et de leur interprétation est le point de départ indispensable des recherches ultérieures auxquelles on voudra se livrer sur cette matière. Sans lui, nous ne posséderions que des notions vagues, fort incertaines, fausses peut-être sur cet important sujet; nous serions privés de boussole, ou, ce qui est plus fâcheux encore, nous serions mal dirigés et exposés à faire incessamment fausse route.

Mais une fois ces bases établies et bien comprises, il sera intéressant de les étudier dans leurs principales conséquences et de faire voir qu'elles ne se bornent pas à donner à l'esprit une satisfaction logique sur quelques points de doctrine incompris, mais qu'elles apportent dans la pratique de la science d'immenses ressources et qu'elles étendent le champ des applications dans une proportion inespérée.

C'est la voie dans laquelle nous allons entrer immédiatement après la publication du présent ouvrage.

Nous ferons voir successivement comment les notions acquises permettent de concevoir et de vaincre les difficultés qui, dans la résolution des équations, s'opposent à la construction de certaines racines même réelles, et comment elles permettent la représentation géométrique de celles qui sont imaginaires.

Nous dirons comment la forme imaginaire peut être utilisée pour la recherche des propriétés des nombres, même alors que ceux-ci doivent rester entiers. Comment cette forme, tout incomprise qu'elle a été jusqu'à présent, devient le type de la constitution de pareils nombres assujettis à satisfaire à certaines conditions d'élévation aux puissances, de divisions ou d'extractions de racines.

Nous procéderons à un examen plus complet des rapports principaux et accessoires qui lient la science de l'algèbre à celle de la géométrie, en attribuant aux variables indépendantes des fonctions, non-seulement des valeurs réelles, mais des valeurs imaginaires.

Nous nous expliquerons enfin sur les directions considérées dans l'espace, c'est-à-dire dans toute leur généralité. Nous ferons voir qu'il existe des ressources algébriques propres à représenter l'équivalence analytique de ces directions et à nous permettre d'explorer, avec les ressources du calcul, les propriétés les plus générales, les plus universelles de la science de l'étendue considérée dans ses trois dimensions.

Tel est le programme des principales questions que nous nous proposons de soumettre à l'appréciation des géomètres.

FIN.

TABLE DES MATIÈRES

PREMIÈRE PARTIE.

SOMMAIRE. — I. L'expression $\sqrt{-1}$, par ses origines et par ses effets, est certainement un être algébrique. — II. Fâcheuse influence du mot *imaginaire*. — III. $\sqrt{-1}$ est une opération impossible qui nous apprend que les
données d'une question sont contradictoires avec les propriétés du nombre
abstrait. — IV. Ces deux impossibilités sont nécessairement équivalentes,
de sorte que la forme algébrique de l'une nous révèle le comment et le pourquoi de nos contradictions. — V. Considérations générales sur la possibilité
de réaliser en concret, et, dans certains cas, ce qui n'est pas réalisable en
abstrait.

SOMMAIRE. — I. A quel point de vue nous entendons nous placer dans cette
discussion. — II. Le sens du mot *imaginaire* ne doit pas être étendu au
delà de l'impuissance où est l'algèbre d'exécuter une opération. — III. Mais
parce que cette opération est mathématiquement définie, son impossibilité
de réalisation actuelle ne s'oppose pas à la continuation des calculs. —
IV. Si l'imaginaire est un obstacle en lui-même, il ne l'est pas toujours
dans les usages qu'on en doit faire. — V. Généralisation des idées à cet
égard. — VI. Possibilité de concevoir et d'exécuter des opérations de calcul
sous les formes $A\sqrt{-1}$. — VII. Les propositions démontrées par le réel
ne doivent être appliquées à l'imaginaire que sous la réserve d'une discus-

CHAPITRE V.

SOMMAIRE. — I. La forme des racines de l'unité ne peut être que celle de l'imaginaire. — II. La théorie de ces racines a été acquise à la science du moment où l'on a reconnu que la multiplication de -1 par -1 donne $+1$ pour produit. — III. La considération de ces racines combinée avec celle de l'élévation aux puissances explique l'introduction de l'imaginaire dans les solutions. — IV. Les mêmes considérations rendent compte de la multiplicité du nombre des racines des équations et de celle de leurs formes. — V. Application au 3e degré. — VI. Application au 4e degré. — VII. Application au 5e degré. — VIII. Conséquences théoriques et pratiques de ces faits.

CHAPITRE VI.

SOMMAIRE. — I. Au point de vue purement abstrait, les études algébriques sembleraient ne devoir s'appliquer qu'à la pluralité. — II. Conception de la pluralité et du nombre. — III. Conséquences de cette conception pour l'interprétation des résultats algébriques abstraits. — IV. L'idée de nombre ne peut pas et ne doit pas être modifiée par ces résultats; c'est sur les opérations qui y figurent que doivent être reportées toutes les difficultés. — V. Inadmissibilité de l'hypothèse des nombres dits *isolés*. — VI. Cette hypothèse, créée au sujet de certaines impossibilités algébriques, serait une véritable interdiction pour l'intelligence des calculs. — VII. Pourquoi n'a-t-on pas créé des nombres isolés pour toutes les sortes d'impossibilités algébriques ? — VIII. Il ne saurait répugner à notre raison de considérer les nombres comme jouissant de la propriété d'être augmentatifs ou diminutifs; cette idée doit être substituée à celle du nombre positif ou négatif isolé. — IX. Conséquence qui en résulte pour l'addition et la soustraction des nombres négatifs et positifs. — X. Examen et critique de quelques idées émises sur ces nombres. — XI. De la règle dite des *signes* pour la multiplication; comment cette règle doit être entendue en théorie. — XII. Analogie entre cette règle et celle de la multiplication des nombres fractionnaires. — XIII. L'algèbre abstraite serait très-limitée si elle ne s'occupait que des questions possibles pour le nombre, même en y comprenant ce qui concerne les attributs augmentatifs ou diminutifs. — XIV. Extension des services que peut rendre l'algèbre par la conception qu'à l'abstraction qui supprimerait les attributs des quantités on substitue celle qui se borne a en supprimer toute désignation spéciale; l'algèbre devient ainsi la science universelle des rapports pour la pluralité, la mesure et l'ordre des choses.

DEUXIÈME PARTIE.

CHAPITRE VII.

SOMMAIRE. — I. Résumé des considérations développées dans la première partie. — II. Conséquences relatives à l'imaginarité. — III. L'étude de ce qui est impossible pour le nombre n'est pas moins utile que celle de ce qui est possible, et conduit à la généralisation de l'algèbre. — IV. Définition de la quantité. Les seules quantités pour lesquelles nous avons la conception de l'égalité sont susceptibles d'être algébriquement étudiées. — V. De la constatation de l'égalité entre deux quantités de même espèce. — VI De la représentation algébrique des quantités. — VII. Inconvénients résultant de l'habitude introduite en algèbre d'employer le mot unité à deux usages différents. Nécessité de bien distinguer l'unité numérique de l'unité concrète. — VIII C'est dans l'unité concrète, ou module, qu'il faut chercher l'interprétation et la réalisation de tous les rapports impossibles pour l'unité numérique. — IX. Insuffisance des méthodes d'enseignement pour l'exposition des principes de la science.

CHAPITRE VIII.

SOMMAIRE. — I. Des attributs des quantités et de leur étude. — II. Définition de la continuité. — III. Comment on doit comprendre la continuité en algèbre. — IV. Toutes les espèces continues sont susceptibles d'être algébriquement étudiées. — V. Du passage de la pluralité à la continuité, accord des lois naturelles avec nos conceptions. — VI. Les quantités continues sont susceptibles d'être indéfiniment divisées. — VII. Extension de l'idée de nombre aux expressions fractionnaires. — VIII. De l'addition et de la soustraction des nombres fractionnaires. — IX. De la multiplication et de la division des fractions. — X. Du rapport fractionnaire. — XI. Des expressions puissancielles et radicales. — XII. De la représentation algébrique des quantités irrationnelles; cette représentation exige une série infinie de divisions. — XIII. Des opérations de calcul sur les expressions irrationnelles. — XIV. L'infiniment petitesse de l'unité module conduit à la considération des limites de la continuité. Pour les longueurs on arrive à la conception que le point géométrique est cette limite. — XV. Sous quelles conditions on conçoit qu'on passe de la longueur au point et réciproquement; ces passages ne peuvent se faire sans la considération de l'infini. — XVI. Point de départ de l'introduction du calcul infinitésimal dans la science. — XVII. Observations et détails justificatifs. — XVIII. Le calcul infinitésimal constitue en algèbre le procédé à l'aide duquel nous passons d'une espèce à une autre lorsque d'ailleurs les espèces sont liées entre elles par des lois naturelles.

CHAPITRE IX.

SOMMAIRE. — I. De l'attribut de direction, sa définition. — II. *De l'opposition dans l'attribut de direction,* considérée au point de vue de la longueur. — III. Généralisation des mêmes idées pour toutes les quantités. — IV. *De la perpendicularité dans l'attribut de direction.* — V. Application aux quantités autres que les longueurs. — VI. *De l'attribut de direction pour un angle quelconque.* — VII. Sur les quantités positives et négatives par rapport aux imaginaires et sur le passage du réel à l'imaginaire. — VIII. Du double système de numération quantitative et ordinale. — IX. Réflexions de Poinsot à ce sujet.

CHAPITRE X.

SOMMAIRE. — I. La conception de la direction ne nous permet pas de la considérer comme divisible, accord de cette conception avec les formes algébriques qui représentent la direction. — II. Le passage d'une direction à une autre se fait en algèbre par la voie de facteurs de la forme $\cos a + \sqrt{-1} \sin a$. — III. Interprétation géométrique des racines de l'unité pour tous les degrés. — IV. Explications sur l'ordre à suivre pour la supputation des directions. — V. Les angles sont les logarithmes des directions. — VI. Recherche de la base de ce système de logarithmes; observations à ce sujet sur les développements en série. — VII. Exemples des inexactitudes auxquelles conduit l'application des séries qu'on considère comme donnant les valeurs des puissances du binôme pour les cas où l'exposant est négatif ou fractionnaire. — VIII. De la constitution du développement du binôme lorsque l'exposant est entier et positif, et des différences essentielles qui existent entre ce cas et tous les autres. —IX. Vices des raisonnements par lesquels on cherche à démontrer la généralité de la formule du binôme. — X. Recherche de la valeur du binôme pour les puissances entières et négatives, et nécessité de faire suivre le développement ordinaire d'une fonction finale. — XI. Nature et détermination de cette fonction finale. — XII. Avec la fonction finale toutes les inexactitudes ci-dessus signalées disparaissent. — XIII. De la fonction finale lorsque l'exposant du binôme est fractionnaire; concordance entre ce cas et celui où l'exposant entier est positif ou négatif. — XIV. Généralité pour toutes les fonctions des faits ci-dessus exposés. — XV. Conséquences qui en résultent, soit pour la pratique, soit pour la théorie, soit pour le principe de l'indépendance et de l'invariabilité des formes des fonctions.—XVI. La base du système des logarithmes des directions ne saurait être déduite de la formule $e^{a\sqrt{-1}} = \cos a + \sqrt{-1}\sin a$. —XVII. Discussion à ce sujet et fausses applications à des valeurs imaginaires de propriétés qui ne sont démontrées que pour des valeurs réelles. —XVIII. Nouvelle formule à substituer à celle d'Euler, et conséquences à en déduire pour la base du système de logarithmes des directions.

CHAPITRE XI.

SOMMAIRE. — I. Comment ces deux attributs se combinent en algèbre. — II. Premières applications. — III. Observations sur la manière de compter les arcs et les directions, et sur les rapports qui s'établissent ainsi des uns aux autres. — IV. Études de questions concernant les lignes droites. — V. Interprétation géométrique de deux formules relatives aux fonctions circulaires. — VI. Études de questions concernant les cercles et les droites. — VII. Comment dans ces sortes de recherches on est averti que les problèmes sont impossibles. — VIII. Conséquences relatives à la considération de deux sortes de sinus et de cosinus, les uns dits *directifs*, les autres dits *continus*, et généralité de la forme $A + B\sqrt{-1}$ pour représenter par un choix convenable des éléments A et B soit les expressions imaginaires, soit les expressions réelles.—IX. Expressions algébriques de l'ellipse, de l'hyperbole et de la parabole dans le système directif. — *Résumé et travaux ultérieurs.*

FIN DE LA TABLE DES MATIÈRES.

ERRATA.

Page 13, ligne 16, *au lieu de :* des conséquences, *lisez :* les conséquences.

Page 21, ligne 4, *au lieu de :* π, *lisez :* $\dfrac{\pi}{2}$.

Page 22, ligne 5, *au lieu de :* quatre fois, *lisez :* A fois.

Page 32, ligne 4, *au lieu de :* apparente, *lisez :* apparent.

Page 33, ligne 24, *au lieu de :* la racine de l'unité, *lisez :* les racines de l'unité.

Page 86, restituer l'exposant 2 à z dans le second terme de l'équation du bas de la page.

Page 88, ligne 32, *au lieu de :* $a \pm (b-c)\sqrt{-1}$, *lisez :* $-a \pm (b-c)\sqrt{-1}$.

Page 94, ligne 12, *au lieu de :* $b^5 = \dfrac{p^3}{25\,q}$, *lisez :* $a^5 = \dfrac{p^3}{25\,q}$.

Page — ligne 14, *au lieu de :* $a^5 = -\dfrac{q^2}{5\,p}$, *lisez :* $b^5 = -\dfrac{q^2}{5\,p}$.

Page 138, ligne 26, *au lieu de :* $a_1\mu$, *lisez :* $a_1\mu_1$.

Page 166, ligne 25, *au lieu de :* la pluralité b, *lisez :* la pluralité p.

Page 170, ligne 17, *au lieu de :* $\overline{\text{KM}}$, *lisez :* $\sqrt[\kappa]{\text{M}}$.

Page 210, ligne 19, *au lieu de :* $\cos\alpha_1 + \sqrt{-1}\,\sin\alpha$, *lisez :* $\cos\alpha_1 + \sqrt{-1}\,\sin\alpha_1$.

Page 229, troisième ligne du dernier alinéa, *au lieu de :* $(1+z)m$, *lisez :* $(1+z)^m$.

Page 251, dans l'équation de la sixième ligne, le second membre doit être considéré comme un développement indéfini.

Page 279, troisième ligne, avant la fin, *au lieu de :* équivalentes, *lisez :* équivalente.

Page 301, avant-dernière ligne, *au lieu de :* par le réel, *lisez :* pour le réel.

Paris:—Imprimé chez JULES BONAVENTURE, 55, quai des Grands-Augustins.

www.ingramcontent.com/pod-product-compliance
Lightning Source LLC
Chambersburg PA
CBHW060413200326
41518CB00009B/1343